普通高等教育"十三五"规划教材

化学教育研究案例与实践

主　编　杜正雄

副主编　李远蓉　杜　杨　王　强

科学出版社

北　京

内 容 简 介

本书共十二章，内容包括两个层面：一是关于化学教育研究方法论的基础知识，简要介绍化学教育研究的基础认识，化学教育文献综述与开题报告，着力于化学教育研究范式及化学教育研究方法的研究与实践，突出化学教育研究成果表达，进一步阐明化学教师的专业发展；二是在此基础上，结合化学学科特点，提供经典的研究案例及典型的研究文献，以便读者在阅读、借鉴、参考、实践和反思的过程中，实现教育理论与教学实践相融合，激发研究兴趣，促进化学教师的专业发展。

本书可作为高等学校化学教育专业本科生、学科教学（化学）专业的教材，也可作为中学化学教师继续教育培训教材，还可供从事化学教育的人员参考阅读。

图书在版编目（CIP）数据

化学教育研究案例与实践/杜正雄主编.—北京：科学出版社，2017.6
普通高等教育"十三五"规划教材
ISBN 978-7-03-053461-3

Ⅰ.①化… Ⅱ.①杜… Ⅲ.①化学-高等学校-教学参考资料 Ⅳ.①O6-4

中国版本图书馆 CIP 数据核字（2017）第 126103 号

责任编辑：丁 里 / 责任校对：张小霞
责任印制：吴兆东 / 封面设计：迷底书装

科 学 出 版 社 出版
北京东黄城根北街 16 号
邮政编码：100717
http://www.sciencep.com

北京九州迅驰传媒文化有限公司 印刷
科学出版社发行 各地新华书店经销

*

2017 年 6 月第 一 版 开本：787×1092 1/16
2021 年 6 月第四次印刷 印张：16 1/4
字数：413 000
定价：59.00 元
（如有印装质量问题，我社负责调换）

前　　言

《中共中央国务院关于深化教育改革，全面推进素质教育的决定》明确提出要"重视和加强教育科学研究，提高政府决策和管理的科学性"。教育科研的水平直接关系到一个国家和地区教育发展的水平，重视教育科研已经成为世界教育改革和发展的主流，以教育科研为先导，推动教育事业的改革和发展，是新时期我国教育事业发展的基本方针之一。化学教育研究是以马克思主义的认识论和方法论为指导思想，以现代教育科学研究方法为基础，广泛地吸收和借鉴系统科学、自然科学、思维科学、心理教育科学等方法理论，结合化学教育教学中的实际问题，形成适合于化学教育研究的方法体系。

(1) 结合教育研究方法论新成果，针对化学教育现实问题展开研究，适应教师教育新发展。

开展教育科学研究必须遵循一定的途径，采取适当的方法，运用合理的手段，其中方法的重要性越来越受到广大科研工作者的认同。早在1979年，我国著名教学论研究专家李秉德先生就在《教育研究》的创刊号上撰文指出："教育研究必须讲求科学的研究方法。"以后的许多学者也开始致力于教育研究方法科学化的理论探索和实践尝试，并取得了可喜的成绩。在化学教育研究领域，尽管化学教师在教学一线积极地进行改革和探索，但更多的是停留在对教育经验的积累和感性认识上，缺乏科学的方法论指导，忽视对教育实践的系统研究，结果导致理论脱离实际，使研究问题具有较大的片面性和局限性，难以揭示化学教育教学的一般规律。与此同时，由于历史和现实的多种原因，特别是研究方法理论基础薄弱，从根本上制约了教育研究方法应用的深度和广度，直接影响了对教育科学研究实践的指导作用。近年来的化学师范生本科毕业论文、化学教育专业硕士学位论文，包括论文的选题、开题，论文的撰写及答辩等方面均有不尽如人意之处，特别是研究方法单一、研究思路模糊等方面均有不同程度的体现。因此，如何把教育研究方法论的新成果运用于化学教育教学的研究与实践，反映化学教育研究方法的时代特征，以适应教师教育的新发展，这是编者编写本书的主要意图。

(2) 提供丰富研究案例和研究文献，实现教育理论与教学实践相融合，促进教师专业成长。

化学教育研究必然遵循一定的研究范式，而教育研究智慧的生成，不是一看就懂、一学就会，需要学习者在学习过程中广泛占有第一手资料，面对现实问题，变革观念，敏锐观察，勤于反思，勇于实践，把化学教育研究的理论知识与教育教学实践有机地结合起来，实现研究范式思维的转换，借鉴和参考研究案例和研究文献则是实现范式转化的关键。学习者在研究案例的过程中，激发对有关学科发展的影响和相关研究方法的移植的思考，从而获得一种有价值解释和理解的支持；而阅读文献又是一种无声的理解，在阅读研究文献的过程中，体验研究者不同的研究视野及研究思路，反思自身的研究实践，激发研究兴趣，在实践中主动建构教育研究知识，发展实践能力，逐步形成化学教育的研究风格和研究智慧。本书提供的研究案例和研究文献大多来自《教育研究》、《教育科学》、《化学教育》、《化学教学》、《中学化学教学参考》等重要期刊，这些研究案例和研究文献有许多是基础教育一线的化学教育工作者把教育理论与教育教学实践相结合所取得的研究成果。分享这些研究成果本质上是一种相互理解和自我内化的过程，也是相互学习、共同成长的过程。这将有助于实现理论与实践的交融，对于促进化学教师的专业成长无疑具有巨大的推动作用。这也是编者编写本书的目的所在。

　　本书共十二章，第一章主要介绍化学教育研究的内涵和基本过程及化学教育中质与量的研究；由于文献综述在化学教育研究中具有重要地位，因此第二章介绍撰写文献综述与开题报告的方法及步骤；第三至五章分别介绍化学教育研究范式中的叙事研究、行动研究和个案研究；第六章专门介绍化学教育中的比较研究；第七章的化学教育经验总结是易于接受、也是较为常用的研究方法，在此单独介绍；第八章、第九章突出化学教育研究方法中的调查法和实验法；第十章简要介绍化学教育研究结果的定量统计；第十一章重点介绍化学教育研究成果的表达；第十二章以化学教师的专业发展作为全书的结尾。为了便于理解和应用，各章均提供了一定数量的研究案例和研究文献供读者借鉴和参考。

　　多年来，在课程教学及教材编写过程中，得到了西南大学化学化工学院教师教育研究所教学团队的热情支持与帮助，在这里要特别感谢黄梅教授，从内容的选择、组织和安排及研究案例的采用等诸多方面给予了全方位指导。在本书的出版过程中也得到了科学出版社丁里编辑的悉心指导。在此对所有支持、帮助本书编写的同仁一并表示由衷的感谢！

　　由于编者水平有限，书中不妥和疏漏之处在所难免，恳请各位专家和读者批评指正。

编　者

2017 年 1 月

目　　录

第一章 化学教育研究的基础认识

第一节 化学教育研究的内涵

一、化学教育研究的涵义

1. 什么是化学教育研究

化学教育研究是一种创造性的活动，具有较强的实践性和探索性，其本质是从客观存在的化学教育事实和现象出发，用科学的理论和研究方法解决化学教育中的问题的过程。突出的特点是探索未知。它是在继承前人成就的基础上，对某些问题进行研究，从而揭示化学教育教学的规律，在研究过程中十分重视社会和人在教育方面的需要，即十分关注教育价值观的研究。

研究作为动词有两层含义(中国社会科学院语言研究所词典编辑室. 现代汉语词典. 5 版. 北京：商务印书馆，2005)：一是"探求事物的真相、性质、规律等"；二是"考虑或商讨(意见、问题)"。这二者的共同点是解决问题，而解决问题需要方法。科学方法是指人们在从事科学研究活动中所采取的途径、手段和方式，也是学生获得化学知识的主观手段和重要工具。"良好的方法使我们更好地发挥运用天赋的才能，而拙劣的方法则可能阻碍才能的发挥。因此科学中难能可贵的创造性才华，由于方法的拙劣可能被削弱，甚至被扼杀；而良好的方法则会增长、促进这种才华。"因此，化学教育研究的含义本质上包含两个方面：运用科学方法解决问题；体现教育价值观。

2. 化学教育研究组成要素

研究课题：是指打算解决的问题。它是研究的先决要素，它决定研究所需的材料范围和内容，以及采用什么方法和手段收集这些材料。

研究材料：是指研究者对研究对象从各个不同的角度所收集到的关于事实和表面现象的资料。它主要靠研究者通过各种途径、运用各种必要的手段对客观事物及人的观察、试验而获得，它是研究中最基本的要素。

研究方法：是指进行化学教育研究所采用的手段和程序或工具。化学教育中的研究方法有文献法、调查法、实验法、经验总结法、观察法、测量法、个案研究法等。

研究结果：是指研究的成果。它是通过研究而揭示出来的规律和原理，或者是科学结论。

二、化学教育研究的意义

(1)解决我国化学教育上存在的问题。

化学教育研究应当立足解决化学教育中迫切需要解决的问题。例如，化学教育中如何体现素质教育？我国化学课程和教材的改革怎样面向社会、面向学生？在化学教育中怎样开发学生的非智力因素？

(2)丰富和发展教育理论。

科学的教育理论来源于教育实践,但它对实践又具有指导作用。化学教育研究就是使大量丰富的教育实践经验上升为科学理论,并对今后的教育有指导作用。

(3)进行教育改革的重要保证。

教育科研是进行教育改革的重要保证。要对化学课程、教材、教法等进行改革,不能只凭经验和感觉,而要通过大量的科学研究,形成更加科学、合理的体系,才能保证教育质量的提高。

(4)提高教育质量的有效途径。

教育研究是提高教育教学质量的有效途径。教师只有不断进行科学研究,才能探索出更加符合教育教学规律的原理和方法,才能有效提升教育的效果和效率。

(5)提高化学教师素质的必由之路。

对于化学教师来说,教学是基础,但科学研究是"催化剂",它可以加快教学进程。只有意识到教育科研的重要性,并能着实去做,才会自然提高研究能力;同时,也能刺激教学能力的增长。这样既有利于提高教学水平,又能提高教师自身的素质。

为什么要进行化学教育研究?或者说,化学教育研究的意义是什么?由于各自理解的方式不一样,教材文献也有不同的表述。但仅从文字上理解显然是不够的,还需要从现实的实践思考,如实现教师自我的专业发展需要职称的评定、学位的提升等,化学教育研究的实践价值意义也就随之凸显,再结合上述观点,对于化学教育研究的意义,又可以提炼出以下两种观点。

一是化学教育研究是化学教师自我发展的需要。教育教学过程是一个复杂的活动过程,实际的教学情景总是在不断变化和发展的,教师作为推动过程发展的关键性因素,必然要主动积极地适应情景的变化,这一适应的能动过程就是创造性的实践研究过程,是自身活动价值不断提升的过程,教师要成为教育实践的研究者。化学教师直接参与教育研究,针对教育实践中的具体问题,创造性地运用有关的理论知识进行分析解决,使教育理论与教学实践紧密结合起来,既提高了教育理论研究成果对具体教学实践变革的能力,又有力地促进了教师教育观念的更新,不断地改善教师的教学行为,逐步形成可持续发展的教育教学能力。

二是化学教育研究有助于化学课程的改革和发展。基础教育课程改革必然产生许多新事物和新问题,化学教师不仅是教育改革的实践者,更是教育改革的研究者,化学教育科研通过探索化学教育内在的规律,能够帮助人们更新观念,保证化学教育改革的顺利进行。教育改革的最终目的是提高教育质量,而教师的教育、教学方法是贯彻教育思想、实现教育目标的关键性要素,获得科学而有效的教学方法,同样也离不开化学教育科研。实践证明,通过教育科研可以揭示影响学生化学学习的各变量之间的关系,从而选择恰当的教学方法和教学策略,有效地促进学生的学习。

三、化学教育研究的主要特征

(1)创造性。化学教育研究是一种创造性的活动,主要体现在技术和方法上的创新,内容包括教育观念、教学内容、教学方法和手段的更新及化学实验的改进等。

(2)实践性。教育实践是研究课题的主要来源,也是收集资料的主要来源,其研究结果又必须经过实践的检验,因此化学教育研究具有很强的实践性和较大的工作量。

（3）科学性。化学教育研究的科学性是指研究过程和结果都必须客观、准确、系统，即在研究的过程中必须以事实为依据，保证研究的可靠性和准确性，并运用系统的思想去认识化学教育的现象与规律，形成科学的结论。

（4）复杂性。体现在化学教育系统的复杂性和研究过程的复杂性。化学教育研究是以人为主要对象的活动，与环境有着不可分割的联系，这种运动变化和发展必然带来研究的难度和不稳定性。因此，要使化学教育研究具有可操作性，研究的思维方式的变革和研究方法的选择就具有其独特的视野。

了解化学教育研究的主要特征是为了准确、有效地开展化学教育研究，以便在研究的过程中使这些特征能够得以体现和表达。换句话说，没有体现以上四个主要特征的就不是化学教育研究。

四、化学教育研究的原则

1. 继承与创新相结合

继承优秀的研究成果是研究者从事化学教育研究的基础。否定其消极或过时的成分，继承和发扬对当代或未来有价值的部分，并在此基础上提出自己的新观念，建立更加完善的新体系，形成系统的方法论。继承与创新的有机统一是高效率地形成化学科研成果的必要手段。

2. 基础与应用相结合

化学教育研究中的基础研究是指对教育基本理论、教学基本原理的研究。其目的是进一步揭示教育教学规律，完善和发展学科的理论体系，并为教育实践提供科学的理论依据。

化学教育研究中的应用研究重心是对基础研究成果的应用，目的是把基础研究的理论成果转化为教育实践方案或解决问题的程序、方法等实际应用形式，这是化学教育研究的最终目的。基础研究与应用研究二者是辩证统一的。在进行基础研究的同时，还必须走出书斋，走进教室，走向社会，走近学生，研究化学教育教学中存在的问题，把基础研究与应用研究有机地结合起来。

3. 实证与思辨相结合

化学教育研究必须以实证方法为基础。化学教育研究是在实践基础上的特殊认识过程，通过观察、调查、实验等实践活动可以直接获得事实材料，在此基础上，经过逻辑分析，揭示教育中存在问题的本质，以形成规律或理论，再将这些理论用于指导实践，并经受实践的检验，最后修正、完善和发展理论。而这个特殊的认识过程必须以事实材料为基础。在研究过程中仅靠实证是不够的，还需要辩证思维的形式（概述、判断、推理等）和方法（分析、综合、比较等），对材料进行加工处理，提高科学研究的质量。事实上，实证过程离不开思辨，而思辨必须以实证为基础，若只有实证，就只是知识经验的水平；若只有思辨，而没有从历史或现实的角度进行实证，结论就可能经不起推敲。只有二者统一，才是完整的研究认识过程。

4. 定性与定量相结合

定性研究是对研究对象的性质特征进行思辨分析和文字描述（在自然情景中了解事实，阐明看法，通常采用引证的方法，比较关注思维策略和事件发生的过程，并用专业术语进行归纳分析和描述）。定量研究是指从教育资料（或实验）中抽取样本，对收集的资料进行加工整理（采用数学方法、借助计算机等）以进行定量分析，这样就能够深入地剖析教育现象的本质，客观地评价教育质量。与此同时，对教育现象中存在的若干问题，通过定量分析描述它的状态、过程和倾向，建立数学模型，能够使有些研究工作在实验室中展开，提高研究的效率。当然，教育的主体是人，人的复杂性很强，有些因素是不可测的，因此定性研究在教育研究中占有重要的地位。只有把二者有机地结合起来，才能保证化学教育研究的质量。

第二节　化学教育质的研究与量的研究

一、化学教育质的研究

1. 质的研究的定义

国外社会科学界出版了许多关于"质的研究方法"的书籍，但是对这种方法，目前还没有一个明确的、公认的定义。表 1-1 列举了不同学者从三种角度对质的研究的定义，对理解质的研究方法特征很有意义。

表 1-1　不同学者从不同研究角度对质的研究的定义

研究学者	研究的角度	质的研究的定义
黄瑞琴	研究产生的结果	质的研究是产生描述性资料的研究
Anselm Strauss、Juliet Corbin	产生结果的方法	质的研究是指任何不是经由统计程序或其他量化手续而产生研究结果的方法
陈向明	研究活动的特征	质的研究是以研究者本人作为研究工具，在自然情境下采用多种资料收集方法对社会现象进行整体性探究，使用归纳法分析资料和形成理论，通过与研究对象互动，对其行为和意义建构获得解释性理解的一种活动

2. 质的研究的基本特征

与量的研究不同，质的研究特别注重过程和整体，具有以下基本特征：

(1)研究在自然情境中进行。质的研究总是在某一自然情境中进行实地研究，它不用控制变量，注重实地研究，并强调情境性，对结果的解释也依存于收集资料的情境。质的研究可以在一所学校、一个班级、一个家庭，或其他的自然环境中进行，研究者需要观察在自然情境下正在发生的情况。

(2)研究者的角色既是研究的工具，又是研究的主体。在质的研究中，研究者与被研究的对象之间的关系是互动关系。这包含以下几层意思：①要求研究者以参与观察者的身份进入情境现场。质的研究不需要量表或其他测量工具，而是依靠研究者自己参与观察、访谈、分析和总结。这对研究者主体参与作用的发挥要求更高，要求研究者直接参与研究对象的活动，以参与观察者的身份进入情境，并与研究对象发生互动关系，从而理解研究对象，对其行为意义进行解释。②强调研究者与情境现场的研究对象之间的互动关系。质的研究要求研究者在自然的情况中要和现场情境的参与者积极互动，在互动中又要尽量不干扰现场情境，通过互动和其他沟通方式收集现场自然发生的事件资料。研究关心的是参与者如何定义他们的活动。例如，人们对于学习者学习活动的愿望和设想是什么？哪些愿望和设想被人们视为当然？质的研究者要尽量正确地掌握学习者自己的观点，持续地去发现。学习者正在经历些什么？人们如何解释他们的经验？他们自己如何组织生活中的社会世界？根据现象学的理论，质的研究者要从现场参与者的观点，去了解人们如何看待事情和观看这个世界，其他外在的原因仅仅是次要的。③研究者也是一个学习者。质的研究者在情境现场中要以一个学习者的姿态出现，研究者要具有与他人接触及建立关系的能力，在研究过程中要向情境现场的参与者学习，学习他们观看世界的方式和观念。

(3)研究过程注重描述性资料的收集。质的研究的资料多是以文字形式描述的资料，这些资料称为软性资料，其内容包括现场记录、访谈记录、官方文件、私人文件、备忘录、照片、图表、录像等。研究者收集这些描述性资料时，要注意情境中发生的每个细节，假定每件事情都可能是一个线索，可以更广泛地了解所研究的现象。

(4)质的研究注重归纳法的运用。质的研究者在资料收集的过程中发展和归纳概念、理论、或洞察力，而不是收集资料或证据来评估或验证在研究之前预想的模式、假设或理论。

(5)研究结果是描述性的。质的研究是依据现象学的理论，从经历某些现象的角度对现象进行认真细致的描述，而不是想当然地主观臆断地提出观点，得出结论。研究者在观察某一行为现象时，不仅注意这一行为的发生，而且努力去理解这一行为对行为者意味着什么。

(6)整体性与全局性。研究者在参与过程中展开研究，不需要事先提出理论假设，然后设计特殊程序来检验假设。这种研究关注研究对象的整体性和全局性，对所收集的研究对象的资料进行归纳，而不是演绎，注重随着资料的收集而产生假设。研究者希望重点关注整个情境，并由此形成整体观念而不是把注意力分散到细枝末节上。质的研究是以整体、全局的观点看问题。

3. 质的研究的操作程序

质的研究的操作程序大致包括以下环节：①确定研究的现象、研究的问题及研究的对象；②建构概念框架，逐步形成理论假设；③采用参与观察法、访谈法、文献查阅法、实物收集法、三角互证法等多种方法收集资料；④整理和分析资料；⑤撰写研究报告。

二、化学教育量的研究

1. 量的研究的定义

量的研究是一种运用数学工具对事物可以量化的部分进行测量和分析，以检验研究者有关理论假设的研究方法。量的研究有一套完备的操作技术，包括抽样方法(如随机抽样、分层抽样、系统抽样、整群抽样)、资料收集方法(如问卷法、实验法)、数字统计方法(如描述性统计、推断性统计)等。研究者正是通过这种测量、计算和分析，以求达到对事物"本质"的把握。

量的研究可在各种类型的研究方法中运用，所涉及的概念主要包含在对研究对象可量化部分进行的分析过程之中，如数理假设、变量设置、系统抽样、信度检验、效度检验、数据统计等方面的应用都与量的研究方法完全联系在一起。在实际的化学教育研究过程中，选择合理的量的研究方法对研究成果具有举足轻重的作用。

2. 量的研究的特点

量的研究带有明显的实证主义哲学特点，研究的过程特别强调经验或事实等材料的客观存在，讲究研究数据的严密性、客观性和控制性。归纳起来，量的研究的特点大致可以体现在以下四个方面：

(1)量的研究的思路是针对整体中的具体问题，使用数学工具对可量化的部分进行深入的探讨，以寻求客观的规律性成果。

(2)量的研究的目的主要是对问题进行有效的预测和控制，其方法多采用实验性或类实验性的可控技术，从总体中抽取不同的个体样本，形成可供分析使用的数据库，按照严格的数学统计规律对数据库进行客观的分析，所形成的结果一般以数字呈现。

(3)数据的收集和分析是量的研究的关键步骤。这一过程通常使用结构完整、格式严格的量表，通过调查法、实验法等形式获取研究数据，并遵照严格的数学统计方法处理和分析数据，以形成研究的结果。

(4)研究者在研究过程中要尽可能地保持中立，与研究所涉及的环境、对象保持距离，要借助研究工具减少或避免个体的主观影响可能对研究产生的干扰。

三、量的研究与质的研究的区别

关于质的研究与量的研究之间的区别，很多学者都试图进行一对一的比较，我国学者陈向明博士根据有关文献及研究经验总结出这两种方法的一些具体差别，如表 1-2 所示。不难看出，量的研究的资料比较客观可靠，统计分析比较科学精确，但是难以研究教育过程中复杂模糊的现象。质的研究是通过研究者和被研究者之间的互动，对事物进行深入、细致、长期的体验，然后对事物的"质"得出整体性、解释性的理解。

表 1-2　质的研究与量的研究比较

比较项目	量的研究	质的研究
研究目的	证实普遍情况，预测，寻求共识	解释性理解，寻求复杂性，提出新问题
对知识的定义	情境无涉	由社会文化所建构
研究的内容	事实，原因，影响，凝固的事物，变量	故事，事件，过程，意义，整体探究
研究的层面	微观	宏观
研究的问题	事先确定	在过程中产生
研究的设计	结构性的，事先确定，比较具体	灵活的，演变的，比较宽泛
研究的手段	数字，计算，统计分析	语言，图像，描述分析
研究工具	量表，统计软件，问卷，计算机	研究者本人(身份，前设)，录音机
抽样方法	随机抽样，样本较大	目的性抽样，样本较小
研究的情景	控制性，暂时性，抽象	自然性，整体性，具体
收集资料的方法	封闭式问卷，统计表，实验，结构性观察	开放式访谈，参与观察，实物分析
资料的特点	量化资料，可操作的变量，统计数据	描述性资料，实地笔记，当地人引言等
分析框架	事先设定，加以验证	逐步形成
分析方式	演绎法，量化分析，收集资料之后	归纳法，寻找概念和主题，贯穿全过程
研究结论	概括性，普适性	独立性，地域性
结果的解释	文化客位，主客体对立	文化主位，互为主体

续表

比较项目	量的研究	质的研究
理论假设	在研究之前产生	在研究之后产生
理论来源	自上而下	自下而上
理论类型	大理论，普遍性规范理论	扎根理论，解释性理论，观点，看法
成文方式	抽象，概括，客观	描述为主，研究者个人反省
作品评价	简洁，明快	杂乱，深描，多重声音
效度	固定的检测方法，证实	相关关系，证伪，可信性，严谨
信度	可以重复	不能重复
推广度	可控制，可推广到抽样总体	认同推广，理论推广，积累推广
伦理问题	不受重视	非常重视
研究者	客观的权威	反思的自我，互动的个体
研究者所受训练	理论的，定量统计的	人文的，人类学的，拼接和多面手的
研究者心态	明确	不确定，含糊，多样性
研究关系	相对分离，研究者独立于研究对象	密切接触，相互影响，变化，共情，信任
研究阶段	分明，事先设定	演化，变化，重叠交叉

需要指出的是，质的研究与量的研究不是截然分开的，而是相互依存、相互渗透、相互补充。事实上，质的研究也包含实证研究的因素。质的研究与量的研究反映了客观事物质与量的辩证关系，任何事物的质与量总是统一而又不可分的。质是一定量的基础上的质，量是一定质的量。对于事物质的研究，必然导致对于事物量的研究。因此，质的研究与量的研究是相辅相成的。

第三节　化学教育研究的过程

一、重视研究起点，选定研究课题

1. 选题的意义

化学教育研究中的选题是研究者根据教育实践或理论的实际需要、主客观条件、自身的科研能力，有目的地选定某一课题作为研究对象的思维和操作活动过程。开展化学教育研究，必须首先设计研究的课题。选择和确定研究课题是化学教育研究过程中最重要、最关键的一步，它不仅决定了研究活动的发展方向和研究内容，而且也规定了研究所采取的方法和途径，预示着研究的成果和水平。"发现并提出有意义的问题是科学研究的起点"，正确的选题是化学教育研究工作者进行教育研究的基本功。

2. 选题的基本原则

(1)需要性：选择的课题应该是化学教育实践或理论研究迫切需要解决的问题。教育实践中迫切需要解决的问题侧重反映选题的社会价值；教育理论研究中迫切需要解决的问题侧重表现选题的学术价值。这是选题的最基本原则。课题的研究价值决定了研究或者能够提出有创见的理论和观点，或者能够解决教学实践中存在的问题，由此可以看出课题是新颖的、先进的。

课题的研究价值主要表现在应用价值和理论价值两个方面。两者的差异反映在研究的目的上。如果通过课题的研究能够把已有的教育理论应用于实际教育情境当中，解决教育实践中存在的矛盾和问题，改进教师的教学行为，提高化学教育的质量和水平，则此类研究课题具有丰富的应用价值，它一般是面向化学教育实践的研究。例如，"计算机辅助教学在化学教学中的应用研究"对提高化学教学的现代化水平，适应社会发展的需要，提高化学教学的质量大有裨益。如果课题研究的目的在于探求化学教育系统中各种因素之间的相互联系和作用，发现化学教育的一般规律，从而得出新的理论，发展和完善原有的理论体系，则该类课题具有较高的理论价值。课题的理论价值保证化学教育研究能够为解决有关实际问题、改进化学教育的不合理现状提供理论支持。例如，"中学生化学学习心理机制的研究"就揭示了化学学习过程的特点和规律，丰富了化学教育理论体系，能够为化学课程与教材编制、教师教学策略和方法的选择与应用等提供理论依据。

(2)创造性：化学教育研究的目的是认识前人还没有认识或者没有完全认识的问题，因而科研课题必然要有一定程度的独创性和新颖性。这种创新可能是理论、观点上的创新，也可能是方法上的创新，还可能是应用上的创新。当然，这里所指的创新并不是要求一切都是独创；更不是要求每个研究者都去开辟一个全新的研究领域。只要在某一方面有所突破，完善和深化都是一种创新。

选题的创造性还体现在选择的课题要具体明确。这一确定性是对课题本身提出的另一种要求，指所研究的问题应该具体明确，研究的目的是什么？研究的具体对象是谁？研究的内容包括哪些方面？等等。这些都应在课题设计中明确地体现出来。课题不能太笼统、空泛、模糊。只有陈述具体明确的课题，才能为下一步的研究工作指明行动方向，否则研究者将不清楚该去研究什么，不知道该采用什么样的研究方法，研究的效率和结果也就难以保证。例如，"学习理论在化学教育中的应用研究"这一课题内容就太宽泛，研究的方向不是很明确，如果分解为"建构主义学习理论与化学课堂教学设计"，研究的问题和范围就比较清楚了。

(3)可行性：选题时要充分考虑开展研究的主观和客观条件。

主观条件是指研究者应根据自己的理论水平和研究能力选择课题，而且还应该是研究者比较感兴趣的课题。只有扬长避短，才能充分发挥研究者的潜力，使研究有成效。除此之外，还应该考虑研究者的时间和精力。过大的课题，有价值而无法完成；过小的课题，其研究价值不大。

客观条件主要是指课题所需的资料、设备及其他条件是否能够满足要求，如参考资料、实验的仪器、药品等是否合适和够用。例如，对一位中学化学教师来说，要开展"中学化学课程的改革与发展研究"这项课题研究，无疑是不太符合客观实际的。

3. 选题的思维方式

1)发现问题

怀疑：它是对已有结论、常规、习惯、行为方式等的合理性进行非绝对肯定的或否定的判断，怀疑必然引起人对事或物的重新审度，会在原来以为没有问题的地方发现新问题。怀疑不是对化学教育现象和规律的胡乱猜想，而是依据事实、经验和逻辑推理，对有关问题置疑。从而提出问题，然后通过证实，提出使人们对这个问题的认识更接近真理的结论，最终形成科研成果。但有的研究者可能怀疑错，最终不能形成研究结果。因此，这种方法是一种试证性方法。

变式：是指研究者变换思考问题的角度，或者从不同的思维层次认识原有的研究对象，从而形成新的结论。这种变换方式可以使问题从一个方面转向另一方面；又可能使问题在不同的层面上进行思考；还可能把研究的重点放到事物与事物之间，同一事物不同发展阶段之间的结合点上。例如，对中学化学教学的研究，过去只注重教师如何教，但现在变换角度，从学生学的角度去探究，又可把教学作为一个系统去研究，还可探讨教和学的内在联系等。

迁移：是指通过与其他学科研究对象的类比，把其他学科的思维方式、方法应用于研究化学教育问题上，从而发现新问题，如应用心理学、社会学、人类学、未来学、系统科学等科学的成果来研究化学教育问题。

追因：是指在深入探究现象的本质、结果的原因时发现新问题。例如，学生做作业是一种现象，为什么学生要做作业？作业有何正效应和负效应？作业的机理是什么？由此引出一系列新问题。又如，学生的实验能力普遍不很强，其原因何在？除客观条件之外，还与教师、学生自己有关。这种相关性有多大？学生的实验心理又怎样？教师对实验的重视程度如何？总之，通过深入研究问题，就能发现新问题。

2）提出假说

当研究者发现新问题后，还要根据选题的基本原则对这些问题进行比较、分析和综合。只有当某个问题有研究价值时，才可能根据教育基本理论和实践的需要提出假说。这个假说就是一个有待验证的论断，即我们所说的课题。但从发现新问题到确立为课题，还必须认真地分析研究：新问题作为课题是否具有理论价值或应用价值，这是确立课题的关键所在。

4. 怎样发现研究课题

怎样去发现研究课题？这是感觉头痛的事情，其实并不难。在教育教学的实践中都有许多研究的课题，一线的教师有实践的经验，但这还不够，要看书，要查文献，要拿理论来观照自己的实践，在此基础上发现问题，然后研究它。研究千万不要人云亦云，不要跟风，不要跟着人家走，否则永远不能成功。从学校实际出发，从教师自身的优势出发，从自己擅长的领域出发选择课题。要上网，看书，看看面对同样的困惑，别人是怎么解决的，在这基础上看看自己有没有新的解决办法。

——选自盛群力(浙江大学教育学院教授)回答记者问

1）从化学教育教学的实践中发现课题

教育教学的实际情景复杂多变，使得实际的教学与教育理论之间存在许多矛盾和问题，这些问题有的带有普遍性，如"如何大面积提高教学质量"、"如何提高学生学习化学的动机和兴趣"；有的属于特定领域或个人，如"如何提高化学演示实验的效果"、"如何在课堂教学中创设问题情景"，等等。

以化学教学中的实际问题为出发点选择课题，通过研究从中探索具有普遍意义的教学规律，从而改进自己的教学活动，是化学教师选择课题的主要途径。广大化学教师根植于化学教育实践当中，他们对化学教育实践中的问题感受最深刻也最敏锐，因此容易发现问题，具备进行教育科研的最有利条件。

2）从社会发展对化学教育提出的要求中发现问题

科学技术的迅猛发展带来了社会的政治、经济意识形态等领域的发展和变革，化学教育作为社会的有机组成部分，受众多因素变化的影响，也产生了一系列新的问题，其中既有教育思想观念方面的，也有教育教学内容、教学方法等方面的。从"化学与新时代"、"化学教育最优化"、"把化学带到生活中"、"化学在演变中"、"化学：通向未来的钥匙"到"化学：扩充边缘"，国际化学教育会议（ICCE）不断变换的主题可以从某种角度反映出社会的发展对化学教育提出的新要求，化学教育正面临着严峻的挑战。为适应社会发展的需要，化学教育必须不断地改革，不断地解决在新的历史条件下出现的新问题。这些新问题都是化学教育科研的重要选题。例如，以知识创新为基础的现代社会，要求教育培养出来的人才必须具备创新意识和创新能力。因此，在化学教育中如何培养学生的创新意识和创新能力，就成为当前化学教育工作者亟待研究和解决的重要问题。

3）从化学教育理论的建构和完善中发现问题

化学教育事实和现象的复杂性，以及影响化学教育发展的众多外界条件的变革和发展，决定了化学教育理论是一个不断发展、逐步完善的理论体系。在这个体系中，必然有许多有待建构的理论空白点，也存在某些与实际化学教育事实相矛盾的地方，或者存在一些值得完善的问题，这一切都可以成为化学教育科研课题的来源。以化学实验教学为例，众所周知，化学是一门以实验为基础的学科，在化学教学中如何充分发挥化学实验的教学功能，就是一个随着时代的发展而不断丰富和发展的研究课题。从获得知识、训练技能的手段到启迪思维、培养方法的途径，到促进学生科学素养的全面提高，化学实验教学功能的内涵在逐渐扩大，实验教学的理论在不断完善，由此引发出一系列新的研究课题，如化学实验教学目的的分析、探究性化学实验的设计、化学实验与学生科学思维的训练、化学实验与学生科学素养的培养等。

4）从对教育信息的分析和借鉴中发现问题

教育信息资料能比较及时地反映某些教育思想观点、教育科研成果、教育改革的发展等最新的动态。收集、查阅有关的理论书籍、期刊等文献资料，加工整理其中的某些信息，可以从中受到启发，发现和提出问题，形成研究课题。例如，"化学探究性学习的教学模式研究"课题，就是从美国、英国等发达国家科学教育标准中大力提倡科学探究这一信息受到启发而提出来的。

研究者从教育信息资料中还可以及时了解某些教育问题的研究动态，吸取其研究成果并发现其中的不足，在别人已有的研究基础上提出研究课题。例如，"问题解决"是当代认知心理学研究的热点内容，并取得了大量的研究成果，但是这些研究中几乎没有对学生解决化学问题的研究。因此，可以将"化学问题解决的心理机制研究"作为化学教育研究的重要课题，同时还可参考数学、物理等学科中问题解决的研究成果。

发现问题，要求研究者具有敏锐的观察力和深刻的洞察力，热爱化学教育事业，能够密切联系化学教育的实践并关注教育科学的发展动态。大量的课题都是从教育实践、教育理论及有关的教育信息的综合分析比较中形成的。

二、查阅文献资料，制订研究计划

1. 查阅文献资料

查阅文献资料是确定科研课题和制订研究方案的重要依据。教育科研过程的前期工作主要是查阅与研究课题相关的文献，了解该课题前人或他人已经做的工作，包括研究的重点、研究的方法、研究的结论、哪些问题已基本解决并取得一致的结论、哪些问题还有待进一步修正和补充、在这些问题上争论的焦点是什么，从而进一步明确研究课题的科学价值，找准自己研究的突破点，避免不必要的重复，使课题研究能在前人的基础上，取得新的、更有价值的研究成果。同时，通过文献查阅，还可以了解有关课题研究的最新研究手段和方法，为研究方案的制订提供有用的、可供借鉴的思路。

在课题研究过程中，进一步查阅文献了解相关的信息将有助于熟悉研究现状，及时把握和处理课题研究中可能出现的差错，并根据研究的最新进展及时修正研究方案，保证课题研究的科学性和先进性。另外，文献查阅还能为科学地解释和论证研究结论提供更丰富的背景材料，使研究结论更加真实可信。

2. 制订研究计划

1) 研究对象的设计

尽管课题规定了其研究对象的总体范围，但并没有确定研究的直接对象。因而，在研究设计时，必须选择研究对象。例如，中学生实验素养与学习成绩的关系研究，研究对象的总体范围是中学生，不管是重点中学的学生，还是普通中学的学生；但为了研究方便，只能抽取部分代表总体水平的样本作为直接研究对象。

用概率抽样的方法选择研究样本：当研究总体的数量较大，而且需要对总体进行全面了解时，则可以用概率抽样的方法，从总体中选择出部分能代表总体水平的样本，作为直接的研究对象。抽取的样本要能代表总体水平，而且必须遵循随机的原则。

用非概率抽样的方法选择样本：研究者不要求样本必须代表总体，就可以根据需要和方便，从总体中选择样本。这种方法选出的样本只能反映总体的一些性质和特征，但不能由它来推断总体，即它与总体水平有较大的差别，但对认识总体还是有价值的。非概率抽样的优点是方便，范围集中，有利于对直接研究对象的性质、特征进行深入分析。它在定性研究和描述性的自然研究中运用较多。具体方法有偶然抽样、质量抽样、定标抽样等。

2) 研究假设的陈述

研究假设的陈述是对研究课题的说明和规定。它可以是对研究结果的推测，还可能是对课题中涉及的变量间的相互关系的设想。但它必须是根据客观事实，或者是在研究者已掌握的知识、经验的基础上提出的。然后经实践检验，证明其正确性，这种假设就成为理论。

3) 研究方法的设计

在研究的准备阶段，研究者还必须根据选定的课题要求、特点、范围等，选择研究方法，以进一步明确研究过程主要采用哪些手段、方式和按怎样的程序进行。具体包括以下几方面：本课题采用哪一种或哪几种基本研究方法；用哪种具体的方法来收集材料、整理材料；如何安排具体的研究程序。

例如，对中学生学习动机的研究，就可以选用调查法收集材料，再采用统计的方法分析材料。其中调查法是主要的研究方法，具体包括调查程序怎样安排、调查内容有哪些、怎样制作调查问卷等。

又如，对某种教学方法的比较研究，则可用实验法。在实验前，必须精心设计变量（自变量、因变量），以及考虑怎样控制无关因子、怎样配组、怎样编排实验程序等问题。

4）制订研究工作计划表

研究工作计划表的模板见表 1-3。

表 1-3　研究工作计划表

主研人员姓名		课题组成员	
项目	内容		备注
研究课题			
研究目的			
研究对象			
研究范围			
研究方法			
资料来源			
研究步骤			
经费预算			

研究方案是对下一步研究工作的统筹性安排，制订研究方案就是对研究活动的可操作性提出计划。涉及的内容主要包括研究者将在什么时间、什么地点、运用什么样的方法进行研究活动，研究者要收集哪些资料，以及如何收集这些资料等。其核心部分为确定研究的方法及在研究活动中收集资料的方式。化学教育研究中常用的方法有观察法、文献法、经验总结法、调查法、实验法等。采用的研究方法不同，测量的手段就存在差异，导致资料收集的方式有所不同。因此，必须明确测量的手段，进而确定收集资料的方式。研究方案是对今后研究工作的构思和设计，可以保证研究工作有序地开展和进行，避免研究的盲目性和减少无谓的劳动。

3. 实施研究方案

实施研究方案是研究方案的落实阶段，在实践活动中实施研究活动。不同的研究方法具有特定的规则和要求，在具体的操作过程中，研究者一定要根据实际情况，有效地控制变量，以保证获得可靠的研究结果。同时，准确的数据资料是进行理论分析的基础，研究者要及时地加以收集。在收集资料时，要坚持实事求是的原则，客观地记录研究资料，避免由于研究者个人的态度、观念而带来的研究误差；同时要及时将所获得的资料按性质和特点分门别类地进行整理，便于下一阶段的分析和处理。

三、收集整理材料，进行分析研究

1. 收集整理材料

1）资料收集

资料可分为直接资料和间接资料两大类。直接资料是研究对象的原始材料，是通过观察、实验、做实地调查所得的第一手材料；间接资料即文献，包括教科书、专著、期刊、年鉴、索引等。资料收集是他人的有关论述时，主要是利用图书馆(互联网)获得的第二手材料。

广泛收集和积累资料对于不断提高教学质量，开阔视野，特别是对于爱好写作的人有着十分重要的意义。其目的是学习他人的经验，取长补短，要勤于积累资料，资料越多，写作起来才能得心应手。

教学中的各个方面是最切实际的研究课题。亲身经历实践所得，包括上课、实验、批改作业、听课、评课、解题等方面的经验；独到的体会，教学中的灵感、顿悟，习题的巧思妙解，知识内容的归纳，课外辅导的典型经验总结，学生学习中的问题，课程改革，课外活动调查等，都是写作的好素材。

不管收集哪种直接资料，首先都要真实、客观、准确、完整地做好原始记录。

充分利用图书、报纸、期刊、网络信息获取资料。要多看多记，尽量多地获取新信息，才可以及时了解教研的动态和相关资料。尽量多占有资料，在前人研究的基础上有所发现、有所创新，这是撰写化学教学论文的基础。

2)资料阅读

略读：略读主要是对文献的关键词句、关键段落具有敏锐的感受力。读一本资料，要认真读标题、序言、目录、提要、参考文献等。

细读：细读就是全面阅读，是不加删减、不加选择地读完文献的全文，在阅读过程中，不过多地停留、推敲，只求对整个文献内容有系统、全面、细致的了解。

精读：精读就是深入阅读。精读的内容或者与自己的研究课题密切相关，或者是整个文献资料中最为重要、最有价值的部分。

速读：速读就是快速阅读。速读是一种阅读技巧，是一种特殊的阅读方式。

默读：默读可加快阅读速度，以此快速了解题目、作者、导语、内容、事实、文章特点、在教学中运用的可能性等。

3)资料整理

第一种：笔记整理法，即撰写摘录笔记、提要笔记、提纲笔记、心得笔记或在文献上作记号、写眉批。第二种：卡片法，即在卡片上写出文献的出处，作者、时间及主要内容，以便查阅和利用。第三种：复印、摄像法。

2. 进行分析研究

收集到的研究资料往往只是一些具体的研究事实或数据，难以说明问题的本质。为获得更深刻的认识，研究者必须对有关的资料进行分析处理。分析处理包括定性分析和定量分析。定性分析就是采用逻辑方法(如比较、归纳、演绎、分析、综合、抽象概括)研究资料，从中发现规律性的知识。定量分析则是采用数理统计方法对大量的、表面看来毫无联系的数据资料进行描述和处理，揭示出研究变量之间的内在联系。在分析的过程中，定性分析和定量分析常需结合起来使用，以获得准确的研究结论。

在分析研究时，如果发现原有材料尚有欠缺之处，则应当返回，在材料的收集与整理上再下工夫。因为只有在占有足够材料的基础上才可以进行合理的分析研究，从而得出可靠的结论。

最关键的问题是下结论，即把分析研究的结果归纳成几条原理、原则或者作出判断。这是研究成果的集中表现，至关重要。研究者都希望自己的研究能结出丰硕的成果。成果必须是自然生长出来的，该有多大就有多大。稍有不慎，就会产生夸大情况，反而降低了研究成果的科学性。为了使研究结论合乎实际，不夸大也不缩小，在下结论时特别注意结合取样范围、材料来源及整理材料的方法等。这样下结论时就比较容易掌握分寸，不至于任意引申夸大。

如果这时发现原来提出的问题范围比较大，而这时根据材料所得出的结论范围比较小，不足以针对问题下结论，则需要把问题甚至题目改变一下，使其与结论相符，不能为了与原定问题或题目相适合而扩大结论范围。总之，下结论必须实事求是，不能勉强，不能有半点虚假。

四、展开课题论证，撰写成果报告

1. 展开课题论证

课题论证是对已初步确定的课题进行分析、评价和预测，是课题确定的深化，是实现课题确定系统化、化学教育研究科学化的要求。通过课题论证，可以避免研究的盲目性，为进一步明确研究的内容和方法创造条件。对某项课题的论证，通常应把握好以下几方面内容：

(1)课题的性质和类型，即课题要解决什么问题，要达到什么研究目的，课题属于什么类型的研究。

(2)课题研究的意义，即课题的来源，课题研究的迫切性和针对性，具有的理论价值和实践意义。

(3)课题已有的研究水平和研究动向，包括前人或他人研究的研究情况，研究已有的结论，存在的问题，预计该研究将有哪些重要突破或创新。

(4)课题研究的可行性，包括完成课题的主客观条件(研究人员的构成、能力水平、物资设备等)及能否取得实质性进展。

(5)课题研究的主要方法步骤、成果形式及完成时间等。

课题论证通常采取自我分析、小组研讨的方式进行，对于重大的科研课题，需要专门进行专家论证。课题论证后一般要求在系统分析和综合的基础上写出简明、明确具体、概括的论证报告。课题论证报告不仅用于申报研究项目，而且也应用于发表论文的开篇及学位论文的前言部分。

2. 撰写成果报告

这是化学教育科研工作的最后阶段，它是在对数据资料进行整理分析的基础上，将思维活动变为准确的文字，向同行或读者报告科研成果。化学教育科研成果的报告一般分为以下几类。

(1)调查报告：针对某个化学教育问题进行调查研究之后写成的文章称为化学教育调查报告。由于这类报告是用事实说明问题，所以报告中的事实材料是报告的基本构件。除此之外，报告还要反映出调查的方法、分析研究的方法及操作过程等。完整地说，调查报告的主要内容包括调查的基本方法、主要过程、时间地点、统计与分析、组织形式等。

(2)实验报告：是为了探明某种教育现象或自然现象而进行科学实验研究后形成的研究报告。实验报告是以实验过程中获得的事实材料为依据，陈述实验条件、实验过程及形成的科学结论。这类报告的特征是以事实和科学的操作为基础。实验报告还可分为自然实验报告和实验室实验报告。

(3)经验总结报告：是对化学教育经验进行总结后形成的报告。这类报告也是以事实为依据，以理论为指导，阐述化学教育现象（或问题）的本质原因，从而揭示教育规律。因此，这类报告的特点是以事实材料为主要依据，运用归纳法揭示规律。

(4)学术论文：是对学科中的某个问题，通过各种途径进行探索后形成的报告。由于这类报告更偏重于理论分析，可称为理论性报告。它是以阐述对某一事物、问题的理论认识为主要内容，要求能提出新的观点、方法或理论体系，并揭示新旧理论之间的关系。因此，学术论文应该向人们陈述论点及逻辑关系，使论文具有很强的哲理性、科学性和逻辑性。

调查报告、实验报告、经验总结报告与一般的学术论文并不存在明显的分界线。有许多学术论文就是在调查报告、实验报告、经验总结报告的基础上写成的，许多写得好的、有创见的调查报告、实验报告、经验总结报告本身就是一篇很好的学术论文。

案例展示

质的研究：一种非常适合教育领域的研究方法
——访北京大学陈向明教授

随着世界进入后工业时代，教师的职业专门化已成为当今国际教师教育的一个重要发展方向，而成为专门化教师的最好途径就是参与研究，对自己的日常行为和学生的学习进行系统、规范、严谨的探究。由此，"教师作为研究者"得到越来越多的人的认同。但如何进行研究？这成为广大教师迫切要求解决的问题。近年来，"质的研究"作为一种非常适合教育领域的研究方法进入了教师的视野。为了帮助广大教师更好地了解"质的研究"的有关情况，我们特此采访了《质的研究方法与社会科学研究》、《教师如何作质的研究》两本书的作者——北京大学陈向明教授。

问：陈教授您好，您的《质的研究方法与社会科学研究》是我国第一部也是唯一一部系统介绍"质的研究方法"的专著，请您简单介绍一下"质的研究"的特点，好吗？

答：质的研究是在自然情境下，研究者与被研究者直接接触，通过面对面的交往，实地考察被研究者的日常生活状态和过程，了解被研究者所处的环境以及环境对他们产生的影响，其目的是从被研究者的角度来了解他们的行为及其意义的解释。"质的研究"要求研究者对自己的"前设"和"偏见"进行反省，并随着实际情况的变化，不断调整自己的研究设计。因此，"质的研究"的结果只适用于特定的情境和条件，不能推广到样本之外。应该指出的是，研究者必须事先征求被研究者的同意，对他们所提供的信息严格保密，与他们保持良好的关系，并合理回报他们所给予的帮助。简单说来，"质的研究"就是一种"情境中"的研究。

问："质的研究"是跟"量的研究"相对应的，两者有什么不同呢？

答："量的研究"是一种对事物可以量化的部分进行测量和分析，以检验研究者自己有关理论假设的研究方法。量的研究有一套完备的操作技术，包括抽样方法（如随机抽样、分层抽样、系统抽样、整群抽样）、资料收集方法（如问卷法、实验法）、数字统计方法（如描述性统计、推断性统计）等，正是通过这种测量、计算和分析，以求达到对事物"本质"的把握。而"质的研究"则是通过研究者和被研究者之间的互动，对事物（研究对象）进行长期深入细致的体验，然后对事物的"质"有一个比较整体性的、解释性的理解。"质的研究"与"量的研究"各有优势和弱点，两者不是相互排斥的，而是互补的。

问："质的研究"跟我们通常讲的"定性研究"有什么不同？

答：目前，在我国学术界尚没有对"定性研究"的明确定义，通常把所有非定量的研究都归入"定性研究"的范畴，如哲学思辨、个人见解、政策宣传和解释，甚至包括在定量研究中对问题的界定，以及之后对有关数据的理论分析，因此，"定性研究"是一个比较宽泛的概念。"定性研究"与"质的研究"有类似之处，例如，都强调对意义的理解和解释，但又有很大不同。简单说来，"质的研究"更加强调研究的过程性、情境性和具体性，而"定性研究"比较倾向研究的结论性、抽象性、概括性。

问："质的研究"与我国教育界目前比较流行的"行动研究"有什么不同？

答："行动研究"是通过实践者自身的实践进行的一种研究方式，20世纪50年代开始用于教育研究，有人把它视为"质的研究"方法之一。我认为，两者有许多共同之处。两者在教育研究中都强调"在教育中"、"通过教育"、"为了教育"，强调情境性、具体性。但"行动研究"也采用量的方法，如用问卷方法调查有关问题，以采取措施加以补救，它强调在实践中发现问题、解决问题。所以，总的来说，"行动研究"更倾向于求真，而"质的研究"则倾向于求善求美，例如，通过师生的平等交往，改善师生关系，关心弱势群体和个人等。

问：教育研究的方法很多，路子也很多，可以用量的研究方法、文献法、定性研究方法等，您曾在《教师如何作质的研究》一书中提出，质的研究是一种非常适合教育领域的研究方式，为什么这么说呢？

答：这是由"质的研究"的特点所决定的。首先，"质的研究"的平民性和互动性使"教师作为研究者"成为可能，传统的研究通常将教师放到一个被动的被研究的位置，他们被观察、被询问、被评价，没有自己的声音。而"质的研究"尊重作为个体的研究者，对每一个人的生活经历和意义解释都非常重视。这样，在"质的研究"中，教师从后台走到了前台，从被动变成了主动。他们自己可以是研究者，自己设计、实施和评价自己的研究；他们也可以与外来的研究者合作，通过相互之间平等的互动来提高自己的意识和能力。

其次，质的研究方法之所以适合教育领域，还因为它非常符合教育这一学科的基本特点。教育既涉及学校的建设，又关注个体(学生、教师、管理人员)的成长。"质的研究"可以同时关照这两个方面，不仅可以对教育现象、学校的组织结构、运行机制、具体的教育教学过程进行探究，而且可以从被研究者个人的角度理解他们的思想和行为。

再次，"质的研究"方法之所以适合教育领域，还因为它关注人的价值欲求，力图揭示事实背后的价值关系，而教育具有很强的实践性和导向性，其目的就是按照一定的价值取向培养人、造就人、成全人，教育研究必须关注教育活动中人的情感、态度和价值观及其对教育行为的影响。

最后，"质的研究"的过程性和情境性也使它特别适合教育领域。教育是一个自然发生的不断发展变化的过程，教育中的人和事物时刻处于变化之中。因此教育研究不能只是切割某些片断，对其进行静态的、孤立的、脱离情境的考察，还应该对过程中的各种变化进行跟踪，了解事情在自然下情境变化的状态和趋势。需要说明的是，质的研究方法并不排斥其他研究方法。

问：您对教师进行"质的研究"有哪些具体的指导性建议或忠告？

答：这个问题，我在《教师如何作质的研究》一书已经作了比较具体的说明，这本书结合教育研究领域中的有关问题，介绍了"质的研究"的基本思路、实施方法和操作技巧，并且提供了大量的实例，通俗易懂，操作性较强，愿意从事质的研究的教师可参考这本书。在

"教师成为研究者"已渐成共识的今天,我主张教师参与研究。教师参与研究,一是可以提升教师自身的反思意识和能力,了解自己行为的意义和作用;二是有助于改进自己的教学工作,提出切实可行的教育改革方案;三是可以改变自己的生活方式,体会自己内在的价值和意义,逐步实现教师的专业自主发展;四是有助于教师破除对"研究"的迷信,增强自己的自尊、自信和自立的能力,希望越来越多的教师参与到研究中来。

——《中国教育报》2002 年 5 月 16 日第 8 版

资料导读

化学教育究竟是怎样的一个研究领域

中国化学会将"化学教育学科委员会"同化学的二级学科"无机化学""有机化学""分析化学""物理化学""高分子"、"应用化学"等学科委员会并列设置。但是,在我国 GB/T 13745—92《学科分类与代码》中,"化学"和"教育学"的学科分类中都没有明确给出"化学教育";在《北京师范大学学位授予和人才培养学科目录》(2012)中,"化学"和"教育学"的学科门类中也没有出现"化学教育"。这说明,在我国"化学教育"作为一个研究领域或学科在认同上还存在一定的问题。而美国化学会化学教育分会 1998 年召开的第 15 届"化学教育大会",包括 600 多个口头报告和墙报,70 个工作坊,12 个特别演讲。这说明"化学教育"在美国早就成为一个比较兴旺和活跃的研究领域。那么,"化学教育"究竟是怎样的一个研究领域或者学科呢?

一、为什么要开展化学教育研究

相信每一位化学研究者,都清楚化学对于国民经济、个人生活和社会文化的重要性。在此,不再赘述,仅提供一些直观的数字:2009 年中国石油和化学工业总产值达到 6.63 万亿人民币,据美国化学理事会(American Chemistry Council, ACC)的估计,美国 GDP 的 25%直接与化学相关,美国 96%的商品制造直接使用来自化学工业的产品。

然而,化学却面临诸多挑战。对大多数学生来说,化学不仅难学,而且随着知识领域和专业的扩展,学习化学课程的时间也被压缩了。化学究竟该教什么,又该如何来教,仍然是很有问题的。化学研究和化学科技的飞速进展,使得我们更难确定究竟该在化学教育中教授什么,对未来的化学家应该教授什么,对未来的公民又该教授什么。而在现实社会里,化学知识被非正式的教育错误地表征和传播,例如科普书、电视节目、科技中心等,使得化学的公众形象受损严重。化学的地位和化学教育的地位,无论是在正式的教育领域,还是在非正式的教育领域,都应该被重新建构:(1)化学教育的所有方面都要以研究为基础;(2)各个领域和各种形式的化学教育的发展应该是持续的、连续的,而且要与相关的研究建立联系;(3)必须有专业的教育和培训,以保证化学教育研究的广泛性和多样性。

化学家日益意识到,虽然化学知识是教好化学的必要条件,但它不是足够的、充分的。大学对过分地强调科学研究而使教学让位公开地表达担忧。美国大学的化学系对此做出了反应,专门聘用化学教育研究者来为化学教育提供领导力。美国急迫地要提升大学本科科学和工程教育的质量,以培养多样化的技术劳动力和具有科学素养的公民。美国国家研究理事会指出,要提升大学本科科学和工程教育的质量,需要依赖基于学科(物理、化学、生物、地球科学等)的教育研究,并认为基于学科的教育研究是至关重要的学术领域。2001 年诺贝尔物理学奖获得者 Carl Wieman(美国白宫科学技术政策办公室副主任,奥巴马政府的科学教育方面的首席专家)指出,整个北美很多研究型大学的科学教学的方式比低效还要糟糕,它是不科学的。

美国人认为自己的大学本科科学教育是需要改善的,而我们认为"与美国大学相比,中国的大学在因人施教、体现对学生个性化的尊重方面仍有欠缺;我们的教学理念和教学方法还比较落后,弱化了我们的教学效果。国外大学比较注意教育理念、教学方式和方法,能够有意识地培养学生的兴趣、调动学生学习的积极性,注重教学效果的检测和评价,教学层次和效果明显较高"。由此可见,我国大学化学教育处在怎样的一个水平。可是,当今我国各高校"重科学研究,轻教学研究"又是不争的事实。某些高校引进了不少的"高层次"人才,而专业基础课却要外聘教师来讲授,这在一定程度上说明"教学并非是简单的,并非就是应该被忽视的,搞好教学也是需要开展科学研究的"。当今已经不是仅靠少数化学家就可以满足社会发展需要的时代,如果不通过化学教育研究以增进对如何教化学和如何学化学的理解,整个化学领域的影响力将减弱,从而对人类的贡献也将减少。

因此,要想提高化学教学质量,要想提升化学学科的力量,要想让化学学科对人类做出更大的贡献,就必须开展化学教育研究。

二、化学教育研究的起源

现代化学研究起源于 18 世纪中晚期,以拉瓦锡(Lavoisier A L,1743—1794)提出元素概念和道尔顿(Dalton J,1766—1844)提出原子学说为标志。西方学者认为,化学教育研究是一个相对年轻的领域,起源于 20 世纪 60 年代。1957 年,苏联发射了第 1 颗人造地球卫星,震惊了世界;对化学教育产生的影响是,在批评原来的化学课程老套、负担过重、事实性知识导向等的基础上,开始了大规模的化学课程改革,例如:美国的"Projects of Chemical Education Materials Study(CHEM Study)"和"the Chemical Bond Approach(CBA)",英国的"Project of Nuffield Chemistry",等;这些 20 世纪 60 年代的化学课程改革需要收集证据来证明其效果,于是化学教育研究诞生了。在化学教育研究发展的早期,它具有 2 种类似的起源,其一是从一般教育研究中吸取有关课程、教学和学习的思想观念,将其应用到化学学科中;其二是将化学学科知识和化学研究方法应用到一般教育中。

现如今,化学教育已经发展成一个有特色的学科,一个令人激动和兴奋的学术研究领域,研究主题和研究方法越来越多样化。化学教育是一个特别的领域,是位于教育科学和化学之间的学术领域,作为一个相对较新的领域,像其他交叉领域(如生物化学、材料科学、化学物理学等)一样,被接受和认可是需要时间的。化学教育研究是教育学、心理学、社会学等学科的理论、实验设计、工具和化学教与学的问题的结合。可见,化学教育是一个涉及多个学科的复杂的学术领域。

美国化学会化学教育分会的执行委员曾经任命了一个特别小组负责起草文件来定义"化学教育研究"、确立"化学教育"的专业地位,于 1994 年指出:"化学教育作为化学学科的分支,与无机化学、有机化学、物理化学、分析化学、生物化学具有同等的地位"。国际化学教育研究的领导者之一,德国的 Schmidt 于 1971 年获得多特蒙德大学的化学教育领域的教授职位,他说:"我是属于化学系的,我作为化学教育领域的教授的地位,同无机化学、有机化学、物理化学等领域的教授是一样的"。

可见,"化学教育"已经发展成一个有特色的学术研究领域,在国际上也获得了认同。要做出高质量的化学教育研究,除了要具有化学的背景,还需要额外的努力以精通学习理论、教学法、认知心理、评价理论及方法、研究设计及方法、统计学等。化学教育是一个丰富而复杂的领域，化学教育研究具有3个相对独立的领域：(1)化学学习，涉及化学是如何被学习的，其中包括学生的概念、解决问题的方式、学习化学的抽象思维方式的困难等，同时也关注化学学习过程与一般学习理论的关系；(2)化学教学，涉及化学教师如何创造学习化学的最佳条件，涉及对不同教学资源(教材、实验和课程等)的评价等；(3)化学教与学的背景，即影响化学教与学的其他因素的研究，例如教师和学生的性别、文化背景、社会背景，化学课堂中个体之间的互动等。总之，化学教育研究已经成为一个应该被尊重的学术研究领域。

三、化学教育研究与化学研究的比较

与化学教育研究相比，在化学研究中控制变量(例如质量、浓度、温度、压力等)是相对容易的，化学教育研究的对象通常是学生，有时是个体，有时是班级，与学生相关的变量往往是"戏剧性"的，可以说是不可能被严格控制的，比较2份镁粉样品与比较2个班的学生是很不相同的任务。另外，化学研究者在研究过程中不需要征询分子的意愿，而化学教育研究者在研究过程中却往往需要获得学校、家长、学生等的同意和配合，化学教育研究涉及更多的伦理因素。可见，化学教育研究是比化学研究更为复杂的。

化学教育研究和化学研究的不同在于它们的关注点和目标，以分子的计算机模型和表征为例，化学教育研究者关注的是如何利用它来阐明基本的化学概念和原理，或者探索学生是如何建构自己的有关分子结构的心智模型的，或者优化分子表征方式以促进学生更好地理解；化学研究者关注的是应用分子模型软件预测反应活性、解释反应机理、指导新化合物的合成。正是因为如此，化学教育研究者和化学研究者会提出不同的科学问题、收集不同的数据、使用不同的技术手段分析数据，并且以不同的理论体系作为基础，研究结果也形成不同的理论体系；化学的理论几乎都是数学计算的表达，化学研究追求对自然现象的数学描述，被化学家操纵的分子或许50年都不会变；化学教育研究的理论几乎都没有数学计算，化学教育研究的对象是学生，在每个学期都发生着变化，影响学生的各种因素难以数清且很难用数学变量和计算的形式来表达。

其实，化学教育研究与化学研究也是很相似的：(1)化学家会在特定的物质体系中分离、研究、确证活性成分，再研究活性成分的结构及其合成方法，最终会形成商业产品，造福人类，还会进一步开发和研究其衍生物；化学教育研究者会在特定的学习情境中研究学习者、教师、学习环境的各种因素，确定在化学教学过程中哪些因素发挥了效用、哪些因素没有发挥效用，从而确证影响化学教与学的重要变量，其中也会运用观察、探测、聆听、控制变量的定量比较等方法，也会研究各种变量的改变所产生的影响。(2)分析化学研究者会改进技术手段或开发新的技术手段，用于确证和定量各种化学物种；一些化学教育研究者会研究如何以新的、更有效的方式和工具测试学生的学习情况。(3)化学家会研究化学变化的动力学和化学变化发生的机理，美国化学会志(JACS)中36%的文章属于此类；化学教育研究者会研究化学课堂的动力学(教与学的发生过程)，有时会关注不同条件下的学习速度，有时也会研究学习变化的发生机理(心理机制)。(4)化学家会研究化学过程的热力学，化学教育研究者会关注学生学习化学的初始情况和学习的效果。(5)化学家会用观察和实验的方法开展研究，尤其是控制实验法；化学教育研究者也同样会运用观察和实验的方法，也会用控制实验法研究影响化学教与学的变量。

实际上，无论是哪个领域的科学研究，都具有共同的特征，化学教育研究和化学研究也不例外，它们对有关高质量的研究工作的定义是一样的。化学教育研究与化学其他领域的研究相比，其共同点在于：(1)研究都以理论为基础；(2)研究都是建立在数据基础上的；

(3)研究都为了得出可推广的、一般的结论。所有领域的科学研究的内核是一致的，无论是教育学、物理学、人类学、分子生物学，还是经济学等，都是方法、理论和发现之间不断相互作用下的严格的推理过程；教育领域的科学研究原理与社会科学、物质科学和生命科学的科学研究原理是一样的。

科学研究应该遵循的基本原理包括：(1)提出可以通过实证开展研究的重要科学问题；(2)将研究与密切相关的理论建立关联；(3)运用可以直接研究科学问题的研究方法；(4)提供连贯的、清晰的推理链；(5)研究的可重复性和推广性；(6)公开研究过程及结果，接受专业的同行评审和批判。化学教育研究是涉及教育的，自然会受到教育特征的制约，会受价值观念和政治因素的影响，受人(学生、教师、父母、教育政策制定者等)的意志的影响，受教育计划的可变性和教育改革的影响，受地域、历史、民族、语言、经济、文化等的多样性和差异性的影响，受伦理和社会关系因素的影响等。而化学研究的对象——分子是没有意志的，同一分子是不会改变的，同一分子是没有民族、文化、地域等差异的。

四、结语

如果没有科学研究，人类登月将是不可想象的，消灭疾病也是无法想象的；如果不以科学研究为基础，如果不以来自科学研究的知识为指导，教育改革的显著效果将是难以期待的。美国的科学教育标准制定就是建立在科学研究基础上的，其中包含了非常多的参考文献。可见，科学研究对于教育改革的重要性，化学教育同样如此。要维持知识型国家的概念和地位，需要有足够数量的经过专业训练的科学家，尤其是化学家；而化学家的培养需要化学教育质量的改善，需要化学教育地位的提升，需要以化学教育研究为指导。

总而言之，从国际上来看，化学教育已经发展成一个必要的、成熟的、应该被尊重的学术研究领域。我国的化学教育研究与西方的化学教育研究在传统和发展路径等方面都有一定的不同，与西方相比不少方面仍存在一定的差距，特别是在高等化学教育研究领域，我国还缺乏专业的研究人员。但是，我们没有必要再重复"西方对教育科学研究的价值和本质"的长时间的争论，不应该再将化学教育研究者从化学院系分离出去。化学教育与化学是联系得最密切的，无论将化学教育研究者编制在哪个机构，都不如在化学院系合适，化学是化学教育研究的最根本的基础；相应地，化学教育研究的最大受益者当然就是化学，二者是相辅相成的。美国有些高校的化学和生物化学系就有化学教育领域的博士生培养体系。我们需要做的是如何创造条件提升化学教育的学科地位、支持当前从事化学教育研究的学者、培养化学教育研究的专业人才，以提升我国化学教育研究的水平，进而提高我国化学教育的质量。在这些方面，美国国家研究理事会已经给出了很好的建议：确立研究者的地位及相应的职位期待、对研究本身及研究人才培养的足够而持续的基金资助、在专业社团内部的认同、支持专门的学术会议和学术期刊的发展等，化学院系、专业社团、学术期刊编辑、基金资助机构、各机构领导者需要共同协作。

——朱玉军，王磊. 2014. 化学教育，(24)：13-16

第二章　化学教育文献综述与开题报告

第一节　化学教育文献综述

一、文献综述的作用和意义

（1）为论文的选题寻求切入点和突破点。科学研究本质上是一种创新活动，创新是对现有研究不足的弥补或突破。任何研究课题的确立，都要充分考虑到现有的研究基础、存在的问题和不足、研究的趋势及在现有研究的基础上继续深入的可能性。在综述中，"现有研究的基础"体现在"综"上。通过对文献的梳理和分析，可以全面了解相关领域的研究现状，预测后续研究成功的可能性。"问题、不足和发展趋势"体现在"述"上，是综述撰写者结合自己的学术观点进行的反思与发现。

通过撰写综述，对不同研究视角、方法，不同研究设计，特别是不同观点进行分析、比较、批判与反思，可以深入了解各种研究的思路、优点和不足，在掌握研究现状的基础上寻找论文选题的切入点和突破点，使自己的研究真正地"站在巨人的肩膀上"。

（2）为论文的研究寻求新的研究方法和有力的论证依据。文献综述是跟踪和吸收国内外学术思想和研究的最新成就，了解科学研究前沿动向并获得新情报信息的有效途径，有助于掌握国内外最新的理论、手段和研究方法。从已有的研究中得到的启发，不仅可以帮助我们找到论文深入研究的新方法、新线索，使相关的概念、理论具体化，而且可以为科学地论证自己的观点提供丰富的、有说服力的事实和数据资料，使研究结论建立在可靠的材料基础上。

（3）避免重复劳动，提高研究的意义和价值，"科学工作者应把人类历史上尚未提出的或尚未解决的问题作为科研的选题。从事这种研究才是真正有意义的科学研究。"有专家估计，我国有 40%的科研项目在研究前其实在国内外已经有了相关成果。重复研究不仅浪费了大量的时间和精力，还将导致科研本身长期处于低水平的状态。据美国国家科学基金会、美国凯斯工学院研究基金会调查统计，一个科学研究人员在一个科学研究项目中用于研究图书情报资料的时间占全部科学研究时间的 1/3～1/2。文献综述的作用就在于充分占有已有的研究材料，避免重提前人已经解决的问题，重做前人已经做过的研究，重犯前人已经犯过的错误。因此，在确定论文选题之前一定要做好文献综述研究，提高研究的意义和价值。

（4）文献综述是论文的重要组成部分。文献综述至少可达到以下基本目的：让读者熟悉现有研究主题领域中有关研究的进展与困境；提供后续研究者思考未来研究是否可以找出更有意义与更显著的结果；对各种理论的立场说明，可以提出不同的概念架构；作为新假设提出与研究理念的基础，对某现象和行为进行可能的解释；识别概念间的前提假设，理解并学习他人如何界定与衡量关键概念；改进与批判现有研究的不足，推出另类研究，发掘新的研究方法与途径，验证其他相关研究。总之，研究文献不仅可以帮助确认研究主题，还可以找出对研究问题的不同见解。一个成功的文献综述，能够以其系统的分析评价和有根据的趋势预测，为新课题的确立提供强有力的支持和论证。因此，文献综述既能反映选题的科学性、创新性和应用性，又可以使评审专家充分了解论文研究的价值，判断研究者掌握知识面的深度和广度，保证论文的评审获得好的成绩。

二、文献综述的方法和步骤

1. 文献综述的第一步：概括归纳

收集文献的方法主要有两种，一是通过各种检索工具，如文献索引、文摘杂志检索，也可利用光盘或网络进行检索；二是从综述性文章、专著、教材等的参考文献中摘录出有关的文献目录。

选择文献时，应由近及远，因为最新研究常包括以前研究的参考资料，并且可以使我们更快地了解知识和认识的现状。首先要阅读文献资料的摘要和总结，以确定它与要做的研究有没有联系，决定是否需要将它包括在文献综述中。其次要根据有关的科学理论和研究的需要，对已经收集到的文献资料进一步筛选，详细、系统地记下所评论的各文献中研究的问题、目标、方法、结果和结论，以及存在的问题、观点的不足与尚未提出的问题。将相关的、类似的内容分别归类；对结论不一致的文献要对比分析，按一定的评价原则做出是非的判断。同时，对每一项资料的来源要注明完整的出处，不要忽略记录参考文献的次要信息，如出版时间、页码和出版单位所在城市等。

对要评论的文献先进行概括(不是重复)，然后进行分析、比较和对照，目的不是为了对以前的研究进行详细解释，而是确保读者能够领会与本研究相关的以前研究的主要方面。个别地和集中地对以前研究的优点、不足和贡献进行分析和评论，这在文献综述中是非常重要的。

2. 文献综述的第二步：摘要

不同的学科对引用摘要的要求与期望不同。虽然文献综述并不仅仅是摘要，但研究结果的概念化与有组织的整合是必要的。其做法包括：将资料组织起来，并连到论文或研究的问题上；整合回顾的结果，摘出已知与未知的部分；理清文献中的正反争论；提出进一步要研究的问题。

3. 文献综述的第三步：批判

文献综述是否有价值，不仅要看其中的新信息与知识的多少，还要看自己对文献作者及编辑者的观点与看法如何。

阅读文献时，要避免外界的影响甚至干扰，客观地叙述和比较国内外各相关学术流派的观点、方法、特点和取得的成效，评价其优点与不足。要根据研究的需求来做批判，注意不要给人以吹毛求疵之感。

一个具有批判性的评论，必须要有精确性、自我解释性和告知性。批判的程度主要在测试研究者的评鉴技巧是否能分析出文章的中心概念与所提出的论据，做出摘要，并提出简要评估。

文献综述的第三步是在形式上批判其是否符合一些基本写作的标准，即判定其是否为一篇好文章还要看文献中引用的文章与评论的标准。有的台湾学者将其归纳为代表性、显著性、相关性、适时性和简捷性。

4. 文献综述的第四步：建议

文献综述通常是以比较性评论的方式为主，分析两个以上不同的思想学派、议题或者不同人所持的不同立场。文献综述的最后步骤是在回顾和分析的基础上，提出新的研究方向和研究建议。

根据发展历史和国内外的现状，以及其他专业、领域可能给予本专业、领域的影响，根据在纵横对比中发现的主流和规律，指出几种发展的可能性，以及对其可能产生的重大影响和可能出现的问题等趋势进行预测，从而提出新的研究设想、研究内容，建议采取的具体措施、步骤和研究方案等，并说明成果的可能性等。

还要指出的是，阅读和分析已有的其他专业研究人员的文献综述，可以高效率地获得有益的观点和建议。但是，这类集中介绍研究成果的综述性文章只能作为新研究的基础或参考点，不能用来替代自己的独立研究。

总之，文献综述不仅仅是对一系列无联系内容的概括，而且是对以前相关研究思路的综合。要做好论文的选题与研究，必须重视资料概览，认真写好文献综述。

文献综述中常见的问题

文献综述可以帮助新研究者在现有知识的基础上不断创新，所以撰写此章节时，要向读者交代论文不同于先前研究之处。它是一个新的有关此类研究主题方面的重要的学术研究。但是在撰写文献综述过程中易犯以下三种错误。

1. 大量罗列堆砌文章

误认为文献综述的目的是显示对其他相关研究的了解程度，结果导致很多文献综述不是以所研究的问题为中心来展开，而变成了读书心得清单。

2. 回避和放弃研究冲突，另辟蹊径

对有较多学术争议的研究主题，或发现现有的研究结论互相矛盾时，有些论文就回避矛盾，进行一个自认为是创新的研究。其实将这些冲突全部放弃，就意味着放弃一大堆有价值的资料，并且这个所谓的创新，因为不跟任何现有的研究相关与比较，没有引用价值，会被后人所放弃。遇到不协调或者互相矛盾的研究发现，尽管要花费更多的时间来处理，但是不要避重就轻，甚至主动放弃。其实这些不协调或者冲突是很有价值的，应多加利用。将现有文献的冲突与矛盾加以整合是必要的，新研究比旧研究具有更好、更强的解释力，原因之一是新的研究会将过去的所得做一番整合与改善。

3. 选择性地探讨文献

有些研究者不是系统化地回顾现有的研究文献，找出适合研究的问题或可预测的假设，而是宣称某种研究缺乏文献，从而自认他们的研究是探索性研究。如果有选择性地探讨现有文献，则文献综述就变成了主观愿望的反映，成了一种机会性的回顾。

因此，一定要进行系统的、全面的文献综述，以严谨的科学设计来寻找、评估及整合科学研究的证据，确保文献综述完整不偏。要端正学风，勇于探索和不回避冲突。分析冲突的原因、方法与结论，可以为未来的研究及论文奠定成功的基础，使论文的研究结果对后续研究有应用价值和理论意义。

第二节　化学论文开题报告

一、开题报告的内容

对于重大课题及学位论文，必须要写出开题报告。开题报告的内容一般包括：

(1)课题的提出与文献综述：课题的提出；国内外研究现状及存在的问题；研究的意义。

(2)课题研究的目的和任务。

(3)课题研究的理论构想：研究的理论基础；研究的主要内容；研究的预期成果和突破点。

(4)课题研究方案和计划：实验研究方案的设计；课题研究进度安排。

(5)完成课题研究的条件分析。

经过系统、严谨的科学论证，科研课题才能最终得以确定。一篇好的开题报告则是一篇很好的论文。

西南大学教育硕士学位论文选题报告

校内导师		职称		工作单位	
校外导师		职称		工作单位	

拟选论文题目	
关键词(3～5个)	

论文选题来源(请在相应栏目中打"√")

国家级 教改项目	省部级 教改项目	区县级 教改项目	校级 教改项目	其他

论文选题类型(请在相应栏目中打"√")

专题研究	调查研究	实验研究	案例研究

选题依据及意义：

主要研究内容，拟解决的关键问题及预期达到的目标：

主要研究方法：

实施方案及计划：

校内导师对开题报告的评语：

导师签名：
年　月　日

校外导师对开题报告的评语：

导师签名：
年　月　日

续表

以下部分由培养单位填写：

开题报告专家组成员组成情况

组成	姓名	职称	所在单位	从事专业	本人签名
组长					
组员					
秘书					

开题报告专家组意见：
(主要对开题报告选题、论据、研究内容、方案及方法等做出评价)

开题报告评议结果(通过、不通过)：

组长签名：
年　　月　　日

培养单位意见：

负责人签名(公章)：
年　　月　　日

注：本表一式三份，经审核通过后，培养单位、导师、研究生各留一份。

二、撰写开题报告的方法

1. 选题及目的

撰写开题报告首先要有选题。选题就是研究题目。选题有几种来源，或者来自个人的生活经验或专业经验，或者来自文献阅读，或者来自老师的建议。选题还涉及选题的大小、选题的范围。它们都是相对而言的，这也视研究队伍的大小和研究能力强弱来确定。举例说明，"课堂教学有效性研究"可以缩小为"小学课堂教学有效性研究"，还可以缩小为"小学数学课堂教学有效性研究"，甚至再缩小为"小学数学几何课堂教学有效性研究"，由此可以看到选题由大到小的变化。

选题意义可以理解为研究目的，选择一项研究到底要达到什么目的，这是研究者首先需要明确的目标。通常选题意义或研究目的可从以下几个方面来看：第一是学术意义，第二是理论价值，第三是实践价值，第四是个体目的，第五是知识发展。任何一项选题都可能从以上几个方面来设定其意义，但并不是每个选题都要达到这些目的，要视选题大小、范围和类型而定。在选题意义上，作为一种科学研究，论文的意义在于填补知识的空白或探索新知识、找到一些现象的起因、描述一些现象、解决一个实际问题或验证一个假设。

2. 概念和理论框架

从研究选题、研究问题、研究文献综述到研究内容和研究方法的确定中可以明确开题报告的主要内容，但一项研究是否具有独创性或原创性还取决于这项研究的理论框架或分析框架、研究视角或范式。因此，在开题报告中还要提出研究的理论框架，这个框架将决定论文的逻辑结构。"概念框架和研究目的密切相连，而且研究目的与框架共同对研究问题的形成造成重要影响"。

为什么研究需要概念或理论框架呢？这是因为一个概念框架、模型或理论可以帮助提出一个科研问题或对某个问题做出解答。科学研究实质上是为了发展或验证能解释自然界和社会生活的理论、假设、模型、猜想或概念框架。研究问题和理论之间的联系是直截了当的。一个研究问题可能需要多个理论，不同的理论可能对一个问题做出不同的解答，如"班级人数和学生成绩之间的关系是什么"这样一个研究问题可以用多种理论来回答。另外，观察什么与如何观察是由该问题或选题的一个核心概念驱动的。什么是概念？什么是概念框架？什么是理论？什么是理论框架？概念或理论从哪里来？如何在研究设计中构建概念或理论框架？如何在研究设计中应用概念或理论框架？这些问题都是在研究中需要解决的问题。

研究的理论框架其实还与研究的假设联系在一起，也就是说，每个开题报告都会有研究的假设，或者说，做研究首先要有假设，然后寻找证据证明这个假设是成立的。例如，某人提出了一个假设，说一个人的数学成绩取决于他的语言能力，语言能力强则数学成绩就高，这就是一个假设的理论模型。

3. 研究问题

一切研究都始于问题，年鉴学派大师费弗尔明确指出："提出问题是所有史学研究的开端和终结，没有问题便没有史学。"同时，提出问题比解决问题更重要，"因为解决问题可能只需要数学或实验技巧，而提出新问题、发现新可能性或以新视角看待旧问题，却需要具有创造性的想象力，这标志着科学的真正进步"。由此可见在研究中问题的重要地位。

什么是"研究问题"？研究问题说明研究者想要知道什么，想要通过研究理解什么，因此研究问题一定是指向知识和理解。研究问题与研究假设是有区别的，研究假设是研究者对这些问题的尝试性回答。

(1)问题的来源。"多数人的写作或者缘于现实的思考，或者缘于阅读的兴趣。其实，在大多数情况下，阅读会促进对现实的思考，对现实的思考常常会求助于阅读。""通过专业或个人日常经验选择一个研究问题似乎比通过(老师)建议或文献的途径更加危险。但这种担心未必正确。以个人经验指导你的研究有可能会更具价值。"从这些话中可以看出，阅读、专业活动、生活经验、老师建议都可能成为研究问题的来源。

这里需要解释和说明的是，在中文中"问题"有多重意义，而英文中"question"、"problem"和"issue"各具有特定的意义。用三个动词就可以解释这三个词的意义："回答问题"、"解决问题"和"讨论问(议)题"。在学术研究中可能为了"解决问题"而要提出需要回答的研究问题，所有的"解决"、"回答"的问题都可以成为讨论的问题，因此在研究中需要"回答问题"。通常说，"伟大的科学研究工作常常出于解决某一急迫的实际问题"。

(2)三个基本问题：是什么？为什么？如何？由于研究者的研究价值观不同，对研究问题的认识也不同。马克斯威尔把研究问题划分为三类，它们是一般化问题和具体化问题、工具主义者问题和实在论者问题、变量问题和过程问题。也有方法研究学者认为："大量的教育研究问题可以归纳为相互关联的三类形式：描述性问题——正在发生什么？因果性问题——是否有系统性的作用？过程性或机制性问题——为什么会发生或怎么发生的？"我们把问题基本上分为三类，即本体论问题、价值论问题和方法论问题，通俗地说，在研究中时刻要回答"是什么"、"为什么"和"如何、怎么办"的问题。

（3）问题的表述方式。研究者应以有助于实现实践目的的方式提出研究问题，而不应把这些研究的目的隐藏在研究问题本身当中。并且研究问题必须是通过研究能够得到解答的问题，研究必须是真正可以实施的。"如果提出一个没有哪个研究能够回答的问题是没有价值的，无论是因为无法获得回答问题的资料，还是得出的结论可能会有严重的效度威胁。"如果把研究问题划分为工具主义者问题和实在论者问题，则通常有以下说法：提出研究问题时，要以研究对象所说或所报告的方式，或者以直接观察到的方式，而不是以信念、行为或因果推论的方式提出。

（4）问题和选题的关系。对什么问题的研究和回答才具有选题意义？研究问题应该通过研究者的研究可以回答的问题，而且可以直接询问研究如何实现实践的目的。

在开题报告中，首先要表述的是"问题的提出"，也就是提出要解决的问题，提问的方式多种多样。德里达在谈到"本体论"问题时，认为本体论始于"这是什么"这种方式的提问，但他反对逻各斯中心主义方法，但反对的策略则是"回溯到源头去"，他主张的追溯就是"提问"，"提问看上去只是疑问而无所肯定，其实，照海德格尔的说法，在提问中，所要问的问题的方向就已经确定了。这其中就有着 yes"。因此，在开题报告中，提出问题本身就是一种肯定，提问者只是对它进行论证而已。

要很好地设计研究问题，因为它们会影响方法的可行性和研究的效度或结果。研究问题是研究设计的中心，它决定其他各个部分。问题提出要有意义。"从偶然的想法到形成概念并具体确定一个值得探索的问题，这一过程对科学研究是至关重要的。"

（5）研究问题与概念或理论之间的关系。这两者之间的关系也很重要，因为研究问题的提出是基于研究的概念或理论基础上的。例如，"课堂教学的有效性研究"这个选题并不能反映某一个重要概念或理论，虽然"课堂教学"、"有效性"都可以作为概念来看待，但不足以表明其学术性或理论性；如果把选题改为"课堂教学有效性的心理学研究"，"心理学"的学科性就成为这个选题研究的概念来源或理论来源。

4. 研究方法

通过对研究内容的建构，确定了研究的对象和方向，但任何研究都需要利用一定的研究方法来完成。研究方法，即收集数据的方案和对数据的测量和分析，应根据研究问题选择，并应能直接回答该问题，将问题和方法直接联系，可以在调查方法、数据、假设的互相作用基础上进行一系列逻辑推理，从而得出合理的结论。包括教育学在内的社会科学的研究方法通常有四种，即历史研究法、内容分析法、个案研究法、统计和调查研究法。

研究问题和研究方法有什么关系？从逻辑上说，研究方法与研究问题应该是一致的，"你运用的方法一定要能够回答你的研究问题"。研究方法是回答研究问题的手段，而不是研究问题的逻辑转换，研究方法的选择不仅依赖于研究问题，而且取决于真实的研究情境，还要考虑如何在这种情境中最有效地获得研究所需的资料，也就是针对什么问题使用什么方法在逻辑上要求清楚地表达出来，如对基本概念的界定和梳理用文献法，但文献综述中可能会使用文献统计法。

研究问题与研究方法应该是结合在一起的，它们不是一种逻辑结合，如果研究方法不能为回答研究问题提供所需要的资料，那么就需要改变研究问题，或者改变研究方法。"研究方法必须适合研究问题，而且研究者必须有能力实施这个方法。"因此，研究者应该指出某种研究方法为什么能有效地研究某个问题，对研究方法必须进行详细描述，包括测量的方法、数据收集的过程、对数据的分析等，必须能让其他人评论或重复验证这项研究。此外，研究还需要指出研究方法的局限性。

各学科研究都有一套指导科学研究的根本性原则，这些原则是：①提出有意义并能通过实证来研究的问题；②将研究与相关的理论相结合；③使用能对研究问题进行直接研究的方法；④进行有条理的、明确的逻辑推理；⑤实施重复验证和研究推广；⑥发表研究结果，鼓励专业人士的审查与评论。

5. 研究文献综述

在确定选题和研究的问题之后，必须要做的一件重要的、不可或缺的研究工作是文献综述。文献综述是最基础的研究方法，是任何研究都必须要使用的一种研究方法。

文献种类有哪些？通常可能需要的文献有教育学术专著、教育学术期刊论文、教育学术会议论文、教育政策文本、教育学术学位论文、教育学术研究手册、教育学术工具书(百科全书、辞典等)，但要注意不包括教材。

有学者指出，"针对某个问题所做的相关的文献综述可能会发现这个问题尚未被解答。当发现这个空白之后，文献综述通过分析该问题和相关假想是如何被讨论的，以及发现过去所用的抽样、选址和其他重要背景，可以帮助提出各种不同的答案及研究的设计和执行方案"。由此可见，在进行文献综述时必须以问题为中心，也就是要针对研究中所提出的问题进行综述，这样可以避免罗列文献的简单做法。

为什么要做文献综述呢？它是学术研究的一项基本规范，当然文献综述更重要的是为了知识传承和知识创新。在做文献综述时最需要弄清楚的是知识谱系。借用福柯的"考古学"说法，文献综述可以理解为知识考古学，它是对知识形成的历史过程进行梳理，这一过程不再被看成是确定无疑的，或是有明确的主体意义的规划在其中起决定作用。知识形成的过程被福柯处理为知识相互诠释的过程，一个(或一种)知识的形成总是"通过另一个既是次要的又是重要的、既是隐蔽的又是基本的意义的话语之明确意义重新整理"。

就一项研究而言，文献综述的价值当然是多方面的，其中一个重要价值就是为本研究选题提供启示，也就是说，通过文献综述为本研究选题奠定了知识基础，从文献综述中找到了选题的重要依据，或许是新选题新研究，或许是旧选题新研究，或许是旧选题补充研究，等等。总之，只有在文献综述的基础上才可能知道选题在所属研究领域中的地位，这是研究创新和研究进步的根本标志所在。因此，文献综述是进入学术研究的第一道门槛，不做文献综述是无法进入学术殿堂的。

通过以上的研究可以看到，开题报告包括选题、问题、文献综述、内容、方法、理论框架等，而所有这些内容具有内在的逻辑一致性，选题要具有意义必须通过问题的研究和解决来体现，而文献综述是围绕提出的问题展开的，研究的内容是根据文献综述和研究问题确定的，研究方法一定从属于研究的问题和研究内容，而理论框架、分析视角是为了使方法使用的有效性得以展现。研究问题与研究目的之间的关系应该清晰，应该利用有关研究对象的已有知识及相关的理论概念与研究模式丰富研究问题，应该用理论与知识丰富研究目的，选择什么样的相关理论和知识又取决于研究目的和研究问题。汤一介说："照我的想法，'哲学'应该是从思考某个(或几个)'哲学问题'出发，而形成的一套概念体系，并据概念之间的联系而形成若干'哲学命题'，并在方法上有着相当的自觉，进而进行理论上的分析与综合而形成的关于宇宙人生的哲学体系。"哲学体系是这样形成的，包括教育在内的其他学科的理论体系也是这样形成的。

开题报告或研究设计应是整个研究过程中不断进行的事情，而不仅仅是一开始的事情，因为随着研究过程进展，研究者会出现新的观念，找出新的材料，……它是一个无限的过程，因此适时、适宜地做出调整是很正常的事情。

案例展示 1

"基于探究水平的小学科学课程实施现状的个案研究"开题报告

论文选题依据

(包括国内外研究现状、选题的理论意义或实用价值、研究的特色及重要参考文献目录等)

一、国内外研究现状

1. 关于国际小学科学课程发展的研究

1)国际小学科学课程发展阶段的研究

张红霞、郁波在《国际小学科学课程改革的历史与现状》研究中将20世纪科学课程历史发展分为四个阶段；钟媚、高凌飚在《西方小学科学课程发展的历史回顾与展望》中将西方小学科学课程的发展划分为五个阶段；此外，还有学者对美国、英国、日本等国家小学科学课程发展进行了研究。

2)国际科学课程的变迁及其发展趋势的研究

学者们一致认为，当代科学教育的内涵已发生了深刻的变革，以往的科学教育已逐渐发生 S→ST→STS→STSE 的演变。

通过文献检索可以看出，目前对于国际小学科学教育的发展和课程改革研究的内容较为丰富，但对我国小学科学教育的发展和课程改革的研究较为局限，但呈逐渐增多趋势。虽然对于我国研究的阶段不尽相同，但研究依据的材料大体相同，主要都是通过将其研究历程划分阶段，分别研究每个阶段的科学课程目标、设置及内容等的发展变迁，以及此阶段中各要素的特点、影响因素和对当代的启示。

2. 关于我国小学科学课程发展的研究

1)小学科学课程发展进程的研究

比较有代表性的有罗丽媛《建国后我国中小学科学课程发展研究》，研究认为新中国成立以后，我国中小学科学课程的发展主要分为五个时期；谢恭芹在《中国近现代小学科学课程演变研究》中认为，一百多年来，中国小学科学课程的发展演变主要分为四个阶段；蔡海军在《我国小学科学课程发展的过程及特点》中，将我国小学科学课程的发展史分为四个时期……

2)小学科学课程标准的研究。

(1)小学科学课程设置演变的研究。

目前，学者们比较一致地认为，依据近现代中国小学科学课程发展史，小学科学课程名称的演变主要经历了以下阶段：格致→博物→理科→自然→常识→自然常识→自然→科学。

(2)小学科学课程目标演变的研究。

近年来，越来越多的研究者对我国小学科学课程目标的发展进行思考和研究，主要从科学知识、科学探究及情感态度与价值观三个角度阐释了课程目标的发展。

(3)小学科学课程内容演变的研究。

对于小学科学课程内容的演变，学者们从1956年的《小学自然教学大纲(草案)》到2001年的《科学(3～6年级)课程标准(实验稿)》作了大致阐释。

(4)小学科学课程评价的研究。

学者们主要对以下两大领域进行了研究：①科学课程评价的类型和方法；②课程评价的发展。

3)小学科学教材发展的研究及文本对比研究

近年来，众多学者对我国小学科学教材的制定、颁布、版本等的发展作了较系统的阐释。

4)小学科学课程实施现状的研究

实施现状的研究主要集中在教师和学生的角色与行为、教学方式、课程实施的初步成效等方面。

综上所述，文献资料显示，对于我国科学课程发展的研究时间段主要集中在"近现代"或"改革开放以来"，而新课改后，我国小学科学教育不管从目标、设置还是教材上都发生了较大改变，但从目前查阅的资料来看却缺乏相应研究，导致时代感不够强烈。另外，对于实施现状方面，通过CNKI检索未发现以重庆市为例的现状调研，且其他地区的现状调研也较少。综上可见，对于这一块的研究目前存在空缺，因此笔者提出了该研究课题。

二、选题的意义

本研究以个案研究为主要研究方法，较深入、全面地呈现研究对象的真实情况，对促进中加项目的开展和丰富学术研究成果具有一定的理论意义和实践意义。

1. 理论意义

1)丰富研究成果

其一，笔者通过CNKI检索发现，关于重庆市小学科学课程实施现状的研究较为匮乏，因此本研究可丰富对小学科学课程现状的研究；其二，本研究的切入点是"探究水平"，目前学术界对"探究教学"关注度高，但对探究教学中探究水平现状的研究较少，尤其以个案的形式进行调查的更少。因此，本研究可以填补目前研究中的空白，有利于研究者认识探究教学在小学科学课程实施中的问题，有利于研究者基于现实问题提出更完善、更适宜的探究教学模式。

2)为后续研究做铺垫

本研究是许多后续研究的基础。通过本研究，可以对小学科学课程探究水平现状有一个较清晰的认识，基于此可进行的后继研究包括：小学科学探究活动设计与实证研究、小学科学探究教学模式建构等。

2. 实践意义

其一，本研究将小学科学课程细分为两个层次：预期课程和实际课程，对课程实施现状作了更细致的分析，找到两种课程间的差异及影响课程实施的主要因素，为探究教学在小学科学课程中的有效实施和实现找到路径，为我国进一步深化小学科学教育改革提供借鉴；其二，本研究是基于真实课堂的个案研究，需要与一线教师多次接触，希望通过研究过程或引起、或强化、或改变一线科学教师的科学探究观，提升其对探究教学的理论认识，促使其有意识地在课堂中实施探究教学，提升实施探究教学的能力。

参 考 文 献

著作类：

[1] 陈华彬，梁玲. 小学科学教育概论[M]. 北京：高等教育出版社，2003.

[2] 胡军，臧爱珍. 小学科学教材开发与应用模式研究[M]. 北京：人民教育出版社，2006.

[3] 基础教育教材建设丛书编委会. 小学科学教材开发与应用模式研究[M]. 北京：人民教育出版社，2006.

[4] 孔繁成. 新课程理念下的小学科学教育理论与实践[M]. 沈阳：辽宁大学出版社，2008.

[5] 课程教材研究所. 20世纪中国中小学课程标准·自然社会常识卫生卷[M]. 北京：人民教育出版社，2001.

[6] 马冬娟，周爱芬，赖爱娥. 小学科学教育的理论和实践[M]. 北京：中国环境科学出版社，2005.

[7] 曲铁华，李娟. 中国近代科学教育史[M]. 北京：人民教育出版社，2010.

[8] 郎盛新.科学课程标准(3～6年级)课程标准教师读本[M]. 武汉：华中师范大学出版社，2003.

[9] 王秀红. 我国综合科学课程的改革与发展[M]. 长春：东北师范大学出版社，2009.

[10] 沃泽妮，伊芙妮. 新小学科学教育[M]. 宋戈，袁慧译. 北京：北京师范大学出版社，2006.

[11] 中华人民共和国. 中华人民共和国义务教育法[Z]. 1986.4.12

[12] 中共中央，国务院. 关于深化教育改革全面推进素质教育的决定[Z]. 1999，6.

[13] 中华人民共和国教育部. 基础教育课程改革纲要(试行)[S]. 2001.

[14] 中华人民共和国教育部. 科学(3～6年级)课程标准(实验稿)[S]. 2001.

[15] 中华人民共和国. 中华人民共和国科学技术普及法[Z]. 2002.

[16] 中共中央，国务院. 全民科学素质行动计划纲要(2006～2010～2020年)[S]. 2006.

[17] 中共中央，国务院. 国家中长期科学和技术发展规划纲要(2006～2020年)[S]. 2006.

[18] 中共中央，国务院. 国家中长期教育改革和发展规划纲要(2010～2020年)[S]. 2010.

论文类：

[19] 蔡海军.我国小学科学课程发展的过程及特点[J].湖南师范大学教育科学学报，2003，2(5)：70-73.

[20] 胡卫平. 小学科学新课程实施现状的调查与思考[J]. 教育理论与实践，2007，(3)：21-23.

[21] 蔡万玲.新疆小学科学课程实施的现状与对策研究[J].重庆文理学院学报，2009，(12)：25-17.

[22] 叶丽新. "课程实施"的三维理解[J]. 课程·教学研究，2000，(6)：17-19.

[23] 林淑媛. 对新课改中课程实施问题的反思[J]. 教育导刊，2006，(12-1)：21.

[24] 鲍骏. 从《自然教学大纲》到《科学课程标准》[J]. 小学自然教学，2002，(4)：8-12.

[25] 钟媚，高凌飚. 小学科学课程改革中的问题与分析[J]. 课程·教材·教法，2007，(6)：7-11.

[26] 刘美娟，刘美凤，吕巾娇. 我国小学科学教师专业素质现状调查[J]. 教学研究，2010，(3)：7-13.

[27] 陈曦红. 关于改革和加强中小学科学教育的思考[J]. 高等师范教育研究, 2003, (2): 8-11.

外文文献:

[28] Schulman L S. Knowledge and teaching: foundation of the new reform [J]. Harvard Educational Review, 1987, 57(1): 355-356.

[29] Jenkins E W. Reforming school science education: a commentary on selected reports and policy documents [J]. Studies in Science Education, 2009, 45(1): 65-92.

[30] Ryder J, Banner I. Multiple aims in the development of a major reform of the national curriculum for science in England [J].International Journal of Science Education, 2011, 33(5): 709-725.

[31] Metz K E. Elementary school teachers as "targets and agents of change": teachers' learning in interaction with reform science curriculum[J]. Science Education, 2009, 93(5): 915-954.

主要研究内容、拟解决的关键问题或技术难点及预期达到的目标

一、主要研究内容

本文以"探究水平"为核心,依据我国教育遵循从《课标》到教材再到课堂的特点,对小学科学预期课程(教材)的探究水平进行文本分析,再以课堂观察的方法对小学科学实际课程(课堂)的探究水平进行现状研究,总结两者的特点及差异,最后以问卷调查法、访谈法,同时结合笔者通过课堂观察的亲身感悟试图对造成现状的原因进行剖析。具体思路如下。

首先,对相关文献和理论基础进行梳理。在此基础上建构研究工具——小学科学探究水平分类体系;其次,运用研究工具对小学科学预期课程进行文本分析;再次,深入教学一线,运用课堂观察法对小学科学实际课程进行现状研究,即个案追踪,以文本、录音等形式记录课堂观察过程和结果;然后,对资料进行分析处理,总结预期课程和实际课程各自的特点,对比两者的差异;最后,对研究对象访谈和问卷,以获得能解释现状的依据。

通过以上研究,我们试图回答以下问题。

第一,预期课程的探究水平如何? 第二,实际课程的探究水平如何? 第三,实际课程是否达到了预期课程的期望? 第四,影响预期课程和实际课程的探究水平的因素有哪些? 希望通过对这些问题的回答,进一步把握小学科学课程实施现状,尤其是探究水平现状,为更具体地分析现实问题提供思路,为探究教学在小学科学课程中的有效实施和实现找到路径,为我国进一步深化小学科学教育改革提供借鉴。

二、拟解决的关键问题或主要技术难点

(1)相关资料收集与数据分析处理。

(2)研究方法、研究对象的确定。

(3)实施课程与实际课程的划分和操作性定义。

(4)调查问卷、访谈提纲和观察记录量表的制订。

三、预期达到的目标

(1)剖析得到新课改以来小学科学课程的发展、特点和影响因素,并以文本和量表的形式呈现。

(2)得到对预期课程的文本分析数据。

（3）还原当前重庆市小学科学课程实施现状，分析得到新课改理念、政策对小学科学课程实施的主要影响因素，提出相应对策。

主要研究方法（或技术路线、实施方案）

（1）查阅文献，进行文献综述——文本分析法。

（2）收集、整理文本课程资料（包括国家、地方政策，课程标准，教科书）——文本分析法。

（3）确定现状调研的对象，建立联系，准备调查问卷、访谈提纲和课堂观察记录量表。

（4）进入现场，实施课堂观察；进行调查问卷、访谈。

（5）数据整理、归类、分析——SPSS软件等数据处理工具。

（6）比较预期课程、实施课程和实际课程的差异，分析主要影响因素，得出结论，提出对策。

研究地点、年度计划及经费预算

2013.07～2013.10：查阅文献，进行文献综述。

2013.11～2014.04：收集、整理预期课程资料，进行文本分析。

2014.04～2014.08：完成实施课程与实际课程的划分，确定研究对象，建立联系，准备调查报告、访谈提纲和课堂观察记录量表。

2014.09～2014.11：进入现场，实施调研，离开现场。

2014.12～2015.01：现场数据的整理、归类、分析。

2014.02～2015.03：撰写论文，修改，完善。

论文创新点预测

首先，以"探究水平"为视角对小学科学课程实施现状进行研究的文献还没有，该论文弥补了研究的空缺；其次，研究对象不仅包含课堂中的教学案例，即实际课程，还包括教材中的探究活动，即预期课程，同时对两者进行对比分析，更全面、客观地反映了小学科学课程的探究水平。

案例展示 2

中学化学史教育综述

科学史是科学的产生、形成和发展及其演变规律的反映，是人类认识自然和改造自然的历史，是人类思想宝库中十分宝贵而丰富的精神财富，也是科学教育的重要资源。重视科学史教育，把科学的思想观、典型事例、演变发展过程融入科学课程和科学教学之中，已成为当代科学教育发展的一大特点。化学史作为科学史的一个分支，与科学史一样，具有丰富的教育内涵。在化学教学中进行化学史教育，是培养学生科学思想、科学观念、科学精神、科学态度，促进掌握科学知识、科学方法、科学技能等科学素养的重要途径。

我国在20世纪50年代比较重视化学史教育，在教学大纲中对化学史教育有明确的要求。在10年浩劫期间，化学史素材成了被批判的对象。改革开放20多年来，化学史教育在我国重新受到了重视，现行的化学课程和教材较重视化学史教育，注意引用或穿插一些化学史实方面的材料。

从整体上把握化学史教育的教育内涵，研究它的素质教育功能，对深入推进素质教育，培养学生的科学素养，全面提高教育教学质量具有十分重要的意义。

一、国内中学化学史教育状况

从 1995 年—2004 年的国内期刊文献可以看出近 20 多年来国内中学化学史教育的研究重点有二：一是化学史的教育功能，二是化学史教育的形式、途径与方法。

1. 化学史教育功能

(1)增进对化学知识的理解

一线教师都清楚认识到，若只按化学课本，把现成的化学理论和定律的结论告诉学生，学生学到的这些化学知识将是静止的、孤立的，这对学生的发展将会产生负面影响。正如有的教师指出的那样：一部分学生进入高等学校学习时，认为中学里讲过的某些概念、观点是错误的。其中一个重要原因是中学教学死抠化学概念、定律，没有将这些化学概念、定律产生的历史背景、来龙去脉交代清楚。获得了知识并不等于真正理解，在深入理解化学知识的本质方面，化学史教育功不可没。

(2)培养学生思想品德

化学史既是化学形成发展演变的记录，也是化学科学思想的演变和再现。科学史不仅仅是思想观念的考察鉴定，或仅是事实的记录，而且还是一种有道德教育意义的学问。它的研究对象是科学及其发展，但它传达给人们的信息却总是人道主义，是新人文主义(萨顿)。国内学者的共识是，化学史教育有助于对学生进行爱国主义教育，有利于培养辩证唯物主义和历史唯物主义。

(3)激发学生的学习兴趣

激发学习兴趣，调动学生的积极性是提高教育教学质量的关键环节。运用化学史中化学家的故事、生平、逸事等能很好地激发学生的兴趣，创设新异的情境，可以提高教学效果。

(4)培养学生的科学精神

化学发展的每一步都和化学家息息相关，化学家们任何一个发明创造以及为人类进步所做出的贡献都体现了他们坚持实践，百折不挠的科学精神和勇于探索，大胆创新的科学态度。生动的历史史实，对培养学生的科学精神具有重要价值。

2. 化学史教育的形式、途径与方法

(1)化学史教育的形式

从教学实施的时间层次来看主要有集中教育和分散教育；从教学的空间层次来看，又可分为课堂教育与课外教育。集中教育是指集中时间介绍内容较为完整、系统的化学史实的一种教育形式，主要是把化学史实按其发生、发展的历史演变过程以及化学家在一定历史条件下所做的贡献进行较全面的介绍和评价。此形式适合课外教育，如专题讲座、报告。分散教育是指结合化学教学内容，适当、灵活地穿插引进化学史实的一种教育形式。此形式较适合课内教育。

(2)化学史教育的途径与方法

近 20 年来国内中学开展化学史教育主要做法有：挖掘教材，寓史于教；讲述过程，加深理解；针对问题，及时教育；适时穿插，以史激趣；课外活动，扩展视野。

二、国内中学化学史教育的反思

1. 化学史教育的缺失

国内化学史教育中对科学家的个案研究并不多，大多侧重于科学研究本身和科学家的非

凡的素养，强调科学家个人的天资和勤奋，往往给人一种奋发、怪异的印象；对科学家"人性"的一面介绍得很少。其结果是科学家这一职业离我们很遥远。如在介绍近现代我国科学家放弃国外优越的工作条件和优厚的生活待遇，冲破重重阻拦，毅然回归祖国，并取得举世瞩目的成就。这确实体现了我国近现代科学家爱国主义精神，值得每一位学生学习，确实有其独特的教育意义。然而科学家的精神并不等于科学精神，科学精神与科学探索的本质特征是相关联的。布鲁诺面对火刑柱所表现出来的精神本质上是科学求真的理性精神，布鲁诺之所以敢于坚持自己的见解是出于理性的信念而不是出于非理性的信仰。当学生从科学发展的历史背景中深刻理解布鲁诺所坚持的科学观点与当时宗教氛围中愚昧的神学教条相冲突时，他们才可能深刻认识到理性、求真、批判等方面的真正的科学精神。离开科学的本质特征来进行科学史的教育不利于培养真正的科学精神。

2. 化学史教育缺失的历史根源

近20多年来，我国中学化学史的教育情况几乎都是教育中的科学史，即在一定程度上，预先设定教育目的，而使科学史研究和传播内容围绕着教育目的进行，这种情况下的教育作用是受限于教育目的的。它不利于学生对科学本质的理解，也局限了教育工作者对化学史教育功能的全面、深刻的认识。这其中有着很深的历史根源。

1)科学史学科起步迟，发展较慢

科学史要发展成为一门学科，需要满足内在和外在两个方面的条件。就科学史而言，职业科学史家的出现是学科建立的外在表现，而自主的科学史编史纲领的出现则是学科成熟的内在标准。在西方，科学史在20世纪30年代开始了社会建制化历程，50年代已作为一门独立的专业学科被社会普遍认可。而在我国，科学史到50年代才开始了社会建制化之路，经过半个多世纪的艰难发展，从科学史研究到对科学史教育功能的认识才得以逐步深入。与西方相比尚有较大的差距，正如吴国盛所指出的："相比于思想史方法而言，社会史方法对我国科学史界并不陌生……鉴于近半个世纪以来，大部分最优秀的科学史著作都属于思想史范式，也鉴于我国学术界对科学思想史格外的陌生……"。

2)科学教育目的的预先设定阻碍科学史教育的发展

回顾中国科学史研究和传播的情况，在过去的很长一段时期内，对科学史的研究和传播是"以对群众进行爱国主义教育为预先设定目标"。这种教育目的成为编撰科学史著作，选择与解释科学事件所依据的规范，致使研究内容和传播内容主要局限于中国古代的科学技术成就。在古代科学史的传播上中国古代科学技术史成为主要内容。就其中的爱国主义教育而言，也确实强化了中国古代科学技术史的研究和对中国古代科学技术史的认识，并为爱国主义和道德教育发挥了作用。但是，当科学史的研究和传播内容长期基本上围绕着科学教育的某个目标而进行时，对科学史的研究就会造成障碍，对科学史作用的认识就会失于偏颇。

三、几点启示

1. 要充分认识化学史教育的必要性、可行性和教育功能

科学史(包括化学史)内容是人类精神的资源宝库，进行科学史教育，可以更好地促进学生的人性发展。相反，对科学自身发展历史的忽视，导致学生不能动态地把握科学的本质，自然科学中的精神资源不能有效地变成学生的精神财富。概言之，科学史在很大程度上是思想解放的历史，是与迷信斗争的历史，是与错误和非理性作斗争的历史，是人类追求真理并逐渐接近真理的历史。人类在发现客观真理的同时，人类自身的精神世界也获得了发展。科学在协调人与自然关系的同时，也促进了人的心灵境界的提升。让学生学习和理解自然科学

发展的历史，是开发自然科学教育潜在价值的一个重要途径。让学生理解自然科学的起源与历程，有利于他们从历史维度去把握科学的本质。美国学者认为，科学史的教育是为了帮助学生理解科学的本质，更准确地理解科学探究和科学与社会之间的相互影响。历史史实的介绍可以帮助学生看到，科学事业是充满人性的。要深刻理解科学的本质，必须了解科学发展的历史，从科学发展的历史中学生可以领悟到科学的本质。

基于科学史教育多方面的价值，科学史内容已越过教育的边界走进科学教育的领地，重视自然科学史的教学，已成为国际上科学教育改革的一个发展趋势。美国的哈佛物理教程就"犹如一位知识渊博、思想深邃的教师，在讲述一个连续的故事情节那样，把物理学是如何通过理论、实验和科学家之间的相互作用而发展的历史生动地展现在学生面前，使他们理解科学研究的方法和思考的方法"。在美国的2061计划中，科学教育的内容选取了科学史上10个意义重大的发现和变革，旨在说明科学知识发展的过程和影响。在我国的自然科学教育中，科学史的教育价值已逐步引起注意，对科学史的教育价值有了一定的认识。

开展化学史教育，有利于加深学生对所学化学知识的理解，有利于激发学生的学习兴趣，调动学习积极性，从科学发展的历史中学生可以领悟到科学的本质、科学的人性以及科学思想、科学方法和科学精神，促进学生全面发展。科学史教育不仅必要，而且也有实施的极大可能。科学史是重要的教育资源，它的教育价值需要我们进一步去开发。

2. 积极研究与开发中学化学史校本课程

校本课程的思想源自于20世纪70年代西方发达国家，它实质上是一个以学校为基地进行课程开发的民主决策的过程，即校长、教师、课程专家、学生以及家长和社区人士共同参与学校课程计划的制订、实施和评估活动。校本课程是相对于国家课程和地方课程而言的，是指以某所学校为基地而开发的课程。它的目的在于尽可能满足社区、学校、学生的差异性，充分利用社区、学校的课程资源，为学生提供多样化的、可供选择的课程。校本课程开发指学校根据自己的教育哲学思想、为满足学生的实际发展需要、以学校教师为主体进行的适合学校具体特点和条件的课程开发策略。查阅文献，了解2000年—2005年期间中学化学教学中有关"化学史教学"和"化学校本课程开发"的论文，发现前者的研究论文比较多，但是关于化学校本课程开发的文章就比较少了，而有关中学化学史的校本课程开发研究还未检索到。目前国内有关中学化学校本课程的研究大多停留在理论研究层次，且很少涉及"化学史"内容。此外，基于目前我国中学化学史教学的内容介绍笼统，缺乏系统性；有关化学史教学方法的研究较少，化学史教学实施的策略研究较少，所以积极研究与开发中学化学史校本课程是十分必要和重要的。

——杨庆元. 2006. 化学教育，(11)：61-62

资料导读

撰写文献综述的基本要求

文献综述是在对文献进行阅读、选择、比较、分类、分析和综合的基础上研究者用自己的语言对某一问题的研究状况进行综合叙述的情报研究成果。文献的搜集、整理、分析都为文献综述的撰写奠定了基础。

文献综述的基本结构一般包括：引言——包括撰写综述的原因、意义、文献的范围、正文的标题及基本内容提要。正文——文献综述的主要内容，包括某一课题研究的历史（寻求研究问题的发展历程)、现状、基本内容(寻求认识的进步),研究方法的分析(寻求研究方法的借鉴),已解决的问题和尚存的问题,重点详尽地阐述对当前的影响及发展趋势。这样不但可以使研究者确定研究方向,而且便于他人了解该课题研究的起点和切入点,是在他人研究的基础上有所创新。结论——文献研究的结论,概括指出自己对该课题的研究意见,存在的不同意见和有待解决的问题等。附录——列出参考文献,说明综述所依据的资料,增加综述的可信度,便于读者进一步检索。

一、文献综述不应是对已有文献的重复、罗列和一般性介绍,而应是对以往研究的优点、不足和贡献的批判性分析与评论。因此文献综述应包括综合提炼和分析评论双重含义。

例1:"问题—探索—交流"小学数学教学模式的研究

……我们在网上浏览了数百种教学模式,下载了二百余篇有关教学模式的文章,研读了五十余篇。概括起来,我国的课堂教学模式可分三类:

(1)传统教学模式——"教师中心论"。这类教学模式的主要理论根据是行为主义学习理论,是我国长期以来学校教学的主流模式。它的优点是……,它的缺陷是……

(2)现代教学模式——"学生中心论"。这类教学模式的主要理论依据是建构主义学习理论,主张从教学思想、教学设计、教学方法以及教学管理等方面均以学生为中心。20世纪90年代以来,随着信息技术在教学中的应用,得到迅速发展。它的优点是……,它的缺陷是……

(3)优势互补教学模式——"主导—主体论"。这类教学模式是以教师为主导,以学生为主体,兼取行为主义和建构主义学习理论之长并弃其之短,是对"教师中心论"和"学生中心论"的扬弃。"主导—主体论"教学模式体现了辩证唯物主义认识论,但在教学实践中还没有行之有效的可以操作的教学方法和模式。

以教师为中心的传统小学数学教学模式可表述为"复习导入—传授新知—总结归纳—巩固练习—布置作业",这种教学模式无疑束缚了学生学习主体作用的发挥。当今较为先进的小学数学教学模式可表述为"创设情境,提出问题—讨论问题,提出方案—交流方案,解决问题—模拟练习,运用问题—归纳总结,完善认识"。这种教学模式力求重视教师的主导作用和学生的主体作用,为广大教师所接受,并在教学实践中加以运用。但这种教学模式将学生的学习局限于课堂,学习方式是为数学而数学,没有把数学和生活结合起来,没有把学生学习数学置于广阔的生活时空中去,学生多角度多途径运用数学知识解决问题的能力受到限制,尤其是学生运用数学知识创造性地解决生活中的数学问题的能力发展受到限制,不利于培养学生的创新精神和实践能力。为此,我们提出"'问题—探索—交流'小学数学教学模式研究"课题。

研究者对有关研究领域的情况有一个全面、系统的认识和了解,对相关文献作了批判性的分析与评论。对于正在从事某一项课题的研究者来说,查阅文献资料有助于他们从整体上把握自己研究领域的发展历史与现状、已取得的主要研究成果、存在争议的地方、研究的最新方向和趋势、被研究者忽视的领域、对进一步研究工作的建议等。

例2:农村中学学生自学方法研究

(1)国外的研究现状

国外的自学方法很多。美国心理学家斯金纳提出程序学习法……,程序学习使学习变得相对容易,有利于学生自学。美国心理学家桑代克所创设的试误学习法……,它主要解决学习中的问题。还有超级学习法,查、问、读、记、复习法、暗示法等。

(2)国内的研究状况

　　我国古代就非常重视自学方法的研究，有"温故而知新"、"学而时习之"……我国现代教育家叶圣陶先生主张培养学生的自学能力……，中国科学院心理研究所卢仲衡同志首先提出"自学辅导教学法"……，这种方法的主要优点在于……，魏书生的语文教学主张通过提高学生学习的自觉性来提高学习效率……。

　　以上国内外的研究经验为我们的课题研究提供了宝贵的经验。

　　该课题的文献综述列举了国内外有代表性的专家、学者关于自学方法方面的论述和做法，并对部分内容的优点进行了概述。在选好了大的研究方向后，在确定具体的研究课题之前，通过查阅大量文献资料，了解有关研究情况，有助于研究者通过比较、分析，根据研究的可行性、研究者的兴趣和能力等方面限定研究内容，确定课题的研究范围，更好地驾驭和把握课题。但是，文献综述对每位专家、学者所持理论和做法的优点与不足所进行的批判性分析与评论不够，特别是缺少对国内外研究现状的综合提炼与分析。

二、文献综述要文字简洁，尽量避免大量引用原文，要用自己的语言把作者的观点说清楚，从原始文献中得出一般性结论。

　　文献综述的目的是通过深入分析过去和现在的研究成果，指出目前的研究状态、应该进一步解决的问题和未来的发展方向，并依据有关科学理论、结合具体的研究条件和实际需要，对各种研究成果进行评论，提出自己的观点、意见和建议。应当指出的是，文献综述不是对以往研究成果的简单介绍与罗列，而是经过作者精心阅读后，系统总结某一研究领域在某一阶段的进展情况，并结合本国本地区的具体情况和实际需要提出自己见解的一种科研工作。

三、综述不是资料库，要紧紧围绕课题研究的"问题"，确保所述的已有研究成果与本课题研究直接相关，其内容是围绕课题紧密组织在一起，既能系统全面地反映研究对象的历史、现状和趋势，又能反映研究内容的各个方面。

　　例：农村中小学心理健康教育途径与方法的实验研究

　　本课题国内外研究现状述评：……1998 年国际心理卫生协会强调"健康的定义……"，心理健康运动的发起人是美国的 C·比尔斯。……马斯洛的人本主义强调"自我实现"；费勒姆提出了"新人型理论"，奥尔特提出了"成熟者的理论"。……美国是最早开设心理辅导的国家，……将"心理辅导"定为学校教育的一部分……，苏联教育部 1984 年颁布"苏联普通学校心理辅导条例"；日本也积极从美国引进心理辅导……

　　我国心理健康教育起步较晚，20 世纪 80 年代在个别地区、个别学校起步了……，中小学真正起步是在 90 年代初到 90 年代中期。中国青少年研究中心、中国青少年发展基金会在全国进行大规模的调查，并于 1997 年 6 月 3 日公布了结果，引起了国人特别是教育界的震动……1988 年中共中央发布了"关于改革和加强中小学德育工作的通知"。1989 年 12 月 20日联合国大会通过了《儿童权益公约》，……1993 年全国教育工作会议明确提出"通过多种方式对不同年龄层次的学生进行心理健康教育指导……"，1997 年 10 月国家教委关于《积极推进中小学实施素质教育的若干意见》的通知中再一次强调了对中小学生进行"心理健康教育"。应该说自 20 世纪 90 年代初期到中期，上海中小学的心理健康教育走在了全国前列。1994年上海教委出台了关于在中小学开展心理健康教育的有关文件，并出版了有关教材。但他们把绝大部分精力放在了城市学生身上。与此同时，北京市西城区成了"心育中心"，丁榕老师一马当先做了许多工作，但仍是把精力放在了城市学生身上。农村学生与城市学生在生活、学习等条件上都存在着较大差异，在心理健康水平上也存在着较大不同，但至今没有人提出农村中小学心理教育的途径与方法的成型经验。因此农村中小学心理教育的途径与方法是值得研究的问题。

从文中可以看出，课题组成员翻阅了大量资料。但是，就"心理健康教育途径和方法"的综述不多；农村学生与城市学生心理健康差异的分析也不多。"农村"的特点不清，"方法途径"不知道新不新。这样会给后面的研究方向和设计带来麻烦。

四、综述要全面、准确、客观，用于评论的观点、论据最好来自一次文献，尽量避免使用别人对原始文献的解释或综述。

——王俊芳.2004. 教育科学研究，（06）：58-59

第三章　化学教育叙事研究

第一节　什么是教育叙事研究

一、教育叙事研究的本质与特征

叙事就是陈述人、动物、宇宙空间各种生命事物已经发生或正在发生的事情。它是人们将各种经验组织成有现实意义的事件的基本方式。这种方式提供了了解世界和向别人讲述对世界的了解的途径。叙事普遍存在于文学艺术作品和日常生活、工作当中，是人们表达思想的有力方式。因此，叙事学一直受到文学、艺术和文化研究者的关注。社会科学研究中的"叙事研究"即借鉴了文艺理论中的"叙事学"。叙事研究又称"故事研究"，是一种研究人类体验世界的方式。这种研究方式的前提在于人类是善于讲故事的生物，过着故事化的生活。叙事研究以"质的研究"为方法论基础，是质的研究方法的具体运用。所谓质的研究，是以研究者本人作为研究工具，在自然情境下采用多种资料收集方法对社会现象进行整体性探究，使用归纳法分析资料和形成理论，通过与研究对象互动对其行为和意义建构获得解释性理解的一种活动。叙事正是这样完成的。叙事研究作为教师的研究方法运用于教育领域是 20 世纪 80 年代的事情，是由加拿大的几位课程学者倡导的。他们认为：教师从事实践性研究的最好方法是说出和不断地说出一个个"真实的故事"。目前，这种研究方法已引起了关注，并逐渐运用于教师的教育教学经验研究中。这样的教育叙事研究是教师了解教育和向他人讲述其所了解的教育最重要的途径之一。它比较容易被一线教师和研究者所掌握和使用，不像量化研究那样需要教师或研究者有较高的专业知识技能。

从外延来看，教育叙事研究是教育研究对叙事研究方法的一种整体性借用，运用叙事研究方法研究教育问题的研究都可以称为教育叙事研究；从内涵来看，教育叙事研究的本质属性在于它聚焦于个体日常教育生活中的某一现象，分析现象之中个体的一系列教育生活故事所包含的基本结构性经验，对个体的行为和经验建构进行解释性理解。因此，教育叙事研究是研究者通过描述个体教育生活，收集和讲述个体教育故事，在解构和重构教育叙事材料过程中对个体行为和经验建构获得解释性理解的一种活动。

教育叙事研究的基本特点是研究者以叙事、讲故事的方式表达对教育的理解和解释。它不直接定义教育是什么，也不直接规定教育应该怎么做，只是给读者讲一个或多个教育故事，让读者从故事中体验教育是什么或应该怎么做。

(1)教育叙事研究所叙述的内容是已经过去的教育事件，而不是对未来的展望。在教育叙事研究中，叙述者既是说故事的人，也是自己故事或别人故事中的角色。

(2)叙述的故事中必然有与所叙述的教育事件相关的具体人物。教育叙事研究特别关注叙述者的亲身经历，不仅把作者自己摆进去，而且把写作的对象从知识事件转换为人的事件。同时采用"心理分析"技术，对某个人或某个群体的行为做出解释和合理想象。

(3)教育叙事研究报告的内容具有一定的"情节性"。例如，教师在某个教育问题或事件中遭遇困境时，就要思考和谋划解决问题、摆脱困境的出路，这将涉及很多曲折的情节。

（4）教育叙事研究获得某种教育理论或教育信念的方式是归纳而不是演绎。也就是说，教育理论是从过去的具体教育事件及其情节中归纳出来的。

可见，教育叙事研究重视普通人的日常生活故事，包括重视这些生活故事的内在情节，不以抽象的概念或符号压制教育生活的情节和情趣。这种研究，让叙事者自己说话或让历史印记自己显露出它的意义。它面向事实，从事实本身寻找内在的"结构"，而不过多地用外来的框架有意无意地歪曲事实或滥用事实。从结果的表现形式来看，叙事研究报告体现为蕴涵细腻情感的叙事风格，既有细致翔实的故事性描述，又有基于事实的深刻分析；既力图创设出一种现场感，把真实的教育生活淋漓尽致地展现出来，又要在众多具体的偶然多变的现场中透析各种关系，解析现象背后所隐蔽的真实，从而使教育生活故事焕发出理性的光辉和智慧的魅力。

二、教育叙事研究的基本方式

教育叙事研究的方式主要有两种：一种是教师自身同时充当叙说者和记述者，而当叙述的内容属于自己的教育实践或解决某些教育问题的过程，它追求以叙事的方式反思并改进教师的日常生活；另一种是教师只是叙说者，由教育研究者记述。这种方式主要是教育研究者以教师为观察和访谈的对象，包括以教师的"想法"（内隐的和外显的）或所提供的文本（如工作日志）等为"解释"的对象。

上述两种研究方式以不同的形式表达教育叙事研究的意义和价值。教师通过叙述自己的教育生活史，形成教育的自我认识，达到一种自我建构的状态。教育研究者则更关注教师叙述的教育事件之间的关联，尽量使他们所叙述的教育现象呈现出某种理论框架或意义，促进教育理论和教育实践之间的互动。教育叙事研究特别适合于教师。因为教师的生活是由事件构成的，这些事件就如同源于教师经验的短篇故事。

教师自我叙述教育故事不是为了炫耀某种研究成果，其最主要的目的是通过自我叙述反思自己的教育生活，并在反思中改进自己的教育实践，重建自己的教育生活。从这个意义上说，教师进行教育叙事研究实际上会成为转化教师教育教学观念和行为的突破口。对于教育研究者而言，做教师实际生活的叙事研究无疑是进入了一个极富人文关怀和情感魅力的领域。可见，叙事研究是中国教育研究中值得提倡的一种研究取向。

莎士比亚告诉我们"世界就是一个舞台"。在教育这个舞台上发生着许多平凡和不平凡的故事，这些在教育教学活动中发生、出现、遭遇、处理过的各种事件，不是瞬间即逝、无足轻重、淡无痕迹的，它会长久地影响学生和教师的教育教学和生活。从这些事件中，人们能够学到很多东西，得到很多启发，甚至会产生心灵的震撼。因此，对真实的教育世界进行叙事研究，无论对学生、教师、教育研究者还是对社会来说，都具有深刻的意义。这也正是教育叙事研究的意义所在。

教育叙事通常包含三种基本方式，即教学叙事、生活叙事和自传叙事。

1. 教学叙事

"教学叙事"即教师将某节"课堂教学"叙述出来，使其成为一份相对完整的案例。

教学叙事不只是将课堂教学进行"录像"。"课堂教学实录"不能表现教师的"反思"及"反思"之后得到的教学改进策略。因此，教育叙事通常采取"夹叙夹议"的方法，将自己对"教育"的理解及对这一节课的反思插入相关的教学环节中，用"当时我想……"、"现在想起来……"、"如果再有机会上这一节课，我会……"等方式来表达自己对"教学改进"的考虑。

2. 生活叙事

除了"课堂教学"，教师还处于课堂教学之外。因此，教师的"叙事"除了"教学叙事"，还包括教师本人对课堂教学之外所发生的"生活事件"的叙述，涉及教师管理工作和班级管理工作，包含"德育叙事"、"管理叙事"等，可以称为"生活叙事"。

3. 自传叙事

从"教育自传"中可以了解教师的教育观念、教育行为。教师以这种说话的方式学会"自我反思"，并经由"自我反思"、"自我评价"而获得某种"自我意识"。

第二节　如何进行教育叙事研究

一、教育叙事研究的基本方法

1. 确定所探究教育现象之中的研究问题

教育叙事研究的研究问题来源于实践领域的教育现象。研究者可能同时关注多个教育现象，可以采用不断聚焦、凝练的方法来鉴别值得探究的教育现象及内隐的研究问题。这一过程需要考虑三个方面的因素。一是所探究的教育现象与内隐的研究问题要有价值，如对学生发展、对学校教育质量提升有所贡献，对改善教师的教学生活有所帮助等。二是所探究的教育现象及内隐的研究问题要有新意，新意既包括这类教育现象或问题至今尚未探究，也包括对别人而言不是新问题，但相对于研究者本人而言，这些教育现象或问题仍然存在疑问或被其困扰。三是具有可行性，即具备主观条件、客观条件和时机条件。主观条件是指研究者要考虑自己的知识储备及能力是否能够驾驭研究工作，是否了解叙事研究方法，研究过程中能否及时补充所需要的知识等；客观条件是指具备探究这类教育现象或问题的环境；时机条件是指研究者当前及其后一段时间内可以对这类教育现象或问题进行持续探究。

2. 选择研究个体

社会科学研究一般采用抽样的方法确定研究个体，抽样就是选择观察对象的一种过程。教育叙事研究的特点决定了其需要采用综合抽样策略，即以目的抽样方式为主，兼顾就近和方便的方式选择研究个体，将能够为研究问题提供丰富信息的个体作为研究对象。抽样的具体方法可以根据研究需要采用极端个案抽样、强度抽样、最大差异抽样、分层目的抽样等。

3. 收集故事，建构现场文本

在教育叙事研究中，研究者走进现场进行观察、记录，收集个体教育故事，建构现场文本是一项基础性工作。如果现场文本积累较少，缺乏时间的连续性和内容的延续性，教育叙事研究将无法进行。叙事研究现场文本至少有两方面意义。第一，现场文本能够帮助研究者处理与参与者及现场的距离问题。研究者身处其中的教育情境时往往处于两难处境：一方面，研究者如果不能全然涉入教育情景，就无法探索、描述和解释所探究的教育事件；另一方面，研究者如果全然涉入教育情景，可能会带有感情的倾向性而失去叙事研究的客观性，因而需要与现场保持适当的距离，以便看清楚研究者自己的故事，看清参与者的故事，以及研究者与参与者共同生活的场景。现场文本将帮助研究者往返于两种境界，既和参与者一起全然涉入，又和参与者保持一定距离。只要研究者能够勤奋地建构现场文本，就能够顺畅地处理与参与者之间因为研究需要建立的亲密关系。第二，现场文本能够帮助研究者记忆及补充被遗忘的教育故事及其丰富的细节。因此，必须定时、认真书写现场文本，注意个人的内在回应，注意现场文本必须有另外的现场文本来补充。例如，现场笔记与书写现场经验的日记结合，为研究者提供了一种反思现场发生事件的平衡手段，不至于研究者离场后重新讲述故事时仅仅依靠现场日记等文本做出失真的表述。教育叙事研究现场文本的类型较多，现场文本可能来自研究对象的教育故事、生活故事、自传、札记、录音(像)材料，研究者和研究对象之间的讨论、对话、访谈的文本，研究日记，研究者或参与者所做的现场笔记，有关文件、照片、记事簿，研究对象个人或者与他人、家庭、社会的交互中形成的作品、生活记录及信件等都可以成为教育叙事研究有价值的现场文本。不同类型的现场文本的建构方式有所不同。例如，现场笔记是一种以现场记录为主的重要书写体裁，它的书写可详可简，也可以穿插或多或少的诠释与思考。

4. 编码并重新讲述故事

重新讲述故事不仅对教育叙事研究新手是具有挑战性的工作，也是所有教育叙事研究者面临的困难工作之一。从纯粹技术的角度看，每个教育故事的重新讲述一般需要以下三个阶段。第一，写出原始故事。这一阶段相当于完成从现场到现场文本的建构工作。有些故事，如利用录音或录像设备收集的故事需要在其转译稿基础上制作成为现场文本。如果已经是研究对象提供的文稿形式的故事，或者参与者提供的某些反映自己教育故事的书面材料，就可以直接进入下一阶段。第二，编码和转录故事，把收集到的现场文本的故事由研究者按照故事所包含的基本元素进行编码、转录。研究者首先要根据研究目的和研究问题的特点建立一套编码体系。这里引用两种比较权威的确定故事基本元素的叙事结构：一种是奥勒莱萨提出的组织故事元素成为问题解决的叙事结构，将故事所包含的基本要素分解为背景、人物、活动、问题和解答五个方面(表3-1)；另一种是克莱丁宁和康纳利提出的三维空间的叙事结构：相互作用、连续性和情境(表3-2)。

表 3-1　组织故事元素成为问题解决的叙事结构

背景	人物	活动	问题	解答
故事背景，环境，地点条件，时间，地点位置，年代和纪元	故事中描述的个体的原型、个性，他们的行为、风格和做事模式	贯穿在故事中的个体的动作，说明人物的思维或者行为	要回答的问题，要描述或解释的现象	对问题的回答，对引起人物发生变化的原因的解释

表 3-2　三维空间的叙事结构

相互作用		连续性		情境	
人物	社会	过去	现在	将来	地点
注意内部的内在条件、感觉、期望、审美反映、精神调整	注意外部的环境条件，其他人的打算、意图、设想和观点	看过去的、回忆的故事和早期的经验	看当前的故事和处置事件时的经验	看隐含的期望、可能的经验和情节线索	看处在自然情境或者在有个体打算、意图、不同观点情境之中的背景、时间、地点

　　研究者可以参考上述结构分析现场文本故事的基本结构，可以使用字母编码并在现场文本中标记，如背景、人物、活动、问题和解答的语句可以分别用(英文名的第一个字母)S、C、A、P 和 R 来标识。这些编码过程不一定出现在研究文本重新讲述的故事之中，但这一过程是规范的叙事研究实施中不可或缺的环节，它们是评估研究合理性与准确性的重要依据。编码完成后进入转录环节，是将故事的基本元素从故事之中抽取出来的过程，即将上述标有字母 S、C、A、P 和 R 的句子按照顺序转录在一起，这样形成一个反映原始故事精神实质的压缩的精短的骨架型故事。第三，利用故事的基本元素重新书写故事。研究者把已经转录出来的骨架型故事按事件发生时间的顺序(用年代学方法)重新书写成清晰的包含故事基本元素的一个序列性的文稿，往往以第一人称讲述。例如，上述编码后重新讲述的故事的序列内容是背景、人物、活动、问题和解答这些基本要素。故事的重新讲述以地点(如某学校)和人物(我)开始，然后是事件(如教育过程中出现的不愉快、困惑或者兴奋等行为)。

5. 确定个体故事包含的主题或类属

　　上述编码完成了一个故事的重新讲述，研究者面临的另一个问题是如何处理多个重新讲述的故事之间的关系。有三种途径可供选择：一是演绎思路，即基于某种理论框架将故事分为不同主题或类属，已有的故事对号入座；二是归纳思路，类似扎根理论研究方法，根据故事基本元素的特点将故事归类，同一类故事反映、支持共同的主题或类属，这些主题或类属代表从故事中发展出来的主要思想；三是归纳与演绎相结合的思路，即主题或类属在先，它们来源于对编码、转录的故事的分析，主题或类属确定之后，可以考虑让某些理论加入，帮助分析主题。一般来说，叙事研究倾向于后两种思路。这样，多个重新讲述的故事基于上述思路按照主题或类属得以组织，用来支持、理解和解释个体教育生活的经验和意义。在具体的操作上，研究者可以将这些主题合并在重新讲述的个体经验故事中，也可以作为单独的段落出现在研究报告中。

6. 撰写研究文本

　　建构研究文本是教育叙事研究的一项复杂而困难的工作。克莱丁宁和康纳利将其称为"来来回回"的过程。呈现给读者的研究文本可以灵活多样。它的正文一般包括研究的背景和意义、研究对象的选择、研究实施过程、研究的结果与分析四个部分。研究文本中不要求进行专门的文献综述，重新讲述的故事要置于研究结果与分析部分的中心。

二、教育叙事研究的确认和评估

　　确认和评估研究的准确性是教育叙事研究的一项非常重要的工作。为了确保研究结论真实可靠，研究者需要检查和确认这些问题：研究者的关注焦点是个人经验，是单一个体或少量的几个人；收集了个人的教育故事；对参与者的教育故事进行重新讲述；形成的中期研究文本听到参与者及研究者的声音；从建构现场文本的教育故事中浮现出不同主题或类属；教育故事中包含了有关参与者的背景或地点的信息；教育故事按照年代学顺序组织；研究文本有研究者与参与者合作的证据；教育故事恰当地表达了研究者的目的和问题。

　　质的研究者真正感兴趣的是被研究者所看到的"真实"，他们看事物的角度和方式及研究关系对理解这一"真实"所发挥的作用。因此，对于判定叙事研究的标准可从以下几个方面考虑：

(1)以清晰而完整的故事形式，具体而准确地描述可观察到的现象或事物。

(2)研究者应该努力摆脱个人生活经验、价值观念、文化背景等的束缚，力求全面地、接近真实地了解被研究者的真实思想，以同情和理解的态度，认真感受和分析被研究者讲述的故事，从他们的视角出发，从被研究者自身提供的经验现象中推演、清理、归纳出他们的实践知识本身。

(3)研究者自始至终以反思的态度对待自己的研究过程与决策行为，时时回顾自身的研究过程，力争尽可能地不掺杂个人的价值评判或先入为主的偏见，以随时弥补或纠正自己在研究中的疏漏和偏颇，使研究尽可能地接近真实。

(4)叙事研究是由参与者与研究者经过互动共同完成的，所创造的意义是彼此共有的，为此要建立一个双方都同意的观点。

(5)叙事研究能够促使参与者在平时浑然不觉的教与学的实践过程中发现全新的意义和内涵，从而促使其对教与学的重新认定与深入反思，并进一步促进其与其他参与者之间加强经验交流与相互学习，进而使整个研究结果在更大的范围内引发参与者对自身知识的更大规模的反思与知识重构。

案例展示

叙事研究——看一位化学教师的教学日记

内容简介

在某校开展的"环境教育"校本课程开发中，有一个以"保护家乡母亲河"为主题的研究活动。该校一位化学教师将每周一的晨会定为"三言两语"的形式，让每一个学生都有机会站在讲台上说说自己的见闻和感受。一段时间之后，老师发现很多学生都发生了明显的变化，将"保护家乡母亲河"的学习主题逐渐融合到自己的思想之中。该教师在活动之后的反思过程中，对探究性学习产生了新的想法。整个过程会给予学习者很多启发。

思路提示

(1)叙事研究中的讲故事重视个体内在体验的外部呈现；日常生活中的讲故事重视听众对故事情景的反应。前者作为一种研究方法，关注个体内在品质的真实发展过程；后者作为一种娱乐方式，往往包含许多虚构的成分。

(2)作为研究材料的陈述，叙事研究要求研究者参与到研究的过程之中，并尽量客观地对里面的基本情况进行记录。因此，因主观因素使研究的记录材料不太客观的现象应该是很正常的。但是，学习者必须理解的是：对研究者而言，整个研究要在完全的情境过程里面获得有意义的结果，这才是问题的关键所在。

(3)学习者独立思考。

教师点评

教育是带有目的去影响人获得发展的一种特殊活动。对教育问题的研究，主要是针对活动中人的研究。由于人在活动中表现的各种状态是一个复杂的动态变化过程，研究往往采用质的研究方法。

质的研究特别注重情境，人在自然情境中表现的状态有利于研究者对研究问题的解释。叙事研究作为其中的一种类型，生动地展现了一个事实，即很多"研究"的立足点其实就在我们身边，换一种新的思维角度，确定一种合适的研究方法，我们也可以成为真实的研究人。

一位化学教师的教学日记

本学期"环境教育"校本课程开发，我们围绕"保护家乡母亲河"这一课题开展活动。希望通过有关"湘江河"的各种研究活动，让学生了解家乡河，保护母亲河，体验社会活动，培养学生初步的环境保护意识。

在教学中我发现，学生的表现意识很强，每逢周一到校后，他们便急切地把自己在周末的所见、所闻、所感告诉老师或同学。这是他们最得意、最轻松的时候，有的学生因此耽误了周一早晨的班务。于是，我和学生商量，星期一的晨会内容就定为"三言两语"，不仅满足了学生的需要，还很受学生的欢迎。

一天，在"三言两语"时间里，张怡同学说："我昨天下午跟妈妈去河西通程商业广场买鞋，特意去湘江大桥看风景。在桥头，发现那儿垃圾成堆，有一个大概是精神病的人还躺在上面晒太阳，真是脏死了，我只好捂着鼻子走过了这段路。"她的话引起了很多同学的议论。

"是，老师，这件事我也看见了，那湘江河里的水黑黑的、臭臭的。"快嘴快舌的彭佳能接着说。

彭中秀说："我奶奶家就住在河岸上，整天熏得不得了。奶奶再在这儿待下去，她会得癌症死掉的。"她说着，就要哭了。

"是呀，湘江是河东河西的纽带，是长沙市的一大景点，横穿我们繁华的市区，污染这么严重，会有多少人深受其害呀！怎么办呢？"我提出了问题。

学生们情绪高涨，纷纷献计献策，提出了很多治理湘江河的建议。爱思考的彭登峰提出了一个问题："老师，以前的湘江河是什么样子的？从什么时候起才污染严重的？"

学生们争论了起来，有几个学生看着我，希望我来回答。

"这个问题老师也不知道。"我故作遗憾地摇摇头，"我看，我们就围绕湘江河开展一次研究活动吧，把你们想知道的问题了解清楚，想做的事情亲自做一做，好吗？"学生们跃跃欲试。

趁热打铁，周五的校本课程活动我打算提前进行。课前，我在黑板上板书了"保护湘江母亲河"这七个大字，下面画出了湘江大桥、河水及桥头垃圾成堆的简笔画，旁边用彩色粉笔写道："为湘江母亲河贡献力量。"一上课，我就让学生们观察这幅画，读这一行字，然后问："你准备做些什么？"

"老师，我想在桥头上立块牌子，写上：'您好，别倒垃圾'。"

"还可以写'保护家乡河'。"

"老师，还可以写'保护环境，人人有责'。"

"编一首保护湘江河的儿歌。"

"写封信给市长，请求政府出钱，疏通河道，让河水流动起来。"

"信中还要写上在河两岸种树、种草、种花。"

"还要写在河里养上金鱼。"

"老师，我想写封信给湘江河沿岸的居民，希望他们不要再往河里面倒垃圾、排污水，行不？"

"我当邮递员，去送信。"

几个学生接连发言。

"老师，未来的湘江河一定很美，我想用笔画一幅画。"

"我想调查湘江河的污染给沿岸居民带来哪些危害。"

学生们你一言我一语，说了很多，我急忙把这些问题板书在黑板上，然后要求学生根据自己的兴趣选择自己的活动内容，并自主地组成研究小组。最后，我要求各小组学生进一步讨论如何活动，形成了初步的活动方案。课后，我知道学生把活动方案打印好，分发给每个活动小组。

我们是这样做的：编儿歌组的同学一下课便你一句我一句的创作起来，他们的脸上泛着红光，劲头十足，还邀我参与他们的创作活动。

终于有一天，他们的创作完成了，他们迫不及待地读给我听：

从前的湘江河，河水清澈哗哗响，鱼儿肥，虾儿壮。

如今江河变了样，河水黑，垃圾堆，两岸居民遭了殃。

同学们，要牢记，环境保护很重要，人人都出一份力。

我赞扬他们说："真能干。可这么好的儿歌就我们班同学知道、会读，是不是影响小了点？"于是他们通过商量决定，把儿歌打印出来送到学校"小百灵广播站"，还要到《小学生导刊》《小天使报》编辑部投稿，看着他们兴高采烈的样子，我感到了由衷的喜悦。

"老师，我们去人家里调查，人家不让进门，还说小孩子胡闹，我们想请黄河泉的爸爸带我们去，因为她爸爸是警察，你说行不？"

调查湘江河污染危害小组组长彭登峰向我求教。这真是一个好主意，活动方案里可没有这一条。我点点头说："家长工作忙怎么办？"

"利用家长歇班的时间。"

"我们可以帮助家长做家务。"

"没关系，我爸爸可支持我的学习啦！"黄河泉自信地说。

"老师，我爸爸帮我从网上下载了一些关于环境污染危害的资料，我们小组都看了，您看看吧。"朱思怡自豪地说。

他们通过调查，查阅资料，得出了湘江河污染危害的结论：①垃圾侵占土地，有碍卫生，影响景观；②干扰人们的正常生活，影响人们休息、娱乐和工作；③河水会污染地下水；④会污染大气；⑤饮用被污染的湘江水，会使人致癌；⑥传播疾病。

这个小组的活动进行到这里，他们又提出了要继续调查的问题：湘江和污染危害这么严重，人们为什么还要往里面倒垃圾、排放污水呢？

"文微，你的收集工作怎么样了？"我问的是一个性格比较内向，不愿与别人交流，选择了独立研究的学生。

他红着脸说："老师，我只找了很少的资料。"

"没想想原因？"他说："我没和同学合作。"

"一个人的力量太小了，是不？"在征得他的同意后，我为他找来了合作伙伴。从与同学合作开始，他变得话多了，开朗了，在活动中表现很好，和大家合作得很愉快，大家都说"文微变了"。

家长也看出了自己孩子在校本课程中不仅学会了本领，而且锻炼了交往能力，完善了孩子的个性品质，表示要大力支持孩子的研究活动。

至此，湘江河的学习已接近了尾声。这时，学生的兴趣都达到了高潮，从培养学生的能力和提高学生的研究积极性着眼，我决定将活动延伸，开展一次题为"我学会了研究"的交流、汇报活动。

那天，教室里贴了很多学生的画，还贴了"小摄影师"们为湘江河拍的照片。调查湘江河历史的小组首先发言，他们讲得有声有色，有根有据，听得大家心服口服；收集环境污染危害的小组汇报得更精彩，他们自编自导了小品"和湘江河的对话"，他们的出色表演赢得了大家的阵阵掌声；宣传小组的同学声情并茂地朗诵了《致市长的一封信》、《致湘江河沿岸居民的一封信》；编儿歌的同学齐声朗诵了自己创作的儿歌，这次他们给儿歌加上了题目"小湘江河边健康河"。朗诵着儿歌，欣赏着小品，观赏着图画，倾听着故事，学习着知识，这是一次难忘的汇报、交流活动。

教学反思

一直以来我都对探究性学习比较头痛，一方面知道探究性学习适合学生的发展，能够让学生在活动中主动建构知识；另一方面探究性学习该如何设计？如何组织？如何开展？如何调动学生们的积极性？如何在活动中给学生机会自主建构？这些问题特别实际，也特别让人头痛。

我一直在观察，期待能够发现一些既能引起他们兴趣，又能学习到知识，还能形成良好品德的东西，组织一次好的探究性学习。这次偶然的"三言两语"终于让我得偿所愿了，孩子们对湘江河的兴趣大大出乎我的意料，因势利导，我利用孩子们的这种兴趣，一步步地把他们引入了我的"圈套"——探究性学习当中。探究性学习难就难在参与，复杂点就在于活动的开展。老师给安排的活动学生不满意，学生自己胡乱组织的又不能达到良好的学习效果，这次教学既然有了一个师生都满意的主题，孩子们这么积极地参与，那么让孩子继续发挥他们的能动性，组织自己的小团队，提出自己团队的活动就顺理成章地继续下去了。活动开展得一如我想象中的顺利，中间解决了久悬在我心头的文微性格内向的问题。活动让学生家长也特别满意，这为以后开展类似的活动奠定了基础，不用再担心家长的反对了，最后的汇报活动更是精彩纷呈，我都有点不敢相信这是孩子们自己想出来的。

活动过后，我突然发现，教科书上说的关于探究性学习的活动：头脑风暴、小组活动、角色扮演在这次活动中都一一上演了，很简单，有种水到渠成的感觉，和以前很不一样，为什么会这样呢？思考一下活动的过程我发现其实儿童对学习的态度很复杂，一方面，他们渴望得到知识，通过知识得到认同；另一方面，他们又不能控制自己的行为和兴趣，当孩子认真关注一件事的时候往往做得特别好；同时，经过学校教育和社会教育，他们都非常关注生活中和他们密切相关的事物的发展，尤其是一些大人看不到或者看到了又不能很好地解决的问题，对这些问题他们往往有独到的见解和体会。如果能够很好地利用孩子的兴趣，把兴趣和学习结合起来，把身边对他们有影响力的事物和他们的情感教育结合起来进行教学活动的话，一定会获得成功。

资料导读 1

教育叙事的价值向度

自教育叙事介入教育研究领域，其所引发的争论和质疑之声不断。这在学术上本是最正常不过的事情。然而，这种争论和质疑的声浪背后透现的，则是人们对教育叙事内蕴的价值认识不清，对教育叙事是如何兑现其价值追求这一问题作答语焉不详。本文试图多向度地阐述教育叙事内蕴的价值，旨在为教育叙事研究提供深层的思考，为其健康生长注入活力。

一、生成教育智慧

　　教育智慧是在教育实践中呈现出来的一系列智能品质。其具体表现在教育者对教育情境的整体感知，对教育问题的高度敏感和精确把握，"能赋予教育对象以深沉的责任，果断地采取切合特定教育情境的教育行为。"在传统的教育实践研究中，由于教育者倾心于简单地移植和借用教育理论的概念、原理，而舍弃充盈着个体体验的真实的教育生活，因此导致其教育智慧的贫乏。与之相反，教育叙事则执着地把发展教育者的教育智慧作为其重要的价值追求，并促成教育智慧的萌生。

　　教育叙事主要是对事件展开描述、解释，让故事弥散出深层的教育意蕴。在这一过程中，叙事主体的教育知识发生了转化，是这种转化带来了教育智慧的沉淀。一般而言，教育知识是教育者获得的关于教育的认识、体验和经验的总和。我们可以把它分为公共教育知识和个人教育知识两类。前者是指以综合、抽象和概括的形式呈现，且存储在教育书籍中的知识；而后者则属于情境性、经验性和缄默性的知识。从它们的关系来看，"个人教育知识是公共教育知识之源，而公共教育知识则是个人教育知识的外化与提升"。事实上，教育叙事涵盖公共教育知识转化为个人教育知识的过程，也覆盖个人教育知识转化为公共教育知识的过程。经由这种双向知识转化，教育叙事主体或叙事受体的知识在质和量上发生变化。不仅如此，教育叙事主体通过叙事活动，还把主客体的教育知识变成双方可以共享的知识，并为其他人提供教益及可资的借鉴，从而促进整个教育群体不断地改善其原有的教育行为，进而诱发其教育智慧的提升。

　　教育叙事不仅是讲述故事的过程，更是叙述者形成并动用其独特的叙事思维的过程。在这一过程中，教育叙事主体的思维结构得到不断改善，这有助于其教育智慧的形成。事实上，教育叙事所需要及所展现的思维是一种独特的叙事思维，是以对鲜活的事件进行直接的描述，并巧妙地介入叙述者的主观意图、情感和立场。教育叙事主体正是在这种思维的引导下，通过具体的描述和解释来达成某种理想的形式。由此，我们可以推导出这种叙事思维具体的基本特征。一方面，教育叙事思维是具体的。因为叙事主体总是围绕某一具体的事件展开叙述，涉及对事件的开端、进展和结束等诸多环节重组。可以说，教育叙事是借助具体的事件以及具体的叙事过程而实现思维活动的具体化。另一方面，由于教育叙事所述说的事件汇聚着一定时空场域中教育主体的行为，而叙事主体并非简单地按照事件的进程而展开再现式的说明，其述说因而往往受到情境的钳制。这样一来，教育叙事的情境性势必诱发叙事思维的情境性。此外，教育叙事还带来反思性的叙事思维。教育叙事是一种反思性的行为，它既包括教育叙事主体对事件的说明性的反思，也涵盖对教育叙事主体自身的反思，还触及对具体事件的叙述过程的反思。所有这些反思，由于凭借具体的事件而透现出清晰的目标，而且经由这些具体的反思行为而使反思自身成为一种自动化和延展性的过程，从而形成稳定的反思性的叙事思维。

　　尤其值得关注的是，拥有具体性、情境性和反思性特性的教育叙事思维，与我们习惯上所理解的人类一般的思维有着质的区别。人类一般的思维作为人脑对现实世界能动、概括和间接的反映，是"一种基于理论假设而形成可操作的论战的过程，实属一种理性的逻辑思维"。而教育叙事思维则通过与教育主体的一般思维相契合，形成理性的逻辑思维与叙事思维相融合的理想的思维范型。它可以有效地促进教育主体思维结构的改善，进而催生其教育智慧。

二、追逐教育理解

　　"理解"一词意涵颇丰：在浅层意义上，理解指的是一种具体的认知过程或人与人之间情感沟通的过程；而在深层意义上，理解是人们普遍存在的一种生活方式，它是"人们形成自我的知识、生活智慧的基础，也是人们进行社会交往的基础"。理解普遍寓于教育活动之中。由于教育活动的特殊性，教育者追求理解的意念更为强烈，形成多姿多彩的教育理解现象。具体而言，教育理解不仅包括教育者对教育过程、教育情境、教育话语、教育体验的理解，也包括教育者与受教育者之间的相互理解，还触及不同教育者之间及教育者与受教育者之间对同一教育内容所形成的相似或相异的理解。

教育叙事蕴涵着教育活动参与者对教育理解的执着追求，这集中体现在其追求自我的理解和相互理解两个方面。教育叙事首先是在对事件进行展开性的说明中，对事件中的自我进行反思，借以彰显对自我的理解；再则，教育叙事主体通过叙述自己的理解过程而加深对自我的理解。教育叙事也是对教育活动的一种感情表达，它不仅表达对叙事主体本身的感情，也表达与教育活动有关的其他人的感情，从而加深或改变对自我的感情。这就是教育叙事在感情上追求的自我理解。而相互理解则是教育主体之间互相把对方作为自己的理解对象进行理解，甚至可以升华为双方理解之间的相互作用。更具体些，教育叙事中的相互理解主要体现在两个维度：一是叙事主体通过自己的叙述，使对方领悟自己的真实想法及思考问题的角度，从而为对方提供可使自己得到理解的信息；二是教育叙事涉及多个主体，并赋予教育主体以多种角色，为了使整个叙述活动变得通达而承续，各教育主体势必站在对方的立场上思考，从而达到理解对方的目的。

教育叙事的过程是增进教育理解的过程。在这一过程中，无论是叙事主体还是叙事受体均可借此提升自己的理解力。毋庸置疑，在教育活动中，我们可以通过多种途径来增强教育主体的理解力，而教育叙事正是通过对叙事过程的理解而使其理解力得以增强的。教育叙事就是叙事主体述说其教育生活的故事，叙事主体对事件所述说的实践过程，包括发现问题、分析问题、提出解决问题的方案和如何实施等方面。所以，在一定意义上，教育叙事是一种对问题解决过程的详细的说明，它使教育者或受教育者对理解过程的感受更为深刻。另外，教育叙事主体通过对其亲身经历的事件的叙述，不仅可以强化他原有的体验，还能使他产生新的体验和感悟，从而使自己的教育理解能力不断增强。

三、激活想象力

爱因斯坦认为："想象力比知识更重要，它能冲破有限的知识的樊篱，概括着世界上的一切，是知识进化的源泉。"然而，想象力的孕育受制于多种因素，它既与个体的知识经验有关，又与个体的情感及情境相涉，还受个体的行动的牵引。具体而言，知识和经验是个体构筑想象力大厦的基石；情感作为一种心理体验，对新形象的形成或涌现起着推动作用；情境具有明确的指向性，能为想象活动提供刺激，有助于想象力的培养；而想象力更需要行动来为之定向。

教育叙事可以激活想象力。一方面，教育叙事主体是以知识和经验为基轴而展开对事件的叙述的，这种叙述反过来又强化或改变教育叙事主体原有的认知，使其原有的认知结构发生变化或得到优化，从而为想象力的培养奠定坚实的基础。另一方面，教育叙事交织着情感并受其所左右，可以说，情感在相当程度上决定着教育叙事主体对事件的选择。教育叙事的原材料正是叙事主体在一定情感因素的支配下，经过精心的筛选之后才进入其视野的。而且，在教育叙事活动中，情感寓于其中并影响到叙述活动的进程，随着叙述活动的不断展开，各种情感可得到进一步强化，这有助于想象活动中新形象的出现。第三，教育叙事所述说的事件本身是情境性的，加上其叙述过程的情境性，这就注定了教育叙事与情境总是相伴而行的。

这种情境性的教育叙事有助于刺激想象力的生成。第四，教育叙事是叙事主体对其在特定时空背景下所发生的行为作出的说明和描述，这种描述本身就是一种行为，而这种行为与人类其他的行为一样拥有同质的结构，即包括行动的准备、进程和结束等环节。教育叙事中的行动主导着想象力的发展。此外，教育叙事一般以描述的方式对事件进行客观的叙述。但在教育叙事过程中，为使叙述更为生动，教育叙事主体在主观上具有强烈的意愿，往往人为地添加某些成分，以改变原始材料中的某些要素，这就是典型的虚构过程，而这种虚构的过程需要想象的介入和参与。可以说，任何虚构都是一种想象的虚构。由于这种想象的虚构不同程度地存在于教育叙事当中，这无疑拓展了教育叙事主体或叙事受体的想象空间，并促进其想象力的发展。

四、消解话语霸权

毋庸讳言，在传统的教育研究中，教育实践者的个体体验和实践知识常常被贬为缺乏科学性和合理性，从而被排除在教育研究的制度话语之外。由此，教育实践者与理论研究者也难于展开平等的对话和交流，更谈不上彼此展开批判性的讨论。教育叙事力图打破这种尴尬的格局，不仅可以增强广大教育实践者从事教育研究的兴趣，增强他们的自信心及反思能力，而且能促使其参与到知识生产的过程中来，将他们的个体体验和实践知识纳入教育研究的制度话语之中，从而消除学术上的话语霸权，使教育研究走向洋溢着生命活力的教育生活。

教育叙事注重微观、具体、起初的教育生活而有别于宏观的宏大、抽象化的论述，关照教育实践的鲜活性。从教育叙事的视角来看，教育叙事主体所把持的理念和观点不像教育理论家那样有一套完整的概念、原理系统，也没有系统地概括出教育活动的规律，但它们蕴藏在教育实践者丰富的生活经验中，经由故事来储存和表达，强调的是经验的教育意义。

美国著名学者米凯尔·巴克丁对权威话语和内在信服话语作了清晰的说明。在他看来，权威话语指的是官方的语言、制度化的语言；而内在信服话语是个体讲述自己的生活和经验的话语，这种话语由于反对特权而往往受到权威话语的压制。在传统教育研究中，教育实践者个体的话语往往被权威的及流行的话语所湮没。一些教育实践者说着言不由衷的话，或屈从专家的话语而贬抑自己的话语，或从未意识到个体声音价值的存在，因而他们成为沉默着的大多数，其鲜活的故事被埋没。俄罗斯思想家巴赫金认为："人们的语言一半是自己的，另一半则是别人的，而且充斥着权威的话语。个体是在逐渐区分自己的声音与他人的声音、自己的思想与他人的思想这一过程中提升自我意识的。"教育叙事为教育实践者倾诉和发现自己的声音提供了可能的通道。他们在活生生的教育故事中捕捉到个人的教育观点，通过在教育实践中的故事寻觅真正属于自己的教育理念和观点，突显个人的体验及由此生成的理念价值，从而消解了话语霸权，使他们逐渐摆脱权威话语所带来的压抑。

——谢登斌. 2006. 教育导刊，(3)：4-6

资料导读 2

教育叙事与教师成长

一、教师成长与教师教育意识的觉醒

教师成长的问题不仅是一个教师教育教学技术不断娴熟的过程，也不仅是把教育教学技术逐渐变成教育教学艺术的过程。教师成长的核心与关键，乃在于个体教育意识的全面觉醒，

即个体是否开始拥有了自己独到的对于教育教学实践的理解与觉悟，并把这种觉悟渗透在自己新的教育教学实践之中，从而使得教师个体的日常教育教学实践的思想资源逐渐摆脱外在的常规或者权威性认识，而转向个体自身，来自个体对教育的真实悟知，形成个人独到的教育思想资源。

一般说来，教师的成长会经历这样几个过程：适应或者说顺应教育教学常规—对常规性教育行为的抗争与个人教育意识觉醒的萌芽—教育艺术的成熟与个人教育意识的觉醒—个人教育意识的不断完善与个体教育实践中的自觉创造。个体教育意识的觉醒并不是个体教育行为模式中的简单创新，并不是简单地跳出常规，跳出他人，自立门户，特立独行，它更多地涉及教师对其职业生涯所面临的最基本问题的自我解答：究竟什么是教育，什么是教学，什么是好的教育，什么是好的教学，个人教育教学实践的意义究竟在哪里，个人究竟应该以一种什么样的姿态参与教育教学实践之中才使得个体的教育教学实践更有意义，甚至，它还包括，个人的教育教学实践对自我人生意味着什么，以教育为业的个体人生怎样才能更有意义？个体教育意识的觉醒，从其实质而言，就是个体对自我教育生涯的整体性反省和觉悟。对教育生活的反思，就不仅仅是一种教育教学技能技巧的反思，也可以是对个体整个教育生活状态的反思；在更深的层面，可以成为教师个体生命存在的品质与意义的反思。

这样，教师教育意识的全面觉醒，就大致包括了三个阶段，或者说三个层次：首先是教师对基本教育教学实践方式的自主性把握，即对教师教育教学工作的独立意识的出现，教师个人能独立、自主地完成基本的教育教学任务，能以自己的方式有效地达成教育教学目标；更进一步，教师的觉悟逐步达到对教师职业的整体参悟，即对教师职业活动的意义与价值的自我理解与独到发现，并尽可能地在自我与外在社会要求的协调中来完善自己的职业行为和职业生活，把握作为教师日常行为、一举一动的细微的教育意义的可能性，从而能在自己的日常教育生活中体现对个人教育理念、教育价值追求的细心呵护；更深层面的教育意识的觉醒，则还包括对个体教育人生的领悟与觉知，即把教育生活与个体生命内在地结合，把个体在教育实践中的探求、创造、悟知转化成教师个体职业人生之意义与价值的发现。换言之，教师的成长，不仅是教师作为职业人的成熟与发展，同时也是作为人的成熟与发展，是作为教师存在的个体生命的不断发展与完善。教师教育意识的觉醒，实际上就是教师教育生存状态的觉醒，教师日常教育生活走出庸常的状态，在自我教育生活意义的主动发掘中提升、改造教师的日常教育生活品质。

教师的成长一方面需要不断地吸收外来的教育知识、教育思想资源，不断触动自己对教育实践的思考；另一方面又需要教师对自我教育生活不断反思，把自身的教育经验作为文本来解读，真正把自我纳入对个体教育生涯的觉知之中，从中获得教师自主意识的提升。教师正是在对自身教育实践不断适应、超越之间，通过外来思想资源与个体内在教育经验、教育知识的不断碰撞中，获得个体教育意识的生长生成。教师个体不断将外来知识融入个体日常教育生活之中，也融入个人内在教育意识之中，转化为个体对自我教育世界的发现与觉知，这种觉知扩展到对其整个教师人生的价值与意义的思考与觉悟，从而促进教师个体生命存在的整体觉知，提升教师生命的境界。

二、教师教育意识的成长与日常教育生活的合理性

弗里德利希·冯·哈耶克在其《自由秩序原理》中提出"自发秩序"的理念，自发秩序又被哈耶克视为"自我生成的秩序"、"自我组织的秩序"或"人的合作的扩展秩序"等术语代替。哈耶克把所有的社会秩序类分为不是生成的就是建构的，前者是指"自发的秩序"，后

者则是指"组织"或者"人造的秩序"。哈耶克用"自发秩序"乃是要表达这样一种理念：自发秩序的有序性是人之行动的非意图的后果，而非人之设计的结果，自发秩序能够以一种设计的秩序所无力做到的方式，运用社会必须始终依赖的分散于无数个人习惯和倾向之中的实践性知识。正因为如此，在"人造的秩序"与"自发的秩序"之间，后者具有自明的合理性。这样，他就把人类理性、知识和利益的局限性作为认识社会的前提，认为人们所能够理解的只是以他们为中心的狭窄圈子中的事情，能够给他们以激励的也只在他们领域内所接触的事物。正因为如此，"在安排我们的事务时，应该尽可能多地运用自发的社会力量，而尽可能少地借助于强制"。哈耶克把人之理性的发展和社会的进化看成是不断发现既有的错误的进程。

依照哈耶克的自发秩序理论，一个教师的教育理性的发展和教育意识的成长并不是简单地依循外在理论设计的结果，而正是教师个体在自我教育生活中不断发现既有错误、提升其实践性知识的过程。这意味着教师的日常教育生活实践在教师自身的成长与发展中有着不可替代的、自明的价值。承认教师教育生活的合理性，其基本意义有两个方面：一是充分地保障教师教育实践的自由自主性；二是反对外在的建构型的教育理论设计高高地凌驾于日常教育生活之上，实施对教师日常生活的人为宰制，从而使得教师面对强势的外在教育理论，失去了自身的话语权，只能被动地接受、听从，使教师个体日常教育生活经验沦为纯然被质疑的对象，而不能有效地转化成教师个体成长的基本资源。

现实处境中的个人实际知道的和做的事情，比他们有意识地知道和做的事情要多得多，实践中的人们拥有着被他们忽视了的大量的认识能力、行为能力和心理能力。承认日常教育生活在教师教育意识的生成与建构、教师专业成长与发展中的合理性，尊重教师对自我教育生活的自主权，正在于充分发掘教师对自我教育生活的潜在的知识经验，提升个体在自我教育生活中的自主性。承认教师日常教育生活的合理性，并不意味着教师日常教育生活就是自足性的、毋庸置疑的，它同样需要外来教育知识的参与。需要与外在教育生活世界的积极交流、沟通，以对之加以提升和改造，只不过这种外来知识的介入乃是为了进一步巩固教师对自我教育生活的认识、发现、反思，提升他们对自我教育生活驾驭、改善的意识与能力。

哈耶克之所以将自发秩序的概念予以强调，不仅在于哈氏看到，社会生活中的自发秩序并不是有意识反思或设计的产物，而且这种在社会生活中自我生成的秩序，能够应付我们对无数事实的无知状态。这也意味着社会生活中的行为规则是社会成员经由模仿成功有效的制度、习惯和传统所做出的选择，它并不是有意构建的结果。正因为如此，我们必须充分地尊重教师的日常教育生活，并且有效地激发教师对自我司空见惯的日常教育生活的反思意识，从而充分地激活、利用教师自身关于各种具体情况下教育行动的知识，尽管这种知识是以"分散的、不完全的个人的知识，而不是以集中的或完整的形式存在"，而且，甚至可能是以"不全面，时常矛盾的形式"为各自独立的个人所掌握。

客观地说，日常教育生活除了它的经验性，以及对日常教育环境的适应性，它还在一定程度上会表现出平庸与琐碎，以及潜在地支配教师行为停滞不前的习惯，从而期待教师自身以积极主动的姿态参与个体日常教育生活的改造与提升。承认教师日常教育生活的合理性，其重要的意义乃在于确认教师作为自我成长的主体，在不断敞开的个体教育生活的视界中获得自我教育理性、教育意识的提升与改造，而且这种超越与提升乃是一种基于教师自身觉醒的内在超越与提升，而不是简单地受制于外在的权威性支配。唯有承认教师日常教育生活的合理性，并且鼓励发挥每一个教师的日常认知能力，在日常教育生活的不断反观之中促成个体新教育知识出现的可能性，促进教师在日常教育生活中个人教育意识的不断觉知，教师才有可能真正成为个人教育生活的主体，并且以主体的身份介入教育言说的对话场域之中，积极地选择、创造性地吸收有益于改善与提升个人教育生活品质的外在教育知识，才有可能自由自主地把握自我教育生活，并且立足于自身的教育生活，去反思、提升自我教育生活的境界，而不是成为盛装外在强势教育知识的容器。

三、教育叙事：让教育生活自己说话

叙事，就是讲故事。教育叙事，就是讲叙教师的日常教育生活的故事，以讲故事的形式来表达自身对教育的理解与解释。讲故事的过程本身就是一个对自己亲历的教育生活进行观照、反思、寻求意义的过程，它让我们把自己过去教育生活中司空见惯的幽微细节重新审视，去发现其中细微的教育蕴涵，从而把作为叙事者的教师自身的思维触角引向自我教育生活的深层，使看似平淡的日常教育生活显现其并不平凡的教育意义。

教育叙事的基本类型，从叙事的内容来区分，主要包括：教育教学片段叙事，即对个人教育教学实际中某个印象深刻的片段的叙述，显示事件发生的细节，借以阐明教师对导致良好或者不好教育教学效果的反思；生活叙事，即对教师教育生活故事的叙述，借以显明其中所蕴涵的教师的生活体验以及对教师教育生活的细微关涉，教师日常生活与教师成长、教育状态、教育经历密切相关，教师成长不光在课堂，同样在日常生活之中；传记体叙事，即对教师成长过程、乃至教师生涯的整体叙述，借以显明教师生命成长的历程，是对平凡教师人生中细微的个人生命颤动的揭示。从叙事的主题来区分，包括单主题叙事和多主题整体性叙事，即就某一个主题或多个主题综合起来，展开个人教育生活的叙事，整体性研究是研究教师的整体生活，包括个人家庭生活、日常交往、教学、班主任工作、学习研究以及其他可能对教师个人成长产生重要影响的经历，从中疏理出日常生活所遭遇的各方面对教师的影响，整合起来构成一个完整的个体。从叙事的层次来区分，包括教育教学日志或日记，直接记录日常真实教育生活情景；在记录日常教育生活片段之上的反思性叙事，即不局限于记录，而且能把自己的心得体会加以提升；研究性叙事，即建立在对叙事主题加以提炼。对多种原始教育生活材料的搜集整理，从而对日常教育生活加以反复疏理而进行的教育叙事。从叙事的主体而言，包括"他传体"叙事，即通过教师讲叙给他人，由教师与他人对话来完成对教师教育生活故事的疏理、提炼；自传体叙事，即教师自身对自我教育生活故事的自我梳理与叙述，通过对个人成长或成长的某一方面的疏理，然后去发现这一阶段对教师教育生活的重要性，或疏理某一时间段教师对个人教育的观念性转折。自转体叙事的实质是"从'个人生活史'、从'个人生命经历'中透视整个世界"，因此而"充满生命的体验和生命的感动，容易牵动人心"。

带有研究性的教育叙事的关键在于，选择适当的主题，切入教师的日常教育生活，对教师亲历的教育生活加以疏理、选择、整合、贯通，从而在一种基于教师亲历的现场感的叙述之中，能"把真实的教育生活淋漓尽致地展现出来"，又能"在众多具体的偶然多变的现场中去透析种种关系，解析现象背后所隐蔽的真实，从而使教育生活故事焕发出理性的光辉和智慧的魅力"。教育叙事之不同于一般性的讲故事，乃在于作为叙事者的教师并不只是单纯地讲述自己的教育经历，而是在一种理性的参与之中对教育生活作出意义的梳理与提炼。教师成长有两种基本知识来源：一种是外来的教育知识、教育理念等；另一种是个体经验提升的知识。教育叙事就是要将原初的教育经验提升成为知识性的经验。在这个意义上，教育叙事实际上是拓宽了我们教育生活的内在知识基础，也使我们的教师成长作为教师个体教育人生的"事件"，并不是外在的、被规定的，而是内外结合的、自主的，是教育生活内在经验和外在教育知识的整合、对照的结晶，是外来知识和内在知识的对话，是理性与经验的融合。

　　教师教育生活的问题和解决问题的钥匙本身，并不在远处，就蕴涵在教师的日常教育生活之中。教育叙事作为一种研究的方式，它正是要提示我们，提示每个教师，我们要改善自身教育生活，我们要关注、思考教育问题，就可以直接从我们自己身边的教育生活开始，让我们在面对自己的教育生活经验或经历的同时，把我们自己的教育生活作为一个反思、观照、评价、提高的文本，或者说作为一个解读的文本，从而让我们亲历的教育生活自己说话。正是在与我们自己的教育生活文本对话的过程中，我们就有可能产生基于我们自身教育生活的、带有我们自身的生命体温的教育理念、教育思考。这种教育的理念或思考，或者广而言之，这种教育的知识，正是来源于我们自身教育生活的知识，是我们自身的教育生活经验的结晶。让教育生活自己说话，也就是说让我们充分地、更多地去理解、回顾，找到对我们自己教育生活的切入点，并且，把我们自身的教育生活变成一个活生生的文本，去解读它、分析它、提炼它，让教师作为个人教育生活的主体性得以进一步彰显，同时也显现教师的自主性人格。要对教育生活事件做出"'有知'与'无知'的相通相融的把握，就不是单靠思维、概念和规律所能完全胜任的，还要靠想象、感性直观、经验、习惯等人的能力，只有这样才能把不在场的、无知的东西、隐蔽的东西与出场的、有知的东西、显现的东西综合为一个整体"。叙事的过程本身就是一个教师个人凭借自身的想象、感悟、直观、经验、习惯等综合能力来对自己过去教育生活做出观照、反思、评价的过程。作为叙事者的教师个人把自我教育生活作为一个解读的文本，凭借教师必要的外在教育知识累积和教育想象，切入到个体教育生活之中，去发现教育生活过程的优点与缺失，同时也是对个体教育生活意义的评价与再体验，敞开个体教育生活通向个体意义人生的路径。当我们以探究的姿态切入个人日常教育生活"故事"之中时，我们就会发现，平常的教育生活其实隐含着丰富的教育意义。

　　教育叙事，叙述我们自己教育生活的故事，每一次叙述都必然带着教师个人当下的生命痕迹与过去的生命痕迹的交流、碰撞。"教师一旦以类似于'自传'的方式叙述自己生活中的教育故事，也就意味着教师开始以自己的生命经历为背景去反观自己和观察世界，内在地承受着对自己的言行给出合理解释的思想压力。这就促使教师进入沉静思考的层面，不得不倾听自己内心深处的声音，不得不站在自己的角度反思和挖掘自我，从而可能激发出许多连自己都意想不到的想法。这意味着他们开始不再依赖别人的思想而生活。这种教育'记叙文'使发生的事件不再随记忆淡忘而成为无意义的东西，它以记述下来的形式保留了'历史'，给看似平凡、普通、单调、重复的活动赋予独特的韵味，从而固守了一份对这个世界和生活创造的意义"。教育叙事，让我们把生活中偶然的教育事件历史化，把平凡的教育生活琐事意义化，把过去的教育经历永恒化，教育叙事因此而成为敞开教师生命意义之门的重要方式。

四、教育叙事与日常教育生活品质的超越

　　我们每天都在经历着一个一个的教育事件，我们的教育生活就是由一个一个的教育事件累积而成的。正是那些活生生的教育生活故事，有意无意地影响着学生，也影响着教师自身在教育生活中的生存状态。那些被我们关注到了的以及那些有意无意地被我们忽视的故事，都可能成为对教师和学生的成长与发展卓有意义的教育生活故事。教育叙事，就是讲述我们的教育生活的故事，讲述那或隐或显地蕴涵着教育意义的故事，那影响着学生和我们自身生命成长的细微脉络就可能在故事叙述的过程中清晰地展现出来，同时也展开我们的教育生活如何发展的可能路径。正因为如此，以讲故事的形式出现的教育叙事，因为其对复杂教育生活中的细微脉络的揭示而使之区别于一般性的故事讲叙，成为我们对自身教育生活的反思性实践，并成为增长我们的实践性知识、提升这种实践性知识的品格的重要形式。我们讲故事的过程就是不断地回溯、观照过去、现在，发现我们未来教育生活的可能路径的过程。

　　教育的意义、意蕴存在于教育生活的细节之中，叙事研究通过讲故事的形式，把个人的教育经历活生生地呈现出来。"说"的过程就是反思的过程，讲故事的过程就是品味、体验、发现、评价、判断的过程。对自我教育生活的不断发现，就成了教师超越昨天、超越日常生活经验的教育生活状态的基础。叙事研究，让我们自己很好地回到我们的教育生活中，让我们在接近我们自身过去的教育生活的同时，找到超越过去的教育生活的契机。每一次反思都是一个新的起点，都让我们获得对过去的一种弥足珍贵的亲切的感受，同时又沉淀出、结晶出对过去教育生活的宝贵经验、宝贵的个体性教育知识。这种知识是教师在个体性活动中获得的，是教师亲身经历的，这种个体性的、反思性的经验知识，不同于教育学教科书上宏大叙事、教育理论和教育话语框架。不仅如此，对教师个人整个教育生活经历的反思，不仅是为了澄清个人的教育生活，而且还可以发现一个教师的成长与相关因素之间的关系，把那些司空见惯的材料、发黄的日记、照片等体现当时当地的教育生活情境，浓缩到研究材料中来。这不仅是教师个人教育生活的历史，也是见证一位教师教育生涯成长的历史。所以，当我们今天去发掘过去的教育生活的时候，实际是发掘我们作为人、作为职业人的心灵、精神、人格、教育理念及个体人生成长的历史。

　　当叙事成为教师日常教育生活的一部分，意味着教师对自身教育生活的不断的探问、反思和意义观照成为了教师教育生活的基本姿态，实际上就意味着叙事成了教师改变自身日常教育生存状态的契机，成为教师不断走向美好教育生活的可能的方式。正如叶澜教授所言："教师的研究能力，首先表现为对自己的教育实践和周围发生的教育现象的反思能力，善于从中发现问题、发现新现象的意义，对日常工作保持一份敏感和探索的习惯，不断地改进自己的工作并形成理性的认识。从这个意义上，教育研究成了教师作为专业人员的一种专业生活的方式，他自己创造着自己的专业生活质量，这是教师在专业工作中自主性和自主能力的最高表现形式。教师研究能力的进一步发展则是对新的教育问题、思想、方法等多方面的探索和创造能力，运用多方面的经验和知识、综合地创造性地形成解决新问题方案的能力，这使教师的工作更富有创造性和内在魅力。同时，教师创造意识和能力的形成，在教育实践中的成功，会使他十分看重对学生创造意识和能力的培养，无疑，这是未来教育十分期望实现的价值。"教育叙事作为一种切近于教师日常教育生活的研究方式，让我们与自己所从事的日常教育工作更为亲近，让我们在平凡的、逐步习惯化的日常教育工作中发现幽微的教育意义，从而获得我们对自身作为教师生命个体存在的价值与意义的发现与提升，并可能成为我们走出教育生活中的习惯，提高我们对自我教育生活反思、批判的能力，也提升我们的教育生活的创造性品格，从而成为有效地改造、提升我们的教育生活质量的重要途径。

　　当教师以叙事者的身份参与自我教育生涯历程之中，不断地谋求自我教育生活的价值追问与意义反思，就使得教育叙事不仅成为教师个体提升、改造日常教育生活质量的有效途径，同样也可以成为教师个体改造、提升教师自我生命质量的重要途径。在此意义上，教育叙事对于我们自身而言，就不仅是一种介入教育研究的方式，而且是我们的教育生活方式，是我们作为一个教育人"反思地"、"探究地"存在的基本方式。一个人对周遭世界的发现往往同时就是对自我心灵世界的发现。走进教育叙事，我们与自己经历的活生生的教育生活文本对话，增进我们对教育生活的理解，并使我们对教育生活的理解与认识变得丰富多样，且由于蕴涵着我们作为教师个体的生命痕迹而变得生动、趣味，富于生命的气息。我们在教育叙事中对自我教育生活的发现与认同，同时也是对教师人生的丰富性、价值性的发现与认同，是对我们作为教师存在的个体内在心灵世界的丰富与充实的发现。教育叙事因此而成为我们改变日常教育生活的单调与平庸的重要方式。

当我们越来越多地沉溺于琐碎而庸常的日常教育生活之中，当我们发现自己的教育生活状态有些疲劳而单调与乏味之时，我们作为教师个体的生命状态是低迷的，低质量的。如果我们不能从作为生涯历程的教育生活中找到生命的意义，那么，我们的日常教育生活就可能成为我们生命之中不能不承受的一种沉重的压力和负担。"闲暇出智慧"，这时候，我们需要适当地从庸常化的教育生活中找到闲暇的心灵空间，让我们有可能以他者的姿态来反思、回味我们自己的教育生活经历，让我们可能从日常教育生活的惯习中超越出来，提升我们作为教师存在的生活意义与生命质量。教育叙事也许就可能成为一扇我们的心灵通向日常教育生活之意义世界的门扉。

——刘铁芳. 2005. 河北师范大学学报(教育科学版)，(6)：22-26

第四章　化学教育行动研究

第一节　什么是教育行动研究

一、教育行动研究的内涵

在对"行动研究"的众多定义中，比较明了的当推行动研究的积极倡导者、英国学者艾略特的定义："行动研究是对社会情境的研究，是从改善社会情境中行动质量的角度来进行研究的一种研究取向"。这种研究运用于社会科学的各个领域，特别是组织研究、社区研究、医务护理与教育等。在《国际教育百科全书》中，"行动研究"定义为："由社会情境（教育情境）的参与者为提高对所从事的社会或教育实践的理性认识，为加深对实践活动及其依赖的背景的理解所进行的反思研究"。在行动研究中，被研究者不再是研究的客体或对象，它们成了研究的主体。通过"研究"和"行动"的双重活动，参与者将研究的发现直接运用于自己的社会实践，进而提高自己改变社会现实的行动能力。研究的目的是唤醒被研究者，使他们觉得更有力量，而不是觉得更加无力，在受到社会体制结构和其他势力的压迫之外，还受到研究者权威的进一步压制。在行动研究中，研究者扮演的只是一个触媒的角色，帮助参与者确认和定义研究的问题、对分析和解决问题提供自己的思考角度。

实际上，严格来讲，"行动研究"只是一种与"基础研究"及"应用研究"并列的研究类型之一，换言之，行动研究是一种研究类型，是一种研究的态度，而不是一种特定的研究方法技术。它是教师在自身所处的教育情境中，通过发现实际存在的问题，在分析问题后提出改进策略并付诸实施，从而改进实践，提升实践知识和获致专业理想的过程。其研究对象、研究主体及研究目的等方面都有自己区别于其他教育研究的特性。作为一种研究类型，其研究的主要对象是教育问题，特别是学校教育问题，其主要的研究人员是教育实务工作者，其主要的研究目的是改进教育的工作情境，试图使教育实际与教育理论密切结合，促成教育实务工作者的专业成长。教育行动研究的焦点在于即时的应用，不在于理论的发展，也不在于普遍的应用，强调实务工作情境中的实际问题。行动研究是一个长期的、螺旋式上升和循环反复的过程，其本身具有效应"滞后性"特征。因此，通过教育行动研究实现教学效果的改进往往需要相对较为漫长的过程，教师为此付出的劳动不可能得到立竿见影的回报。其次，行动研究具有"情境性"、研究经验的"弱推广性"特征，其研究对象、使用的研究方法及研究结果均依具体情境而定，某次行动研究的经验不能绝对地照搬到下一个行动研究中去。

现在所说的行动研究，简单地讲就是教师在实际教学情境中，为达到改进教学的目的，综合运用各种有效的研究方法，对自己的教学实践进行研究的教育科研活动。因此，行动研究并不是一种独立的研究方法，而是一种研究活动。行动研究的目的在于将研究活动与教学实践相结合，帮助教师提高对自己所从事的教学实践的理性认识，加深对教育理论与教学实践间联系的理解，使教育科研成为改进教学实践的直接推动力。

二、教育行动研究的特征

1. 为行动而研究(research for action)

行动研究的根本目的不是为了获取"真理",不是为了理论的产出,而是为了实践本身的改进。这种改进是针对研究者个人具体的教学实践,而不是他人的。由于实践的"改进"是一个难有终结的目标,所以行动研究是一个不间断地螺旋上升、循环往复的过程。

2. 对行动的研究(research of action)

行动研究是一种"以问题为中心"的研究方式,"问题"是行动研究的出发点。因为特定情境中的实践者所面临的问题总是特定的,所以行动研究的研究对象往往也是特定的,而不必具有普遍的代表性。这就决定了行动研究不必遵循严格的程序,要依据具体"问题"而定。

3. 在行动中研究(research in action)

行动研究不是在实验室里进行的研究,也不是在图书馆中进行的研究,行动研究贯穿于教学实践活动中。行动研究的对象是教师的实际教学情境,而行动研究的结果又被用来改进同一教学情境。教师既是"研究者",又是"学习者"。行动研究过程实际上成为了教师重要的"学习过程"。教师在行动研究过程中通过对自己教学行为的直接或间接的观察与反思,通过与专业研究人员或其他合作者的交流,不断加深对自己教学实践的理解,并在这种理解的基础上提高自己。因此,行动研究是促进教师发展的有效途径,是教育理论与教学实践相结合的实践性中介。

第二节 怎样开展教育行动研究

一、教育行动研究的过程

由于行动研究是指向特定情境中的问题解决,所以不同的研究者在实施行动研究的具体步骤上存在着差异。但在基本的操作过程方面,行动研究遵循以下基本思想:行动研究的起点应该是对问题的"勘察"——问题的界定与分析;行动研究应该包含对计划及其适合情况的观察与评价,并在这种评价的基础上加以改进。

从总体上看,行动研究的进程是一个螺旋循环的过程,行动研究在遵循上述基本思想的基础上可以有多种多样的形式,但作为一个行动研究的完整单元,"计划"、"实施"、"观察"与"反思"四个环节是不可缺少的。

1. 计划

形成旨在改进现状的计划是行动研究的第一个环节。它包括以下几方面内容和要求:①计划始于解决问题的需要,它要求研究者从现状调研、问题诊断入手,弄清楚现状如何,关键问题是什么,创造怎样的条件、采取哪些方法才能有所改进,什么样的设想是最佳的;②计划包括总体设想和每一个具体行动的步骤;③计划要有充分的灵活性、开放性,即随着对问题认识的加深和环境条件的改变,随时调整计划。

2. 行动

行动即按计划进行变革。行动是在获得了关于背景和行动本身的反馈信息，经过思考并有一定程度的理解后的有目的、负责任、按计划采取的实际步骤。这样的行动具有贯彻计划和逼近解决问题的性质。

3. 观察

观察即收集研究的资料，检查行动的全过程，其方法可以包括观察法，也可以包括问卷法、访谈法等。观察的内容主要有背景资料、过程资料和结果资料。

4. 反思

反思即就行动的效果进行思考，并在此基础上计划下一步行动。它是一个研究活动的终结，又是下一个研究循环的开始。这一环节至少包括：①整理与描述，即对观察、感受到的与制订计划、实施计划有关的各种现象加以归纳整理，描述出行动研究的过程和结果；②评价与解释，即对行动的过程和结果做出判断，对有关现象和原因做出分析解释，并决定下一步计划是否需要修正；③写出研究报告。

施良方先生认为行动研究的循环过程可以转化成下列以教育活动为背景的陈述：

(1)当我的教育价值观遭到实践否定时，我碰到了问题(例如，我的学生在我的课上并不如我所要求的那样积极参与)。

(2)我设想着解决这个问题(重新组织以使他们的积极性提高，是以小组活动还是进行结构性练习)。

(3)我实施这个想象中的解决方案(我让他们进行小组活动，并引入了有结构的练习，使他们在没有我经常监督的情况下，提出和回答问题)。

(4)我评价我行动的结果(我的学生参与性加强了，但他们太吵闹，并且在有结构性练习的情况下仍依赖于我)。

(5)我根据自己的评价重新系统地阐明问题(我必须找到一种方法，使他们既积极参与又不吵闹；我必须找到一种方法，使他们在自身的发展中更具独立性)。

行动研究要求教师要在日常的教学实践中观察和反思自己的教学行为，从切身问题出发进行研究活动，所以常给人造成一种误解：只要教师审慎地对待自己的实践，适时地做经验总结，收集一些资料，再进行理论上的逻辑分析，就是行动研究了。行动研究常与经验总结混淆不清，但两者之间存在着截然的区别。行动研究是一种科学的研究活动，需要遵循教育科研所要求的研究规范，采取一定的研究方法，而经验总结虽然含有理性加工的成分，但更多的是感性经验的总结，其缺陷是往往只重视现象的描述而不深入分析原因，离规范的研究有一定的距离，经验总结越来越倾向于是为研究活动提供研究资料，被研究者作为一种研究方法而使用。行动研究重视理论在研究中的价值，不单纯凭经验分析问题，在研究结果上强调理论的抽象，而不像经验总结那样基本上只是以往行为的总结。

因此，行动研究要求教师要具有一定的教育研究技能，否则难以保证行动研究的质量。为此，一方面要加强对教师教育研究技能的培训，另一方面可邀请专业研究人员参与学校有关课题的研究，使教师与专业人员合作，通过"研究"过程中的相互交流与研讨，增进教师对行动研究的兴趣，提高教师的教育科研素质，促进教师的专业发展。

二、教育行动研究的反思

1. 规避"唯方法主义"的研究倾向

无论是教育行动研究，抑或是其他任何教育研究方式，都不是万能的，即便是某一个具体的教育问题，通常也需要多种研究方式和方法的有机结合才能解决。从教育研究方法论的角度来讲，正如叶澜先生所言："任何一种科学研究方法都是使自己符合自己的对象所具有的内在特性"。因此，不能指望用一种包打天下的研究方式来解决现实中的具体问题，更不能"为方法而方法"，从而使研究陷入"唯方法主义"的思想泥沼中。在人们关于行动研究与正规的教育研究(包括基础研究与应用研究)及随意性问题解决法三者区别的过度诠释时，指出行动研究依然是一种不同于"随意性问题解决"的"科学的方法"。例如，需要做必要的文献阅读、确定问题之后形成某种假设、使用一些简单的统计分析，为此行动研究者必须接受一定的统计与研究方法的训练。否则，行动研究就失去了其作为研究的资格，沦落为"随意性问题解决法"。这种观点似乎是在为行动研究正名，也意识到了行动研究本身的特征与局限，然而其所坚持的仍是"方法中心"思想，其理论的出发点仍有"唯方法主义"倾向。

在科学研究中，抛开具体问题的性质、结构及所处情境对研究方式、方法的规约，抽象地议论、比较某种研究方式、方法的优劣是典型的"唯方法主义"表现。诉诸教育研究中其弊端在于：抛开教育研究目的的问题解决取向，不管具体问题特征和研究任务规约对于研究方法选择和搭配的要求；忽视教育问题的综合性、跨学科性，意识不到解决问题的方式、方法并非单一的；忽视教育对象的复杂性、联系性，误将某一种研究的方式、方法当做是最好的或普适的。事实上，无论哪种研究方式、方法，只有能解决具体问题的，才称得上是最好的。因此，教育行动研究的地位和价值及其适用范围，也不能抽象地议论，而是要看具体研究课题的规约和需要。诚然，就方法论取向看，教育行动研究较之于那种书斋里的从本本到本本、空对空的概念推理研究，有其可取之处。然而，即便是广大一线教师进行教育研究，也不能说教育行动研究就是最好的方式。那种认为"教育行动研究最贴近教育实践，最适合推进广大教师专业化发展"的观点是缺乏正确的方法论意识的表现，须警惕与规避。

2. 重视理论及理论思维的价值

进行科学研究，离不开理论和概念。既然是研究就要进行理性思维，而要理性思维则必须运用概念、范畴这一工具，那么进行抽象和概括也就成为必然。不需要理论基础、不用任何理论、概念的研究就称不上是研究，甚至那些非借助语言进行的思维，也仍存在着抽象和概括。因此，所谓教育行动研究超脱了理论、概念，无非是一种误读，或对其某一方面特质的过分夸大。教育行动研究不可能不需要理论、概念：首先"教育行动"中的问题选择是受一定理论、概念支配的；其次，"教育行动"的实施过程也需要理论指导；再次，若要对"教育行动"进行分析、总结等，也是离不开理论、概念的。反观千百年来中华民族的历史，我们一直没有西方世界那样的理智主义文化土壤，尽管近代有了向西方学习的努力，但总体上我国科学思维、哲学理性的水平仍不高，自然科学和人文社会科学都还不发达，这是不争的事实。因此，重视理论及理论思维与否，是关乎民族前途命运的大事。恩格斯曾掷地有声地提出："一个民族要想登上科学的高峰，究竟是不能离开理论思维的"。这确非危言耸听，而是从实践基础上的观察、体验中总结出的真知灼见。

综上所述，教育行动研究作为一种独特的研究方式，对我国教育研究的发展有着重要的推动作用，它犹如注入教育研究领域的一股清流，极大地丰富了教育研究的内容。然而，也要认清教育行动研究传播和应用过程中出现的各种误读、滥用及不良倾向，从方法论的层面用审视的眼光分析教育行动研究本身存在的问题，避免陷入普遍主义与特殊主义的对立之中，在批判唯科学主义、借鉴非理性主义的同时，警惕和批判反理性主义；在走出唯科学主义"抽象性"泥沼的同时，又要超越后现代主义的"无本质"、"无规律"的多样性迷雾。惟其如此，我国教育研究才能向着更加健康的方向发展。

行动研究——促进教师发展的有效途径

教育行动研究是指针对教育情境中的日常工作，教师在研究人员的指导下研究本校、本班的实际情况，解决日常教育教学中的问题，改进教育教学工作的一种研究方式。

(1)主体的凸现——中小学教师是研究的主体。教育行动研究把行动与研究结合起来，其实质是"解放那些传统意义上被研究的他人，让他们自己接受训练、自己对自己进行研究"。在教育教学实践中，教师置身于教育情境，处于最有利的研究位置，拥有最多的研究机会。教育实践需要教师解决错综复杂的教育问题，特别是当理论知识比较单纯、概括和简化，且无法与教育实践对接的时候更是如此。

(2)研究的回归——研究回归教师、回归实践。教师的发展不仅在于教师知识能力的变化，而且也在于教师从根本上形成原创能力和创新意识。因此，研究必须回归实践、回归教师本人。教师既是辛勤的知识的传授者，又是不倦的社会问题、教育问题的研究者、探索者和实践者。正是这种教学与研究的结合，才促进了教育理论的繁荣，才催生了教育科学。随着知识经济时代的到来，要求研究能力重新回归教师。这正是教师天职得以回归和对教师的历史性补偿：表明了教育研究面向实践的方法论的转向。

(3)过程与目标的合———为行动而研究。开展教育行动研究的目的是在教育活动的具体情况中进行研究，提高行动质量，增进行动效果，是为了行动而研究。因此，它更为关注的是教育的内在价值。这意味着教师在这个过程中，不再是单纯以教育理论工作者构思、设计好的课程达到预设目标的知识传授者，不是只把视野局限在教学内容与手段方法上，而是开始主动关注教育内容的价值与意义，关注教育实践活动对学生身心发展所产生的实际效果，反思自己的教育行为，进而有意识地改善自己的教育行为，为教育活动创设最佳情境。整个研究过程都是在行动之中展开的，始终没有脱离教育的具体情境，并且以行动质量的提高作为检验行动质量的标准，谋求教育行动的改进。

案例展示

课程改革中的行动研究

从 2002 年秋季开始，基础教育课程改革实验工作在全国 27 个省(自治区、直辖市)的 38个实验区全面展开。目前，长春市已进入课改工作的第二年，长春市广大教师依照新课标进行教学也是日新月异地进行着，基础教育课程改革浪潮可谓滚滚而来，新课程体系在课程功能、结构、内容、实施、评价和管理方面都较原来的课程有了重大的创新和突破，这场变革给教师带来了严峻的挑战和不可多得的机遇。实践证明，课程改革与教师专业发展结合，既有利于课程改革的推进，又推动了教师专业的发展，从教师专业发展的角度来看，课程改革为教师提供了很多契机。

课题一："钢铁的锈蚀"——课堂内外"做中学"的行动研究

提出问题：科学探究是学生积极主动地获取化学知识、认识和解决化学问题的重要实践活动，是一种重要而有效的学习方式，也是化学新课程重要的学习内容。化学新课程要求改变传统教学模式中的"接受式教学"，倡导探究学习，重视培养学生的探究意识和探究能力，通过学习中的探究达到使学生轻松愉快地学习化学的目的。

分析问题：以前我在处理"活动与探究"这一内容时还不能很好地把握，主要表现在以下几个方面：

(1)还不能完全摆脱传统教学模式的弊端，往往只根据教材内容和已有的教学经验，按自己的意愿设计教学环节。如钢铁生锈的专题探究活动中，通常是老师提出一个问题：钢铁生锈的原因是什么？学生根据限定的答案讨论，再由老师总结问题的答案——与氧气和水同时接触。解决一个问题后，老师又提出一个新的问题：怎样来防锈呢？如此反复直至学完本节课的知识。教师提出的问题没有直接来源于学生的已有经验，因此不能激发学生的学习兴趣。

(2)探究实验缺乏探究性。学生做钢铁生锈的探究实验，几乎全部是在老师的安排下"照方抓药"式地根据书上的实验步骤进行操作，学生仅仅是训练了实验基本技能，没有认识到实验的探究本性，更不要说培养学生的实验创新能力了。整堂课中，学生看起来是忙忙碌碌的，但缺乏思维的投入和对学习的积极性，成为了化学知识的被动接受者。

分析问题：通过对新课程的学习，我分析了产生以上问题的原因主要是：

(1)自己没能积极转变教学观念，对传统的教学模式形成定势后没有尝试改变。没有认识到学生对这部分内容的兴趣所在和他们的疑虑所在，认为提问就是启发式教学，就是启迪思维，殊不知这种教学方式只能帮助学生"顺理成章"地成为知识的被动接受者。

(2)自己缺乏广泛的知识。新课程改革对教师的知识要求提高了，要求教师有精深的学科知识以及广博的社会科学知识。由于学生探究活动中发现和提出的问题可能超出教师的解决能力，因此有时为了避免在学生面前"出丑"而在课堂上始终占据主导地位，潜意识地牵着学生的鼻子走，不敢让学生自主去探究。

(3)活动组织和监控效果不佳。探究活动需要学生自主进行，在"做中学"，需要时间和空间的保证，而一般课堂教学的时间分配使探究活动较难开展，为了完成教学任务，赶教学进度，不敢完全放手让学生去做自己想做的实验。通过对往年教学中存在问题的分析和对新课程理论的学习，在2005年我又讲这节时，通过下面的方案达到解决以上问题的目的。

形成行动计划：根据实际情况把学生探究钢铁生锈的活动场所搬到课堂外，让学生课前全体准备，积极探究，热烈讨论，上课时走下讲台，给学生一片自主发展的空间。课前准备，提前一周要求学生阅读本节内容，能完成以下任务：按照教材上安排的实验或自己设计实验探究钢铁锈蚀的条件；向其他同学介绍常用的防锈方法；介绍废金属的危害及回收的意义。学生可以个人或小组为单位来准备，准备的内容必须写成书面材料且须有自己独特的见解。

行动实施：学生欣然接受了任务，找来铁丝、铁钉及各种仪器和药品进行实验探究，并能每天观察现象、做好记录。此外，为了丰富探究的内容，还可通过上网、上阅览室等多种渠道查阅有关信息，真可谓"八仙过海，各显神通"。

一周后，对学生的准备情况进行检查。学生不仅能基本完成任务，而且在设计实验探究钢铁锈蚀的条件这一方面做了较大改进。有的学生通过上网查资料了解到盐酸是一种酸溶液，氯化钠溶液是一种盐溶液，就考虑到能否用其他的溶液来代替它们进行实验。通过讨论，他们以橘子汁代替盐酸、以口水代替氯化钠溶液来进行实验。有的学生设计了一个实验证明铁在缺少氧气的情况下不会生锈，还细心地画了一个实验装置图。甚至有的学生还找来了铜片、锌片进行实验，探究这两种金属生锈的条件与铁的有什么相同和不同之处，等等。

课堂表现：接着学生自己分工，让每一小组推选代表上台讲课。因为学生课前都做了充分的准备，所以发挥得都较好。就拿新课的导入来讲，有的学生制作了幻灯片，声情并茂地描述我国钢铁锈蚀的严重现状作为新课的情境引入；有的学生先给大家展示了生活中常见的生锈的金属制品，然后提问金属制品锈蚀后会带来哪些危害，让大家意识到金属制品锈蚀后确实会引起许多不必要的麻烦，从而展开新的学习内容。在组织教学的过程中，学生们大多以"提问—讨论—讲解"的模式进行，尤其注意把知识与生活实际相联系，能把主要内容基本讲到位，其他学生也能兴趣盎然地积极参与讨论和发言。在整个教学过程中，我的教学理念都是以学生为主体，让学生大胆地走上讲台，充分发挥自己的才能。教师则起着组织引导的作用，在适当时候加以点拨，学生讲完之后适当评价，并鼓励学生继续努力探索。

反思：在整堂课中，学生自己既当"导演"又唱"主角"，他们的思维始终处于活跃状态，从内心体会到了学习的愉快。但这样的教学形式难把握，必须注意这样几个问题。

(1)选题要注意从学生身边熟悉的现象入手，引导他们发现问题、展开科学探究。由于金属的生锈、防锈等方面的现象与日常生活息息相关，这样学生容易理解，也易于激发他们的兴趣。当学生对某一活动感兴趣时，根本不需要外界的强迫与压力，他就会自觉地去学习、探究。所以并不是任何教学内容都需要以这样一种方式进行，处理不好也会使学生无法探究或"探"而不能"究"。

(2)教师要能很好地处理课堂上出现的问题，由于学生知识面不广，课前对讲课内容理解不深入，在讲课的过程中可能会对新知识产生一些新的疑问，会引起听讲学生的不同意见，甚至争论不休。此时，教师要给以恰当的指导、点拨，让学生充分发表意见，开展热烈的讨论，认真思考、质疑辩难，从而使探究更深入，这样学生获得的知识就会更加全面，更加深刻。

苏霍姆林斯基说过："在人的心灵深处，都有一种根深蒂固的需要，这就是希望自己是一个发现者，研究者，探索者。"在学生的精神世界里，这种需要特别强烈。正是这种需要激发了学生学习的兴趣，促使学生去探索自然界的万千奥秘。作为教师，我们在课堂上也应满足学生的好奇心和求知欲，让学生成为学习的主体，让他们从内心体会到学习的愉快。只有这样才能真正提高课堂教学质量，减轻学生负担，提高学生的能力及素质。

课题二：通过改进作业模式提高初中化学教师指导能力和监控能力的行动研究

提出问题：2005年新学期运行两个月左右，笔者所教四个班的学生中的中下等学生出现以下情况：作业交不全、不及时、抄袭多；课前复习回答问题不积极、不准确；测试成绩两极分化情形严重等。在与同事交流中发现此情况较普遍，大家认为问题出在课下，作业的完成出现了问题，教师对学生的指导和监控不到位，因此决定改进作业模式，加强对学生作业的指导与监控。

分析问题：通过调查表明：47%的学生认为完成作业的时间不够；39%的学生认为自己不适应作业题的难度；46%的学生对作业不感兴趣或持抵触情绪。与同事分析年级化学学科作业(此前一直是考卷形式)存在的问题，得出结论：①机械重复造成作业数量过多，效率低下；②作业的对象与数量高度统一，缺乏层次性；③作业的内容与学生实际脱节，缺乏层次性、系统性、趣味性；④作业的形式单调，与实践脱钩。

从学习理论看，学生出现的这种学习倦怠是由于年级统一作业，给学生造成的无力感。消除这种无力感必须重新激发学生的学习兴趣，改进作业模式。同时，通过改进作业模式来提升教师对学生的指导能力和监控能力。

形成行动计划：笔者依据新课改中"尊重学生个体差异，因材施教"的理念，提出作业分层次选做，以适应学生学习能力差异的策略；L 老师从"优化设计提高效率"提出控制难度，精选习题的策略；W 老师从新课改中"重过程，重方法"的目标要求出发，提出增强多感观参与、设计开放性作业的策略；大家又商定增加批改数量和测试数量，以增强刺激和增加实效。

行动实施：

1. 分层次自选作业

我们将作业分成必做题、选做题，选做题分成 A、B 两类。统一部分作业为必做题，旨在训练"三基"，要求每一学生保质、保量、按时完成。自主部分作业为选做题，其中 A、B 两类不同难度的作业分别针对低、中、高三个层次的学生。①控制难度，根据学生的实际学习能力选取适当难度的作业题，难易搭配，由易到难；②注意层次性，不同班级的作业题的难易比重不同，同一班级内对不同学生在作业数量、难易比重、完成方法上要求不同；③作业中的习题要量少质高，如采用"一问多解、一题多问、一题多变"等形式挖掘、拓展练习题的功效。

作业实例：有关化学式的计算作业练习

必做题：

(1)下列氮肥中含氮量最高的是[　　]

A. 硝铵　　　　　　　B. 碳铵　　　　　　　C. 硫铵　　　　　　　D. 尿素

(2)_____吨尿素[化学式 $CO(NH_2)_2$]中含有氮元素 46.7 吨。

(3)有一氧化物的化学式为 R_xO_y，其相对分子质量为 M，则 R 的相对原子质量为____。

(4)已知某铁的氧化物式量为 160，经实验测定其中含铁元素 70%，此氧化物的化学式为____。

(5)某化肥(化学式 NH_4HCO_3)样品中含氮元素 16%，此化肥的纯度为____。

选做题：

A 类：

(1)若使 CO_2 和 CO 两种气体中含有相同质量的氧元素，则 CO_2 和 CO 的质量比是[　　]

A. 11：7　　　　　　B. 2：1　　　　　　C. 11：14　　　　　　D. 1：2

(2)两种元素 X 和 Y 的相对原子质量之比为 7：8，在它们组成的化合物化学式中 X 和 Y 的质量比为 7：4，该化合物化学式为[　　]

A. XY　　　　　　　B. X_2Y　　　　　　C. XY_2　　　　　　D. X_2Y_3

(3)含相同质量氧元素的 NO、NO_2、N_2O_3、N_2O_5、N_2O 五种物质中，所含氮元素的质量比为[　　]

A. 1：2：3：5：4　　　　　　　　B. 2：4：3：5：1

C. 60：30：20：10：5　　　　　　D. 30：15：20：12：60

B 类：

(1)化合物①AB 中含 B 36.36%，化合物②BC_2 中含 B 50%，则化合物 ABC_4 中含 B 的质

量分数为[   ]

    A. 12.64%   B. 14.09%   C. 19.65%   D. 21.1%

(2)一种不纯的硝酸铵氮肥，经测定含氮37%，则其中混入的另一种氮肥是[   ]

    A. NH_4Cl B. NH_4HCO_3 C. $(NH_4)_2SO_4$ D. $CO(NH_2)_2$

(3)某一价金属 M 硫酸盐的水合物的相对分子质量为 322，化学式为 $M_2SO_4 \cdot xH_2O$，将该盐 16.1g 充分加热后，质量减少了 9g，则 x 值为____，M 为____。

2. 多感官参与开放性作业

(1)口头作业。设计了一些课前几分钟完成的作业。例如，"口头复述上节课内容要点"、"用自己的语言阐述某一概念、现象、定理……"，"5分钟内串讲某章的内容要点(不得背诵原文——避免死记硬背，不看书、笔记或准备的纸条等)"。学生在准备和口答这种作业时必须利用所学的知识进行思考和语言组织，能很好地培养逻辑思维和语言表达能力。

(2)听、看、查类的收集信息作业。结合初三学生的特点设法开发具有一定思维性、挑战性的与日常生活、前沿科技紧密联系的作业，对激发学生的学科兴趣很有裨益。例如，随着神舟六号的成功发射和回收，笔者设计一个作业：收集有关神舟一、二、三、四、五号飞船的资料，并将能与化学知识、原理相关的东西做一整理，列出不明白的问题。在完成这个作业的过程中笔者感到学生的热情被空前激发，他们收集了大量资料，讨论得非常热烈，从中培养了信息的收集、处理能力；在研究现象的过程中培养了他们发现问题、解决问题的能力；在踊跃交流、发言的过程中锻炼了表达能力，还使学生养成了关心国家大事的习惯，激发了民族自豪感和爱国热情。

(3)设计、测量、实验类实践作业。这些作业除了可以让学生在实践中加深对知识的理解，培养他们运用理论知识解决实际问题的能力、创新能力，还可以培养学生重视实践、实事求是的科学精神。例如，在学完"二氧化碳的实验室制法"后，笔者设计了这样的作业："试用你所学的知识设计合理的方案来证明鸡蛋壳中含有 CO_3^{2-}"。后来，学生设计出了很多有创意的方法。

第二轮行动计划：根据学习理论可知学生无力感的回升是由兴趣消退引起的，正确及时的评价和适度的表扬与批评能提供长久的强化。教师应增强监控能力，利用作业批改的反馈作用维持学生学习动机。

针对传统作业的弊病，笔者本着"面向全体学生，学生作为主体参与作业过程，加强学生团队合作，提高作业效能"的宗旨，在作业批改上做改进。

第二轮行动：改革作业评价，坚持"分层评价"、"全体参与"、"及时反馈"。

(1)分层评价、鼓励学生。

评价作业时的标准可因层而异、因人而异，重在激励。除了不同作业评价标准不同外，对同一题目针对不同层次的学生采用不同的等级标准，使学困生达到较低标准时也有得优的机会，使优等生在较高标准下追求更高质量的作业。另外，鼓励不同层次的学生在完成相应层次作业的同时，努力向高一层次标准努力，当其进入高一层次作业并能基本完成或自我要求向更高标准努力时就可得优，并及时给予表扬，使学生在你追我赶的氛围中不断进步。假如三次以上不能很好地完成本层次作业，便要降到下一层次，这样刺激优等生为保持自己的"高层次"水平而更加努力，从而调动他们的积极性和主动性，使其能力得到创造性的发挥。

(2)作业批改多样化，尽量让学生参与评价，加强学生合作。

A. 课堂中面批、优生助批。对于在课堂内的作业，完成后立即由教师当堂当面批改。当错误较多的后进生作业批完后，立即帮助其分析、纠正错误，使其掌握；对于学优生在批改完成后马上与教师一起批改其他学生的作业，并帮助有困难的学生。这样能达到提高学习效率、反馈和矫正快、学生掌握及时的效果。

B. 课堂中生生批改。教师公布标准答案后经各小组学生讨论，然后将作业按小组流水线批改作业，小组学生轮流担任组长，对本小组作业"把关"，并对批阅的情况做好小结，以便交流。教师对小组批改后的作业进行抽查，了解各种情况，对作业中存在的明显问题进行复批或面批。这样让学生在批改中能吸取别人好的作业格式、解题方法，也可从别人的错误中吸取教训。

C. 课后教师抽查面批，精批细改。教师在每一组学生的作业中"任意"(注意层次)抽取5本进行面批、精批及辅导。

D. 课后自己批改，老师在学生完成作业后把各题解法及标准答案及评分标准公布，鼓励学生自我评价。

第二轮行动观察：明显改善了作业情况，而且持续时间长，学生成绩稳定提高。

第二轮反思：往往问题的解决不能只关注一个变量，要全面综合考虑，要注意全方位寻找理论支撑。学生作业质量不仅与作业模式有关，评价和反馈对学生有不可估量的作用，通过评价方式的改革不仅使学生学习能力得到了发展，同时也提升了教师对学生的监控能力。尽管此次行动很有效果，但仍有个别学生的学习情况没有改善，"推不动，激不活"。这类学生在学习态度及价值观上可能是出现了问题，有待第三轮行动研究。

资料导读

教育行动研究——理想的方法论变革与应然的合理性期盼

思考教育的复杂性、实践性与理论的纯粹性所构成的矛盾，认为教育领域诉求行动研究是理想的方法论变革。从行动研究和教育本身这两方面辨析，行动研究走进教育研究领域有着极其合理的方法论依托。基于行动研究理念的本身属性，提出教育行动研究应该坚持问题意识第一性。除此之外，教育行动研究解放了传统意义上教师被研究的"他者"身份，但是，应该让教师在教育行动研究中享有合理的学术归属感，即合理的角色变换期待，从而坚持对教育行动研究价值期盼的合理性。

一、承载"理想"的教育行动研究

长期以来，教育理论与教育实践之间的隔阂有目共睹，克服教育理论与实践的脱节现象成了教育研究领域的死角和顽症。行动研究进入教育研究领域，似乎对这一问题的解决给予了一丝曙光。"理论"与"实践"是哲学中的一对范畴，也是国内学者惯用的语词表述方式。虽然行动研究的预设前提是"行动"与"研究"的分离，并未提及和使用"理论"和"实践"的界定方式，但是从方法论层面上来说，"理论"与"实践"的提法和"行动"与"研究"的提法并不相悖，符合行动研究的方法论思想。行动研究倡导从实际工作需要中寻找课题，要求社会情景的参与者，即实践工作者对自己所从事的实践进行研究，促进"行动"与"研究"的结合以及研究者与行动者的合作。具体而言，以实际问题的解决为主要任务，为实践本身的改善而展开研究。行动研究不仅仅是理论的产出，更多关注的是社会实践中的独特问题、独特事件和独特情境。因此，随着自上而下到自下而上的课程开发模式的转换和人们对教师、学校及教育的重新理解与认识，可以说教育行动研究承载的是教育研究的一种理想，应该给予方法论层面上更高的位置。

二、教育对行动研究的方法论诉求

近代科学产生以来，人类一改以往在生活和生产实践中探究与认识自然和社会的方式，取而代之的是相对独立和系统的专门化研究，研究职能有着更为直接和专一的纯粹理论构建的目的，研究的成果以简化的模型、文本、符号等为表征，形成了以追求超越时空的客观知识和永恒正确的普遍规律为己任的经典科学主义的研究方法论和定量的研究范式。这种方法论和研究范式也同样侵占了社会科学的领地，强调自然科学研究是一切学科研究的摹本，主张用自然科学的研究范式来统摄一切学科。于是，社会科学研究的制度性结构也充分的建立了起来并得以明确的界定。然而，人们认识和研究问题的方式也不可能一成不变，社会科学家的实践和思想立场与社会科学的形式组织之间在第二次世界大战以后出现了一个越来越大的鸿沟。正是在此学术背景下，行动研究的方法论思想诞生了。

行动研究最初并不是因为教育而提出的，但是，教育的自身特性决定行动研究在教育领域内将会被赋予丰富的价值意义。一方面，教育是一种特殊的研究领域，它不同于其他研究领域(如历史)的相对静态特征，教育研究的动态特征特别明显。教与学的主客体构成了教育情景、教育事实的不断变更，这种变更的教育实践使得试图建构普适性规则的研究范式对于理解教育现象可能并不是最有用的。诚然，理论的普适性本身就表征了自身的局限性。并且，教育领域与其他社会领域的最大不同在于教育领域中存在着庞大的教师群体，作为教育实践工作者的教师群体何以成为另一种身份，即研究者，意义重大。另一方面，行动研究试图打破行动与研究的分离，消除各自独立的话语体系之间的隔阂，表现出明显的社会科学研究非制度化的走向，在思想渊源上与美国社会独特的实用主义思维方式有着密切联系，即实践价值趋向非常明显。统筹而言，行动研究与教育研究领域有契合点。因此，教育领域的研究阵地有诉求行动研究的适切性。

从方法论层面上讨论，教育领域诉求行动研究，不论从行动研究的本身理念性质，还是从教育活动自身的属性说起，行动研究都是教育科学继续完善和发展的福音。教育现象是具体多变的，教育主体是能动的，教育活动是现实的。因此，教育研究应以现实为依据，以教育实践为基础进行理论构建。行动研究为教育研究模式的变革提供了方法论上的准备，它使人们认识到教育活动、教育情景的丰富性，意识到科学主义普遍化理论指导教育实践活动的局限性，即不再盲目信奉以追求客观精确性为目标的科学主义方法，从追求原因和结果的唯一正确性解释转向从整体上研究教育现象和教育问题，更加关注其中的偶然性联系，追求开放的多种解释。教育行动研究打破了以往教育研究的绝对理性分析模式，它关注的不是教育活动中的一般知识和普遍规律，而是教育实践活动中亟待解决的命题，它是诊治具体教育情境问题的重要手段，增进了教育理论与实践的沟通，使教育研究对教育实践具有更强的解释力度。

三、教育行动研究的方法论要旨

(一)对传统意义上被研究的他者的解放

长期以来，教育领域内一直存在着尖锐的教师与学者的身份对立。具体表现在，教师一直被视为教育研究的他者身份而存在，是教育研究的客体而非主体，教师是教育研究的被研究者。人们期望教师学习、接受和应用学者的教育理论并改进教育实践。但是，由于教育自身属性的情景多变性，在实际中理论的效用似乎并不明显，导致教师对教育理论的怀疑和轻视以及学者对教师的抱怨。尤其在我国，教师一直处于"教书匠"的位置，长期的教书匠思想形成了教师的保守和依赖性。在教育研究被纳入科学化研究范式之后，教师与教育研究更加相去甚远。然而，直接面对教育现实情境的正是这一庞大的教书匠群体。因此，教育行动研究理念的提出是对教师他者身份的解放，同时也是对教师的一种期盼和挑战。20 世纪 70 年代中期以来，伴随着教育变革的需要，英、美、澳等国家的教育学者已经将行动研究付诸于教育研究领域，这其中最具代表的如英国的斯坦豪斯领导的人文课程改革计划、埃里奥特主持的福特教学方案、澳大利亚的凯米斯等在迪肯大学推行的教育研究。这些教育改革和理念的提出，中心思想之一就是要求教师具有反思和批判精神，应该有教育研究的自觉意识和实现教师角色的变换。教师即研究者！也正是这个时候由英国学者斯坦豪斯提出。

斯坦豪斯鼓励教师们投入教育实践中去，他相信教师通过自己的研究可以改进自己的实践，他甚至声称：研究是教师解放之路。教师和研究者的最大不同在于教师直接面对鲜活的教育实践。传统学者所进行的有关课堂教学的研究，主要指是对现存的理论性和经验性文献的详细研究，虽然也反映了同实践教师的商讨，但只是因为自己曾在他们的课堂中收集过资料。教师们应用实践者的解释性框架提供了不同于局外观察者的真正局内人的观点，即便局外观察者采取了人种志的立场，并在课堂里花费了大量时间。因此，教师具有独特的信息和问题来源的优势，这些长处保证了教师研究能够取得成效的可能性。给予教师研究者的身份定位，使得教育研究中不再是少数精英和专家说了算，取而代之的是所有教师都可以有自己的个性化研究和理论。教育行动研究的意义在于它使教师向来所代表的沉默的大多数都不再沉默，开始公开发表自己的意见，表面上是加剧了教育实践与教育理论之间的冲突，但实质上是弥补教育理论与实践之间的隔阂。解放教师的教育行动研究将为教育研究走出科学主义方法论研究范式的圈地运动提供了张力。

(二)从方法中心到问题中心

教育行动研究是一种实践价值取向很强的理念思想。实践事件对应的是问题，问题的捕捉和变更决定方法的选择和更变。从"方法中心"到"问题中心"的提法，并不是说不要方法，这本身体现的就是一种方法论层面上的探讨。国内的教育研究界早些时候更多地将行动研究作为一种与观察法、调查法、实验法等相关联的研究方法进行介绍。近来，一些学者开始注意到它的方法论思想，把它视为一种研究范式来对待。但是，无论从技术层面还是从方论层面，实践者在教育情景中到底如何展开探究，许多著作中给出了若干程序、步骤或模式，一般认为它是由计划、实施、观察、反思组成的螺旋式上升过程。诸种模式大同小异，均试图为行动研究提供一种静态的共性规范的方法程序，这其实还是掉进了科学主义方法论的深渊，从一个禁锢走向另一个禁锢。麦克尔南对不同的行动研究作了总结并归纳出诸多特征：如关注案例和事件，问题与目标在探究中发生转移的可能性要求方法上的折中求变等。行动研究的这些特征在教育研究领域内被表征的更加显性。因此，基于方法论层面上思考，教育行动研究的实践取向决定问题意识是第一位的。

在教育行动研究的理论建构中，应该对研究问题的性质和类属给予更多地说明。教育情景变化多端，教育问题无处不在，大的问题域和细微的问题事件并存，校本课程开发与教师个别性教学的反思性研究更不是一个层面上的研究课题，但这些都应该进入教育行动研究的问题视界。教育问题的动态性质和多变的参变量决定教育行动研究选择方法的灵活性，就方法自身来说，一种方法中也会包括多种子方法。就教育自身的复杂性来说，单一的研究方法已不足以充分地把握研究对象，往往需要采用几种不同的研究方法从不同的视角，按照不同的研究规范对研究对象进行综合考察。因此，教育行动研究应该走出"方法中心"的误区，坚持"问题中心"的原则，倡导怎么都行的方法论多元观。法伊尔阿本德甚至提出了一种方法论无政府主义，提出要反对方法，认为唯一不禁止进步的原则是怎么都行。在今天看来，怎么都行方法论原则无疑有助于打破方法问题上的保守主义，为教育行动研究对教育实践复杂性的灵活性处理提供了佐证。

四、理想与现实之间：对教育行动研究的合理性期盼

提出对教育行动研究的合理性期盼，主要是凭借教师在教育行动研究中应该被赋予和可以被赋予怎样的角色定位为独特视角来进行探讨的。教师被作为研究者进行角色定位之后，这种角色特征到底是什么以及何以成为教师研究。如若不对此类问题进行澄清，教师在教育行动研究中转变身份的同时也将会背负沉重的角色负担。

首先，对于教育行动研究中的教师参与，应该合理期盼其研究的内外效度以及研究成果的形成方式。教师研究不应也不能向专业研究者的研究看齐，教师研究从本质上说是从自身内部发展起来的为了改进与反思实践的研究，但教育实践的复杂性又决定教师行动研究的突变性和最终结论的差异与独特性。也就是说，教师研究结果可以不具备学者型研究的普适性和概括性。有说法认为教师研究结果只适合于特定的情景和无法推广致使教育行动研究的内外效度令人怀疑，这恰恰误解了教师作为研究者其理论建构的独特性。如果用普适性和概括性这一标准来削弱教师研究的问题引起及在实践层面上的研究价值，从而冠名教师行动研究的低效度，则违背了教育行动研究的初衷，这和如何期待教师参与行动研究的成果表述方式其实是一脉相承的话题。揭示出一般性的发生在教育现场的规则规律至关重要，但更需要知道在某种具体的教育现场中某一办法等起作用的方式、原因及其对谁管用，这就是教师研究的独特之处。与此对应的是，应该允许教师研究成果形成方式的独特性，教师是研究成果的生产者同时也是应用者，教师研究成果的表述与建构方式应该是一套扎根于实践的相互联系的观念框架。一言以蔽之，用学者的研究思路和研究成果的形成方式权衡教师研究将会把教育行动研究中的教师参与置于"难为"与"无为"的尴尬境地。

其次，教育行动研究不等于教师行动研究，教育行动研究的外延不能被缩小。教师行动研究应该是教育行动研究的子概念，如若发生错位，则有贬低前者之嫌，与其说是对教师的解放，让教师自己研究自己，不如说是对教师进入教育研究的一种贬低和排斥，毕竟这种教师身份解放的学术归属感还是由掌握学科知识权利的学术人所冠名的。教育实践的现场具有极大的复杂性、个别性和多变性，现场的背后离不开作为当事人即教师的理性思考，教育行动研究的方法论思想为教师理性思考的合法性提供了佐证。但是，若失去了教育理论的前提，教师对教育的分析和对教育现场背后的理性反思则缺乏基本的依据，其结果只能是使教育在经验的范围内徘徊。种种迹象表明，能否保证绝对意义上的教师群体与学术人的合作是教育行动研究成功的关键。因此，教育行动研究的理想使命的实现更需要学术人的引导，只是有多少学术人能够钟情于教育行动研究，这本身又是一个有待商榷的问题。

——张克新，朱成科.2008. 河北师范大学学报(教育科学版)，(8)：9-12

第五章　化学教育个案研究

第一节　什么是教育个案研究

一、教育个案研究的意义

从个案研究方法的产生来看，它早先用于罪犯学、工业社会学和社区研究中，在心理学及精神医学方面也是一种相当普遍的研究方法。教育研究中主要用于儿童发展和教育社会学领域的研究，以研究特殊的对象，如适应不良的学生或问题青少年为主。近年来，这种强调自然观察、深入透彻地关注个例的研究传统已经涉猎教育研究的其他领域，尤其是在对教育发展计划的评价上。个案研究逐渐成为学术研究和教育实践之间的中介和桥梁。有时，它采用诠释学和批判理论的方法诠释和批判造成案主问题的原因，并采取有效策略解决问题，其研究对象已经不再是病态的个案，而是一般常态，与人类学的参与观察法相配合。

于是，个案研究从一种作为"纯研究"的独断型风格，逐渐成为理解教育行为、开拓研究思路的好途径。例如，在教育行动研究中结合使用个案研究方法，就在于反馈信息，改进行动。这样，个案研究方法逐渐形成两种发展取向：一种是逐渐脱离主观分析，而与科学客观的量化典范连接，如个案实验法；另一种是承续精神医学的传统，强调质的分析，与诠释学、现象学及批评理论相结合，试图减少主观研究所形成的缺失。这两种趋势互相学习，不排斥。也就是说，质的研究和分析受到重视，也渗透量化资料的处理和运用，但其背后意识形态的评析更为重要。事实上，质的研究传统在很大程度上影响着个案研究的变化和发展。在应用中，个案研究重在对现实本质的揭示，会加深对生活和工作中遇到的教育现象的理解，发展探索和锻炼的教育实践能力。

个案研究法具体发展为三种类型。第一种是理论探求，即理论验证的个案研究，尤其是研究一般论点，目的在于弄清楚那些模糊的问题，并使读者产生兴趣。第二种是故事讲述，即图画描绘的个案研究，叙述和描绘那些有趣的、值得仔细分析的教育事件、方案、计划、章程和制度。第三种是评价型个案研究，即需要研究者对教育事件、方案、计划、章程和制度进行分析，判断其价值，使读者确信。

不过，有一个两难问题随之出现。信奉个例的研究(要求长期沉浸在研究现场和资料里，短时间内不可能想外界研究成果)，或是信奉研究形式趋向教育实践(结合使用行动研究，进行短期几乎是新闻工作那样的报告形式，很快就会有研究成果呈现)。这对研究者是一个极大的考验，要求他们能忍受住"功利"的诱惑。个案研究中研究者着力研究和刻画在一个教育改革中学校的影响，一个课程发展规划组的经历，在许多社会组织中的观念的发展、一种社会的和职业的网的影响，一个教师、管理者或是学生的日常生活等。这些研究的共同点就是研究了他们的特质和特殊性。

中小学教师科研活动中个案研究是指针对某个学生特殊的问题行为进行深入研究的过程，将资料加以分析整理，探求造成某种特殊状况的原因，进而提出适当的解决对策，从而帮助学生解决自身的问题，以便达到因材施教的目的。概括成一句话，就是对单一的人进行深入具体的研究。通常把"个案"又称为"案例"，指具有某种代表意义的事情。对于中小学教师来说，个案研究的对象一般有以下几种：情绪异常的学生，如具有暴力倾向；行为偏差的学生，如内向、外向；学业成绩低劣的学生，如成绩不及格；生理上异常的学生，如多动症；表现尤为突出的学生，如品学兼优生。

每位教师在其教育生涯中总会遇到这样那样的"难题"，如学生中途退学、学习障碍、行为不良、违法犯罪等。面对这样的问题学生，采用常规的教育教学方式往往难以奏效。这就需要教师采用个案研究的方法对其进行深入、细致、全面、长期的调查，寻找问题的根源所在，为其提供正确的辅导策略，帮助学生解决问题。这种研究在帮助学生解决问题、促进学生发展的同时，对于教师自身的发展也不无益处。

(1)个案研究有利于教师成为研究者。从个案研究的问题、研究的对象和研究的方法来看，教师完全可以成为研究者。首先，个案研究的问题往往是困扰、影响研究者教学目标达成的问题，只有把这些问题解决了，才能正常地开展教育教学工作，这就促使教师积极寻找解决问题的途径，进而增加了教师进行研究的热情。其次，个案研究的对象是与教师朝夕相处的学生，研究者了解他们，易与其进行沟通交流，随时可以收集研究所需要的资料，这是其他研究不具备的优势。最后，个案研究所使用的方法主要是质的研究方法，如访谈法、观察法、调查法等，这些方法对于大多数中小学教师并不陌生，教师在日常教学工作中经常用到，只是没有上升到研究的层次。个案研究的这些实践性和简便易于操作的特点能够增强中小学教师从事研究的主动性和自信心。

(2)个案研究能够促进教师进行自我反思。教师的自我反思有助于教师的专业成长。但是，许多中小学教师只有在期末或年终评价时，才会系统地反思自己的教育教学行为，平时很少对自己所做的事情进行有意识的思考，这就阻碍了教师的专业成长。个案研究在很大程度上可以改变这种现状，研究者在确定研究问题后，需要对研究对象进行较长时间深入细致的跟踪调查，才能发现问题的症结所在，这就迫使教师必须经常问自己"是什么"、"为什么"、"如何"等问题。这种不断自我反思的过程能够帮助教师朝着专业化要求迈进。

(3)个案研究能够促进教师间的交流与合作。平时教师之间交流合作甚少，个案研究为教师间的交流合作提供了平台。研究者把发生在自己身上的故事以个案的形式展示给其他教师，让他们知道研究者遇到了什么问题、怎么发现问题的、采取了哪些策略。这就可以使大家共同分享个人的经验，使其他教师能有效地了解研究者的内心世界，知道研究者的所思所为，从而引起他们的思考。这样就营造了一种交流合作的氛围，有助于教师之间更多的交流与合作。

(4)个案研究能够加深教师对教育理论的理解。长期以来，教师只是凭经验解决教育中遇到的问题，很少对隐藏在问题背后的教育理论进行思考。而个案研究促使教师对所遇到的问题进行不断地思考，在总结经验和教训的基础上，归纳出具有教育规律性的东西，从而深化对教育理论的理解。

二、个案研究的内涵和特征

个案研究这个词对许多人来说很熟悉，但是它的内涵和构成到底是什么，并不能达成共识。

(1)通过聚焦在特别的事例上来研究一种现象。个案研究用于对弄明白一种特殊现象,包括一系列过程、事件、个人或研究者感兴趣的其他事。在教育中的例子有教学计划、课程、教师角色和学校事件等。在他们可选择为精确研究现象的一个特殊例子(个案)之前,研究者必须首先明晰这个感兴趣的现象。一个现象有许多方面,研究者应选择一个焦点进行调查,这个焦点是资料收集和分析将会集中于那个现象的一个方面。在一些个案研究中,有时研究一个现象的多个事例。每个事例作为一个单独的单元来分析。

(2)对每个事例进行深入研究。一项个案研究中包括了有关一个特例的大量资料的汇集,以此代表整个现象。这些资料主要是文字陈述、影像、实物等,也有一些定量资料。可以运用访谈、观察、实物分析等方法。

(3)研究在自然背景(脉络)下的现象。由于质的研究是站在被研究者的立场上观察他们,用他们的语言和概念与他们互动的社会科学的方法,因此个案研究就包含了实地工作的部分,以此使研究者在自然情境下与被研究者互动。

(4)呈现研究者和被研究者的观点。通过访谈和现场观察,研究者了解被研究者的观点,同时还要保持自己作为对现象的调查者的立场和观点,这样有助于从资料中提取和形成理论,清晰地撰写研究报告。

教育过程中的教育事件和现象需要进行过程研究,要灵活而不断调整以适应环境,这种情况下个案研究就体现了优越性。个案研究重点探讨事物怎样发生和为什么发生,是一种研究复杂事件基于对这个事件的深入理解上,通过对事件的精细描述和分析而获得整体的认识。在个案研究中,明确(确定)个案就是个难点。适用个案研究的条件是:用小样本说明总体;在对一个事物有了研究后,用个案说明个体;有的事物并不普遍,不具有代表性,但值得关注,也可以成为个案;在对某种理论、方法的运用中,采用个案加以反馈,在实践中验证,也是不断积累材料的需要,以个案为素材为今后的研究打下基础。

个案研究的目的在于描述、解释和评价三个方面:对某一事物或现象加以清晰地刻画和描述,提供给一系列用来再创情境和内容的陈述,给读者一种对情境中内在的意义的感受;对于某些特殊现象的解释,研究者在现象中寻找模式;在教育评价中运用个案以便为教育决策者和实践者提供信息,帮助他们判断政策和决策的优点和价值。

应该注意的是,个案与案例有所不同。案例是对含有问题或疑难情境在内的真实发生的典型性事件的描述,也可以包含解决问题的办法,是用事件来呈现的,可以是一个也可以是多个,是同一主题,多为偶发事件,以问题呈现为特征,有一个详细的过程。个案包括个人、机构、团体,也包括事件。个案研究是对一个案例做缜密的研究。

第二节　怎样进行个案研究

一、个案研究的一般程序和方法

个案研究通常是对有特殊表现的学生或对那些不能预测、难以控制的事件进行研究,需要教师对研究对象进行较长时间的跟踪调查,找出问题症结所在。一般情况下,个案研究包括以下几个步骤。

1. 界定研究问题、确定研究对象

界定研究问题、确定研究对象是进行个案研究的前提。教师的大部分时间都是和学生一起度过的，师生之间、学生之间发生了许多故事，这些故事就是教师研究问题的来源，那些能引起教师和学生心灵震撼的、长久地影响着教师和学生的事情就可以成为研究的对象。研究者需要明确一点，能成为研究问题的特殊、典型的故事，并不是惊天动地的大事，往往是发生在老师身边平凡的小事。例如，学生上课时不注意听讲，在老师背后贴纸条；某学生上课频频迟到；如何让一个沉默者不再沉默；等等。

一般来说，个体被选出作为个案研究对象应具有以下三个显著特征：第一，在某些方面有显著的行为表现；第二，与这方面有关的测量评价指标与众不同；第三，教师、家长等主要关系人都有类似的印象和评价。

2. 拟订研究计划

任何研究都有计划、有目的，个案研究也不例外，在确定个案研究对象的同时要拟订研究计划。研究计划的内容一般包括：研究的目的和意义，研究对象，研究的方法，研究过程，研究的预期结果。当然，研究计划并不是一成不变的，在实施研究的过程中，可以不断地进行调整。

3. 收集个案资料

收集个案资料是研究过程的关键，研究者只有占有了个案资料，才能够分析和诊断造成个案特殊表现的原因，从而制订解决冲突的策略。因此，教师应随时、准确、完整地记录个案的有关信息和资料，并分类存入档案袋，保证信息的系统性和可靠性。

个案资料主要包括：个人的基本情况，如姓名、性别、年龄、学习程度、兴趣爱好等；有关学校的记录，如学校、年级、出勤情况、奖惩情况、操行评语、学习成绩等；背景资料，如父母的职业、受教育的程度、家庭的经济状况、家庭的氛围、兄弟姐妹关系等。

教师可以采用多种不同的方式收集资料。例如，可以编制一些调查登记表，让有关人员填写；可以通过测验，让被试者回答；可以对有关人员进行访谈；可以对个案进行观察，随时记下一些认为重要的事件。教师必须从各个方面收集信息，如可以从学生的日常行为中获取信息，可以向家长或有关人员调查，可以查阅有关书面材料(轶事记录或档案)。

4. 整理个案资料并进行诊断分析

在收集完个案的资料之后，接着要做的工作就是将收集到的资料进行整理。收集到的资料往往是混乱的，有些资料是无用的，研究者必须通过一遍一遍地阅读收集到的资料，剔除无用的资料，归类有用的资料，确定对个案发展有突出作用的某些因素，认真分析形成问题的原因，从而对个案做出正确的诊断。在整理分析资料时，研究者都有自己的价值体系，对事件都有自己的看法，但个案研究强调的是对事件本身的分析，是在事实的基础上进行的符合实际的分析。

5. 个案发展指导和个案追踪指导

指导阶段的主要任务是在诊断阶段的基础上，设计一套可行的方案并加以实施，并在行为中对此方案进行验证，边行动，边研究。一套指导方案可包括以下几方面内容：根据研究

个体的行为表现制订指导方案，确定指导方案所要达到的目标；指导方案的具体操作要求及措施；结果分析和追踪处理情况。

在执行指导方案时，应从内部因素与外部条件两方面着手。第一，改善那些可能改善的外部条件，对有利的环境应加强完善，防范或疏导不利的外部条件因素。第二，对研究个体的内部因素制订矫治方案。研究者要与研究对象建立良好的相互信任关系，随时观察个体的表现，及时给予正强化，同时还要争取家长的配合、支持。

6. 撰写个案研究报告

研究报告的撰写是对前面大量工作的归纳总结，除了总结归纳案例研究过程与特点之外，个案报告包括教师运用简洁、明快、生动的语言，对观察到的事件进行故事性描述，注重感情的渗透，把教师的生活淋漓尽致地展现在读者面前，使个案报告具有可读性。一般来说，个案研究报告的撰写过程应包括以下几部分。

(1)研究的目的和意义。例如，选择的个案是什么，为什么要对个案进行研究，研究个案是为了达到什么样的目的。这一部分必须简洁明快，使读者一目了然。

(2)阐述个案研究的过程，即如何收集和分析资料，如何寻找研究个案的指导策略等。此部分的叙述要足够详细，使读者能够通过文章透彻地了解研究过程。

(3)表述研究结论及解释。从个案研究的结果中得出具有普遍意义的结论，并且对结论的有效性和真实性做出解释。

(4)列出参考文献及附录。列举参考文献须参照标准的格式。附录位于文章的最后，主要包括一些无法全部呈现于文章主体部分的资料。

二、进行个案研究应注意的问题

1. 基于事实之上的整理、分析、撰写

个案研究的目标是对个体的人格和全部的生活做完整的研究，因此必须要广泛收集各项资料。在整理资料的过程中，要尊重事件的真相，尽量保持客观中立的态度，运用描述性的语言真实地再现事实的原貌，不要带着某种期待和偏见进行个案资料分析。个案研究中一般采用记叙的表达方式，采用简洁、明快、生动的语言真实地再现情景，注重感性的渗透，使读者有一种身临其境的感觉。但个案又不同于小说和散文，不能肆无忌惮地展开想象，任意地表达自己的观点和主张，所有的表述都应以事实为依据，不能撇开事实杜撰。

2. 遵守一定的道德准则，保证学生的隐私权

个案研究的对象往往是行为异常的学生，这些异常行为通常是由家庭问题、生理缺陷、心理障碍等方面的原因造成的，他们一般不愿意让别人知道。因此，研究者要对这些个人资料绝对保密，对研究中出现的人名和地名均使用化名，保护研究对象的隐私权。尤其是在访谈时，不经被访者允许，不能私自录音。

3. 积极寻求教育专家和心理专家的帮助

中小学教师在开展应用性的个案研究时，需要借助专业教育人员的理论和方法指导，以增加研究的科学性、规范性和理论性。例如，在确定研究问题时，可请校外专家分析问题的

意义和价值；在诊断问题时，可请校外专家协助分析问题的成因；在采取行动时，可请校外专家协助制订行动指导方案，并指导具体的行动。另外，当遇到一些心理问题较为严重的个体时，可寻求心理专家的帮助，不可擅自处理。当然，当中小学教师对理论和方法的掌握达到了一定的水平时，就可以减少对专家的依赖。

4. 正确认识个案研究的局限性

个案研究的目的是把握某个个体的具体特征，通过这些具体的特征揭示出具有普遍意义的一般规律。被研究的个体生活在社会之中，并非孤立的，个体之间存在着必然的联系，对个体行为的直接研究，就是对个体和其生活环境的间接研究。因此，通过对典型个体的研究，必然能在一定程度上反映整体的特征。但是，个案研究毕竟是以单个个体为研究对象，其研究的结果不一定具有普遍性。因此，把个别研究成果推广到一般时一定要慎重，尤其对于涉入教育研究领域不深的中小学教师来说，一定要谨慎思考和分析，否则就会犯以个别代替一般的错误。

案例展示

高一学生操作性化学实验问题解决能力的个案研究

一、研究目的

化学实验问题解决可分为操作性和非操作性化学实验问题解决两种。目前，绝大多数学校仍然只重视培养学生非操作性化学实验问题解决能力(即"纸上实验"的能力)，而操作性化学实验问题解决能力的培养却非常欠缺。让学生重复做教师演示的过程，不能称之为操作性化学实验问题解决，因为这些实验对学生来说已不再是实验问题，它们是已知的。因此，本文中的操作性化学实验问题解决能力是指个体利用化学陈述性知识和程序性知识，借助化学试剂、实验仪器和设备等化学实验手段从实验给定状态逐步逼近目标状态，从而顺利完成化学实验活动任务的个性心理特征。

本研究的主要目的有以下两个方面：①了解高一学生操作性化学实验问题解决能力的高低，唤起人们对该能力培养的重视。②分析影响学生操作性化学实验问题解决过程的因素，为寻找培养学生这种能力的策略提供依据和线索。

二、研究对象

本研究选取江苏省某城市重点中学高一年级(下学期刚开学)3 个班中的 12 名学生作为测试对象，其中 4 名学优生，4 名中等生，4 名学困生；男女人数各半。他们在 2009 年高一上学期四次化学考试的总评成绩以及他们在本次研究中的小组分配情况见表 1。

表 1　研究对象的化学成绩和分组情况

组别	学生编号	性别	化学成绩	组别	学生编号	性别	化学成绩
第 1 组	S1	男	92	第 4 组	S7	女	73
学优生	S2	女	94	中等生	S8	女	73
第 2 组	S3	男	90	第 5 组	S9	男	58
学优生	S4	男	91	学困生	S10	女	63
第 3 组	S5	男	81	第 6 组	S11	男	58
中等生	S6	女	82	学困生	S12	女	62

三、研究材料与方法

1. 研究材料

根据本研究的目的，研究者设计了以下实验问题："氯水的成分"实验探究。

氯水能杀菌、消毒，在生产和生活中有着广泛的应用。氯气与水可以发生下列反应：$H_2O+Cl_2 \!=\!\!=\!\! HCl+HClO$，请你完成下列实验探究任务：

(1) 制备 50mL 氯水，用于检验氯水中的主要成分。

(2) 设计检验氯水主要成分（HCl、HClO 和 Cl_2）的实验方案，你设计的方案越多越好。

(3) 从你设计的方案中选择一个方案进行实验。

实验结束后，对实验过程进行交流，说出实验中的体会和心得。

2. 研究方法

本研究主要采取观察法、出声思维法和访谈法。为了便于研究，每次同时观察两组学生实验，分三次进行，要求被试者边讲边做，同时录下他们的全部口述，并对他们解决问题的整个过程和时间进行记录。实验结束后，对被试者进行访谈。

四、研究结果与分析

为便于读者理解，笔者画出了实验任务(1)中"制备 50mL 氯水"的实验装置图（见图 1）。观察和分析 12 名高一学生解决操作性化学实验问题的全过程，我们发现以下几点。

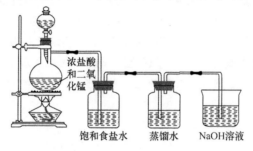

浓盐酸和二氧化锰

饱和食盐水　　蒸馏水　　NaOH溶液

图 1　制备氯水的实验装置

1. 实验总用时没有明显差异

12 名学生在完成实验时平均用时两个小时左右（表 2），其中设计方案平均用时 43min，实验方案平均用时 83min。对于学困生，由于他们在解析实验任务及设计实验方案时遇到较多的知识障碍，在他们讨论的过程中经常出现"不知道""不晓得""忘记了"之类的语句。因此，在老师的提醒和帮助下才得以完成任务(1)，用时高达 1h 左右。我们设计的实验问题只是比教科书（苏教版化学必修①）上制取氯气的实验多一个除氯化氢的装置；氯水的性质实验，学生也早已做过，是一个中等难度的问题。只不过，实验方案的设计、药品和仪器的选择、实验步骤的确定都不是现成的，需要学生根据实验任务自己确定实验过程。这种实验与学生平时按照实验报告册所做的实验有较大的差别。因此，无论是学优生、中等生还是学困生，完成实验任务都用了两个小时左右的时间。可见他们在完成实验任务的总时间上没有多大的差异，说明学生平时极少根据自己设计的方案进行实验，因此拿到实验任务时 12 名学生都显得有些"无从下手"。尽管学优生在设计实验方案用时上明显少于学困生，但在实施方案时需要考虑的问题太多，实验中出现的问题也很多，这些都造成学优生在解决实验问题总用时上没有明显优于学困生。

表 2　学生实验总用时分布情况

学生编号	设计方案用时/min	实施方案用时/min	总用时/min
第一组	12	110	122
第二组	50	66	116
第三组	35	80	115
第四组	32	100	132
第五组	67	60	127
第六组	61	75	136
平均	43	83	126

2. 设计实验方案的能力参差不齐

实验方案的科学性：无论是学优生、中等生还是学困生，在设计检验氯水主要成分的实验方案时，都出现了科学性的错误。如中等生 S7 检验 Cl_2 设计的实验方案为：将氯水与铁反应，再加入 KSCN，溶液变成血红色。从访谈中，我们了解到：S7 认为铁能在常温下被氯气迅速氧化，而且她没有意识到，在氯水中除了氯气有氧化性外，HClO 也有较强的氧化性。显然，基础知识掌握不牢，不会控制实验条件，导致了方案错误。

实验方案的多样性：实验方案的多样性反映了学生思维的发散性和认知结构的完备程度。研究发现，学优生设计的实验方案多于学困生。如设计检验氯水中的 H^+ 方案时，学困生一般只想到用 pH 试纸或紫色石蕊试液，而学优生还能想到用碳酸钠、碳酸氢钠、活泼金属以及不溶性碱来检验 H^+。

实验方案的可操作性：12 名学生中除了 S3、S4 的方案较详细外，其他学生一般都是用实验药品代替实验方案，如 S11 检验 H^+ 的方案为：①pH 试纸；②紫色石蕊试液；③活泼金属；检验 HClO 的方案为：品红。由于这种实验方案中只交代了实验的药品，未交代实验仪器以及如何具体操作，因此在实验的过程中，有些学生居然想用烧杯代替小试管做 H^+ 的性质实验，药品的滴加顺序也出现了错误，导致实验现象不明显。实验方案的设计在学生平时的化学学习中并不少见，由于是"纸上设计"，很多学生不会主动地考虑实验的可操作性，可见"纸上实验"并不等于"操作性实验"，更不能培养学生的化学实验能力。

3. 评价方案的能力欠佳

在实际操作的过程中，12 名学生一般都能选择方法简单、现象明显的方案进行实验，但是从访谈中我们发现，大部分学生不能清楚、全面地说出选择该方案的理由。有的学生说选择该实验方案是因为平时老师做得比较多，保险一点；有的学生说所选方案是自己以前做过的现象比较明显的方案；只有一个学生(S4)优选方案时是通过多方面因素考虑的，如方案是否科学，操作是否简单，耗时是否少，实验现象是否明显，所需药品是否便宜易得，实验产生的污染是否较少，是否安全等。可见，大部分学生选择最佳方案的依据不够充分，表明他们对实验方案的评价能力还很低。

4. 实验操作技能的表现

(1)搭配组合装置的技能存在差异。

　　学优生与中等生、学困生之间搭配组合装置的技能具有较大的差异。第一组学优生先将实验组合装置图画在纸上，但开始画出来的装置图上有装浓硫酸的广口瓶(除水)，讨论后，将其去掉，然后搭配装置，时间较短；第二组学优生事先没有将组合装置图画下来，他们根据实验原理一边思考一边搭装置，几乎没有遇到什么困难，也很快就搭好了；第四组的中等生以及第六组的学困生，都没有先画装置图，但在实际搭配的过程中，也不知道如何连接仪器；第六组学困生

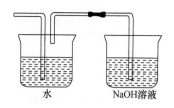

图 2　第 6 组学生制备氯水的
部分装置

由于不知道用饱和食盐水除 HCl 气体，他们直接将制得的氯气(含 HCl 气体)通入水中，将剩余气体通入 NaOH 溶液(见图 2)。他们也知道应该将烧杯口封起来，但不知道怎么封，更不知道用带有双孔塞的集气瓶代替烧杯。在老师的不断提醒和帮助下，才搭出正确的实验装置，从思考到完成装置消耗的时间很长。

　　(2)操作程序存在严重问题。

　　无论是学优生、中等生还是学困生，在检验氯水中的 H^+ 时，都是向氯水中滴加石蕊试液，由于石蕊试液相对于氯水的量较少，氯水的氧化性较强，石蕊试液刚滴进氯水中就褪色，无法观察石蕊试液先变红后褪色的现象；在检验 HClO 时，学生都是向氯水中滴加品红溶液，结果氯水的颜色没有任何变化(应该向品红溶液中滴加氯水，品红立即褪色)。除了药品的滴加顺序出现问题外，部分学生在制取氯水的操作过程中也出现了错误，如第四组学生在制备氯气时先加热后放浓盐酸，由于灼热的烧瓶遇到了冷的浓盐酸，造成了烧瓶的破裂，从而导致实验的失败。

　　(3)处理尾气的能力相当欠缺。

　　在制备氯水时，学生一般都知道用氢氧化钠溶液吸收多余的氯气，但对于处理反应后整个装置(图 1)，包括烧瓶、两个集气瓶中残留的氯气，没有一个学生能想出比较合理的方法，都是直接拔掉塞子，清洗仪器，造成了较大的空气污染。

　　(4)处理突发事件的能力较差。

　　第四组学生(两个都是女生)在制取氯水时，由于先加热后放浓盐酸，导致烧瓶破裂，饱和食盐水倒吸到烧瓶内，反应停止。此时，这两名学生显得"束手无策"、"灰心丧气"，不准备继续做下去。在老师的鼓励和要求下，她们才拆下装置，重新做实验。当再次进行实验时，她们居然还准备先加热，后放盐酸，在老师的提醒下才不至于"重蹈覆辙"。

　　5. 实验合作能力较强

　　在实验中我们发现，无论是男女生搭配，还是男生与男生、女生与女生搭配，他们的合作情况都比较好。根据录音分析，在学生解析实验问题、设计实验方案时，几乎都是"对话"，说明学生都在积极思维，或者回答对方的问题，或者产生新的疑问，或者顺着对方的思路继续解析问题。在实验操作时，两名学生都在"动手"，例如一个学生搭配仪器，另一个学生取溶液；实验结束后一个学生拆仪器，另一个学生洗仪器等。

　　6. 自我监控能力缺乏

　　第二组学优生在制取氯水之前想到了停止加热浓盐酸和二氧化锰的混合物时会出现倒吸的问题，因此，他们事先在各个橡皮管处夹了一只弹簧夹，以防倒吸。其他 5 组学生都没有想到溶液会倒吸，等出现倒吸的现象时，大多数学生都眼睁睁地看着溶液倒吸干着急；有的学生索性拔掉橡皮管，任凭多余的氯气泄漏出来，直接引起了实验者以及观察者的不适。再

如，除了第一组学生用蒸馏水收集氯气外，其余 5 组学生想都没想，直接用烧杯或量筒从自来水龙头下装了 50mL 的自来水。老师提醒后，每一位学生都知道，不能用自来水，因为自来水本来就是用氯气消毒的，对后面检验氯水的主要成分有干扰作用。上述行为反映了学生自我监控的意识较弱，他们只想到这一步实验该怎么做，很少考虑下一步可能会出现哪些问题，需要事先做哪些准备工作。学生也很少考虑这一步操作可能会对下一步操作或实验的结果带来什么影响。如果观察者不提醒，他们辛辛苦苦做到最后的实验可能就是失败的。因此，学生对化学实验过程中即将出现的问题或已经出现的问题能否及时进行监控与调整，对化学实验的成败起着关键的作用，然而，根据我们观察的几名学生来看，他们的自我监控意识和能力是相当低的，他们的很多操作显得"果断""毫不犹豫"，缺乏该有的"谨慎"和"反省"意识。

7. 实验中计量的意识比较淡薄

在制备 50mL 氯水时，除了学生 S9 想到了二氧化锰和浓盐酸的量需要计算外，其余学生都没有想到反应物的用量。当问"你们准备加多少药品"时，S11 不知道要加多少；S1 认为要两药匙左右的二氧化锰，半烧瓶左右的浓盐酸；S6 认为要两药匙左右的二氧化锰，20mL左右的浓盐酸。可见学生的实验药品用量的意识比较淡薄，原因是"实验报告册上没要我们算过，我们没有计算药品用量的习惯"。

8. 实验后严重缺乏交流的意识

实验后，竟然没有一名学生主动与其他组的同学交流实验过程和心得体会。当问他们有没有交流的必要时，他们都认为"有必要"。因为"交流后可以取长补短，以后避免同样的问题再发生"。但问为什么没有交流时，他们说："平时作业太多了，没时间交流。老师也从来不要求我们交流，只要我们交实验报告册就行了。"可见学生实验后交流的意识与学生的惰性以及教师的教学理念有着较大的关系。

五、建议

根据以上分析，城市重点中学的学生操作性化学实验问题解决能力尚且如此，那么农村中学、非重点中学学生的该能力水平就可想而知了。在这里，笔者不想做过多的建议，就让我们来听听学生的感受吧。实验后的访谈中研究者问学生："你们是希望按照实验报告册上写好的步骤做实验，还是希望按照自己设计的方案进行实验？"12 名学生都认为是自己设计方案好，因为"整个探索过程都是自己完成的，在这个过程中，我们不断地发生和发现问题，通过查资料、讨论、询问老师解决问题。它告诉我们，以后解决这种问题，必须从头到尾一步一步想清楚了，这样才能做得更顺利一些，这就锻炼了我们思维的严密性和做事的周密性。对我们以后上大学做研究，不管是化学研究，还是其他任何研究都有帮助"。"今天虽然牺牲了我星期天睡懒觉的时间，但我觉得很有价值，因为这种实验以前从来没做过，是自己设计、自己摸索完成的，尽管时间很长，但让我印象深刻，很有成就感。""我们还会建立化学实验的最优化思想，就是说做实验的时候要想到哪种实验方案相对于其他实验方案更优越一点，这样实验效果可能会更加明显，更加节省时间。"学生对操作性化学实验问题解决作用的认识如此深刻，而他们这方面的能力又如此欠缺，我们广大的教育工作者，特别是实验条件较好的学校还有什么理由总是让学生在实验室重复教师课堂上演示过的实验，甚至让我们的实验室成为一种摆设呢？

——郭金花. 2010. 中学化学教学参考，（11）：3-5

资料导读

个案资料的整理和分析

个案资料的整理和分析，一是资料来源要广泛，即要用多种方法、从多种角度、按不同来源收集资料，这样可使研究者对资料进行三角互证。例如，对某学生厌学原因的研究，资料收集可以有观察、访谈、实物分析(如该生的日记、老师的记录等)等多种方法，也可对该生、其老师、同学、家长等多方访谈探究其真正的厌学原因。二是建立个案研究的数据库，可以包括研究者的笔记、文件、访谈、观察的原始记录，基于调查形成的表格、档案等。三是建立证据链，从而使一个外来者能够从最初的研究问题，跟随相关资料的引导，一直追踪到最后的结论。

在整个研究过程中，个案资料的整理和分析事实上与资料的收集工作是同步进行的。研究者要遵循资料收集、整理分析，根据分析的结果及时调整研究问题和方法，再进行资料收集、整理分析，这样一个循环往复、逐步深入的原则。首先，在离开访谈和观察的现场后，应第一时间对访谈稿件和观察记录等资料进行整理。收集到的资料往往是混乱的，有些资料是无用的，研究者必须一遍一遍阅读收集到的资料，剔除无用的资料，归类有用的资料，确定对个案发展有突出作用的某些因素，从而对个案做出正确的诊断，根据分析的结果及时调整研究问题和方法。分析资料的过程，也是对资料进行整理、简化和不断抽象的过程。其次，在进行整理分析资料时，呈现个案特征的材料应力求客观。然而研究者都有自己的价值体系，对事件都有自己的看法，在强调对个案进行符合事实分析的基础上，研究结论和推论中可以有研究者价值的介入。

对资料的分析是个案研究的一个难点。教师往往面对一大堆的资料不知如何下手。专家建议，在收集数据时就应注意缩小研究的范围，不要试图去研究所有的东西；在一般的研究问题上提出更为具体的有助于分析数据的问题；及时写下对观察内容的分析，促进批判性思维的形成；在研究过程中经常要写一些感受、启发、反思之类的小文章，这些内容最后都是写报告的素材。

在集中分析时，第一，给每一份资料编号，建立一个编号系统。第二，认真阅读原始资料，熟悉资料的内容，仔细琢磨其中的意义和相互关系。第三，在资料中寻找被研究者经常使用的概念及在使用时带有强烈感情色彩的概念，将其作为重要的码号进行登录。第四，按照编码系统将相同或相近的资料混合在一起，将相异的资料区别开来，找到资料之间的关系。第五，将资料进一步浓缩，找到资料中的主题或故事线，在它们之间建立起必要的关系，为研究结果做出初步的结论。也就是说，在整个资料分析中，要注意概念的数量，要有意识地去发现资料的模式(有规律的东西)和主题，对数据进行分类；要注意同类合并(将看起来相似的东西归类在一起)、细节归类(某一细节是否可归入更大的类别中去)、变量之间的关系(对概念或变量之间的关系进行推测)。

第六章　化学教育比较研究法

第一节　教育比较研究法的作用和类型

一、教育比较研究法的作用

比较研究的最初运用可追溯到古希腊的亚里士多德。19 世纪以后，比较研究法逐渐成为教育研究中的一种重要方法，20 世纪 60 年代以后逐渐发展成熟。比较研究法在教育科学研究中有着广泛的运用，它主要是从不同教育现象之间或各种历史形态下同一教育现象的关系入手，揭示教育现象之间深层的异同点及其内部关系，探讨教育发展规律。

教育比较研究法作为一种思维方法，是与观察、分析、综合等活动交织在一起的，贯穿教育研究的全过程，在教育科学研究中占有非常重要的地位。通过比较研究，选定有重要价值的研究课题；通过比较分析，在收集文献情报与资料的过程中，不仅对所需要的材料进行定性鉴别，而且有助于揭示一些较专深的不易明察的资料信息；在进行教育调查和教育实践时，也需要运用比较方法对实验结果进行定性与定量分析；对理论研究的结果与观察、实验实践的事实之间是否一致做出判断，从而对理论研究的结果进行实践检验。没有比较，就不可能获得更好的研究结果。教育比较研究法有以下几方面主要作用。

1. 有助于人们获得新的发明、发现，促进教育科学研究的发展

人们将比较研究法和历史研究法结合起来，就形成了教育研究中的历史比较法，这样就可以从教育的现实问题入手，追溯教育发展的历史渊源，并通过纵向比较与横向比较的结合，研究教育的发展变化过程，分析其发展过程的规律和本质联系，从而有利于深化教育科学理论的研究，促进教育科学的发展。

2. 为制定正确的教育发展规划与战略提供科学依据

教育的发展是一个复杂的系统工程，涉及诸多因素。要使教育发展规划与战略科学、合理，就必须对一国或某地区的教育问题有客观和全面的认识。这就需要对有关国家、地区或民族的教育进行比较与分析，对那里的教育问题及其发展前景进行探讨与研究，对研究对象国或地区在教育问题及其发展方面的正反经验进行总结与评价，从而找到影响世界教育发展的各种理论与实践因素，为正确制定本国或本地区的教育发展规划与战略提供科学依据。

3. 可以探索和揭示教育规律，把握教育发展的时代趋向

在实际工作和生活中，人们往往通过比较来认识事物。要认识某一事物的本质属性，仅从这一事物本身来考察分析是不够的，还必须把这一事物和其他相关事物放在一起进行比较。因为任何事物都不是孤立存在的，只有在相互联系和比较中，才能找出事物的本质属性和非本质属性。教育是一种广泛而复杂的社会现象。每个国家、地区或民族的教育都有其本身的

特点和问题。一般来说，仅靠对本国、本地区、本民族教育状况的了解，很难真正客观而全面地认识和把握教育问题。比较研究法可以克服教育研究的狭隘性，把所研究的个别教育现象或问题纳入广阔的教育理论背景和教育系统的整体之中，思考各种教育问题，分析同类或异类问题中的因果关系。比较研究法通过对不同国家、地区或民族的教育进行比较分析，能够帮助人们掌握各国教育发展的普遍规律与特殊规律，从而更好地理解和认识本国、本地区或本民族的教育。

二、教育比较研究法的类型

由于教育现象的复杂性和研究者研究视角的多样性，比较研究方法也是多种多样的。因此，根据不同的分类标准，产生了不同的比较类型。我国学者一般把它分为以下几类。

1. 同类比较法与异类比较法

这是按事物之间的同一性和差异性划分的。

(1)同类比较法是对两种或两种以上性质相同的教育现象之间所具有的特征进行比较，寻找其共性特点，揭示其本质的研究方法。其目的在于"同中求同"、"同中求异"，"同中求同"即同类相同点比较，可揭示事物发生发展的共同的本质规律，而"同中求异"是同类不同点比较，可揭示事物发生发展的特殊性。一般来说，同类比较的结论带有或然性，但它能使人触类旁通、由此及彼。例如，通过对两个国家或地区教育法制建设中共性特征的比较研究，可以探讨教育法制建设的本质和规律。

教育的同类比较研究还可用于由已知现象推知与其特征相同的其他现象的研究。当然，这种由推理得出的结论具有一定的或然性，应注意保证结论的科学性。

(2)异类比较法是对两种或两种以上性质相反的教育现象之间的差异性或同一教育现象正反两方面的特征进行比较，以探讨其共同性，揭示其规律的研究方法。这种比较具有反差大、结果鲜明和易于鉴别等特点。

在教育研究过程中，研究对象之间的同一性和差异性是相统一而存在的。因而，对其共同点和差异进行的比较往往难以划定明确的界限，即对其共同性的比较联系着差异性，而对其差异性的比较又牵动着共同性，同中求异和异中求同通常相倚而生。所以，研究实践中两类比较法往往同时使用。

2. 纵向比较法与横向比较法

这是从比较对象所涉及的时空角度即历史发展和相互联系来分类的，是两种最常用的比较方式。

(1)纵向比较法又称历史比较法，是按时间顺序对某一教育现象在不同历史时期内发展变化的过程、状况，以动态的观点进行比较分析，从而确定其本质特点和发展规律的研究方法。在教育科学研究中，对一个国家在一定历史时期内或不同历史时期的发展过程、状况的研究，对某一教育领域(如职业教育、中等教育等)或某一问题(如教育投资问题等)进行的过程性对比分析研究，都属于教育的纵向比较研究。

教育的纵向比较研究是以不同时间教育现象的延续发展为线索，从历史的、分析的角度进行的研究。教育具有相对独立性，不同时期的教育发展都有其连续性和内在逻辑性，通过对研究对象发展变化的历史过程的研究，可以清楚其发展变化的来龙去脉，揭示研究对象在发展过程中所蕴含的教育发展规律。

教育的发展总是依附于一定的社会条件而存在。对教育现象的纵向比较研究，应把研究对象置于社会的大环境之中，坚持联系的、发展变化的观点，既揭示教育现象自身发展变化的过程，又揭示教育现象与其他社会现象的本质联系，阐述其发展变化的原因，避免孤立地看待教育问题及就教育论教育的现象。但是，在纵向比较研究中，由于研究时间跨度影响，随着研究时间的延长，被试不仅受社会、环境等因素的普遍影响而造成变量增加，无关因素难以控制，也可能因各种原因而丢失被试；同时，由于在纵向研究中需要对同一被试进行反复测验，可能影响被试的情绪，从而影响收集材料的确切性。

(2)横向比较法是按空间结构对同时并存而又有密切联系的教育现象进行平行的、相互间的对比研究的一种方法。横向比较法是对在某一时间条件下研究对象发展的横断面上进行的研究，通过对不同条件下的研究对象之间发展状况、影响因素等的对比研究，揭示教育现象的特殊本质、发展规律、发展趋势。

此外，就某一教育现象或问题进行研究时，比较对象虽然不同，但所处条件基本接近，具有一定可比性时所进行的比较研究也属于教育的横向比较研究。

横向比较研究可同时研究较大样本，保证研究对象的代表性；可在短时间内收集大量的、多方面的信息，有利于人们对教育现象进行全面把握。但是，该研究方法存在的问题是研究缺乏系统性、连续性，难以确定事物的因果关系等。因此，在教育科学研究的实践中，通常把纵向比较和横向比较结合起来使用。这样，既能对教育现象发展的连续性和变化性进行深入的揭示，又能在较短时间获得大量的、比较全面的研究信息。

3. 定性比较法与定量比较法

这是根据所有事物都是质和量的统一的观点划分的。

(1)定性比较法是对教育现象所具有的本质属性进行描述性的分析、比较，从而确定其性质的一种方法。教育的定性比较研究局限于研究教育现象之间的内在属性、本质联系。通过比较，区分其本质特征与非本质特征，揭示教育现象的发展规律。例如，对后进生与优秀生的对比研究，可以通过学习态度、学习习惯、遵守纪律、自我约束等属性的比较，把握后进生与优秀生的规律性特征，为采取科学的教育措施提供依据。

教育的定性比较有利于区别和认识教育现象。由于教育过程较多地涉及人的态度、言行、心理过程等内在因素，而这些方面难以进行量的比较分析，所以教育的定性比较在教育科学研究中具有更为广泛的用途和范围。

(2)定量比较法是对教育现象的属性进行数量的分析比较，以准确判定其发展变化的程度、过程及规律。教育的定量比较研究是对教育现象发展过程中表现出的量的变化进行对比分析，揭示其本质、规律的研究方法。在教育研究过程中，对教育投资的数量、比例、分配的比较研究，对某一教育层次学生数量的变化、各层次学生之间比例的变化、师生比的变化等的比较研究、对学习成绩变化的比较研究等，都属于教育的定量比较研究。教育的定量比较研究能够简洁、明晰地说明事物发展的特征，具有较强的说服力，在教育科学研究中有广泛的用途。在教育事业的内部结构上，也有一个通过定量比较以求得一个正确的结构比例问题。因此，人们从事教育科研工作，一定要树立量的观念，重视收集、整理和分析研究数据，重视定量比较。无论是制定教育事业发展规划，还是做一项教育实验或教育调查，都要进行定量比较。没有量的观念，缺乏基本的数量比较，就难以对教育现象有深入的认识。

第二节　科学地运用教育比较研究法

一、运用比较研究法的基本步骤

关于比较研究法的步骤，各国学者有不同的见解。例如，德国的希克尔和美国的贝雷迪将比较研究分为纪实、解释、并列、比较 4 个阶段。纪实阶段主要是收集整理有关研究对象的资料，客观地描述事实，表明要在哪些方面进行比较；解释阶段主要是从各方面解释所描述事实的含义，不仅了解事物是怎样或如何进行的，而且要弄清楚事物为什么要那样；并列阶段就是将所要描述的材料按一定规则进行排列，确定比较的标准和形式，提出比较分析的假设；比较阶段是指通过对并列材料的比较，验证所提出的假设，从而得出结论。虽然运用比较研究法进行教育科研没有一种固定的模式，但一般来说，总要明确比较什么、如何比较、比较的标准、比较的目的和内容等，这就是比较研究法的步骤。

1. 确定比较的问题是比较的前提

关于教育的问题很多，是比较教育的目的、任务，还是比较教育的内容；是比较教育的方法，还是比较教育的行政制度。这要根据研究课题确定比较内容，限定比较范围，从而使比较目标明确而集中。具体地讲：一是选定比较的主题；二是研究比较的项目；三是确定比较的范围，就是要明确是班内比较、校内比较还是城市之间的比较，甚至是国际间的比较。

2. 制订比较标准是进行比较研究的依据

这一步骤就是要把比较对象的材料按可能比较的形式排列起来，使比较的内容和概念明确化，比较的数据精确化，即具有可操作性。因而，制订比较标准要求被比事物要有两个或两个以上；供比较的材料必须真实可靠；被比事物之间有一定的内在联系，具有可比性；能用统一的标准衡量。这样研究者就能根据比较的标准，不但使抽象的概念具体化，而且能利用各方比较的材料，否则这种比较是不科学的，甚至是错误的。

3. 收集、整理资料并加以分类、解释是进行比较研究的基础

为使比较的结果客观、准确，可通过文献检索、现场调查和实验等多种方法，广泛地收集所要研究的教育现象的有关资料，并对资料进行鉴别，保证资料的客观性和代表性，能反映真实的、普遍的情况，能反映事物的本质。然后，对这些归纳好的资料做出解释，即赋予资料以现实意义，为下一步的比较分析奠定基础。在这个过程中，研究者应消除主观偏见，不带感情色彩。

4. 比较分析是进行比较研究的重要环节

分析要从初步分析到深入分析，对收集的资料进行加工、解释和评价。不仅要说明教育现象是怎样的，而且还要说明为什么是这样的，分析其形成的原因、因素及过程。比较时应以客观事实为基础，对所有的材料进行全面客观分析。只有这样，才能把研究引向深入。

5. 得出比较结论、从中得到借鉴或启示是比较研究的目的

在以上步骤的基础上，通过理论概括、实践证明、逻辑推理等手段，顺理成章地得出比较结论。在比较的每一步，都要围绕一个明确的目的，即探索教育的规律，找出合乎客观实际的结论，而不是为比较而比较。

以上比较研究的几个步骤形成一个完整的研究过程，各步骤之间相互联系，是一个不可分割的整体。

二、运用比较研究法的基本要求

1. 比较材料必须准确、真实、可靠

用于比较的材料必须真实可靠，具有客观性；能反映普遍情况，具有代表性；能反映研究对象的本质，具有典型性。这就需要研究者对国内外教育有较为深刻的认识，具有较扎实的教育理论基础及掌握相应的工具和方法，同时还要求研究者对比较材料有准确的理解。

2. 比较材料要有可比性

运用比较研究法，必须注意事物之间的可比性。可比性是指比较对象之间的规定性，即对象必须属于同一范畴，有一定的内在联系，有某些本质上的共同性，并能用同一标准衡量和评价。可比性由两方面因素构成，一是差异性和矛盾性（具有各自本身的特点才能进行比较）；二是同一性和相似性（具有某种比较的共同基础，没有共同性的材料是无法比较的）。总之，在任何教育研究中，拿来做比较的材料、事实、数据等必须是可比的。如果违反了可比性原则，其结论必然是虚假的。同时，可比性还包括比较的对象要对等、要相当。可见，坚持可比性原则是运用比较法的基本要求。而为了保证研究的可比性，必须做到比较的标准统一，比较的范围、项目一致，比较的客观条件相同。

3. 比较材料要有客观性、全面性或广泛性

所谓客观性，是指研究者应持科学、公正的研究态度，排除偏见与成见，不以先入为主的结论取代科学的比较分析，坚持从事实出发，实事求是，不能脱离基本事实。教育科学研究中的客观态度就是要对教育现象和教育问题进行深入研究和中肯分析，公正合理地做出结论，并给予合乎逻辑的评价。因此，比较结果的准确取决于所收集材料的完整、全面、客观和对所收集材料加工分析的科学合理性。这就要求比较必须从多方面考虑。例如，在纵与横的关系上，有时可以纵向比较，有时可以横向比较，有时也可以纵横结合起来进行综合比较。在同与异的关系上，有时可以同类比较，有时可以异类比较，还可以对两个既定对象的异同做全面的比较。在质与量的关系上，有时可以做定性的比较，有时可以做定量的比较，定性与定量是相互补充、相互联系的。定性是定量的基础，定量是定性的精确化。

比较的广泛性和全面性还包括制订几种不同的方案，反复进行比较。例如，在教育改革问题上，要提出不同的改革办法，反复进行比较，从中选出一个最符合实际的方案。

4. 坚持本质的比较

在一项研究中，可供比较的内容可能很多，究竟比较什么，从哪方面进行比较，怎么比

较，这些都与研究目的相关，也与研究者的认识能力有关。比较通常是从现象的比较开始的，但随着认识的深化，分析比较也在逐步地透过现象看本质，向本质的比较转化。

要坚持本质的比较，就要努力做到：通过大量典型的材料分析其内在关系，原因在于事物的本质一般隐藏在事物的内部。由于事物的本质有一个暴露和发展的过程，因此不能割断历史，要尽可能从社会政治体制、经济科技发展水平、历史文化传统、自然地理环境、社会风俗等多方面加以探讨。例如，如果简单地将中国和外国的某些教育现象相比较，以己之短比人之长，就会错误地认为外国一切都好。反之，如果深入教育现象的本质，即不仅从教育制度、教育方法进行比较，而且从教育目的、教育内容进行比较，就可以揭示其教育的阶级性。这样，不仅会看到西方教育发达的一面，也会发现其不足之处。

5. 比较研究法要与其他研究方法结合运用

要科学地运用比较研究法，必须正确估计比较研究法的作用，把比较研究法与其他研究方法结合起来运用。例如，在教育调查法中，要比较调查对象的种种相同或不同情况；在实验法中，要比较实验的各种变化和效果；在文献法中，要比较文献资料的真伪和社会背景；在统计法中，要比较数据的变化和结果等。

当然，比较研究法也有其自身的局限性。首先，比较研究法在具体运用中有一定范围，比较是有条件的，超出了规定的范围，不能满足比较的基本条件，比较是无效的。其次，比较得出的结论往往是相对的。这是因为任何比较只是拿所比较事物的一个方面或几个方面来比，而暂时地、有条件地撇开其他方面。不仅如此，其研究结论往往是从比较分析的推论中得出的，其客观性还有待实践检验并加以证明。最后，比较研究的成功除了依赖于比较材料的真实性和可靠性，还取决于研究者的理解力和洞察力。事实上，教育科学研究的过程是多种方法综合运用的过程。只有把比较研究法与其他研究方法结合运用，才能真正认识和掌握教育的客观规律。

综上所述，在对教育或心理现象进行研究的实践活动中，比较研究法既可以作为一种主要的研究方法使用，也可以作为研究的辅助方法，与教育学或心理学的其他研究方法结合起来使用，还可以作为一种研究思维，渗透在观察法、调查法、实验研究方法中。

案例展示 1

普通高中新课程《化学与生活》(选修)教材比较研究

案例描述：为了帮助我们对比较研究方法有更具体的理解，下面以普通高中新课程《化学与生活》(选修)教材比较研究为案例加以说明。

1. 确定比较的问题

我国正在进行的课程改革引起了教材的改革。教材是课程内容的重要载体，是课程实施的基本依据。因此，进行教材研究，从而为改进教学或修订教材提供建议成为一项迫切而极具实际意义的工作。普通高中化学新课程标准指出化学课程由两个必修模块和六个选修模块组成，《化学与生活》作为六个选修模块之一被提出，配套的教材也于 2004 年推出。目前国内审核通过的《化学与生活》(选修)教材共有三个版本，即通常所说的"人教版"、"苏教版"、"鲁科版"。那么，三个版本的教材各有哪些优点和不足？如何改进？这就是进行系统比较的问题所在。

2. 制订比较的标准

为进行全面客观的比较，就需要选择参照点，这个参照点就是比较的标准。该文的比较标准有三个：内容选择、内容组织、内容呈现。内容选择是比较三版本教材内容与化学课程标准对《化学与生活》(选修)教材要求内容的吻合程度。内容组织是比较三版本教材的体系结构。内容呈现包括了编写体例、栏目设置、版面设计等方面的比较。

3. 广泛收集、整理资料

资料的收集需要从多方面着手。一是收集与教材编写、比较、评价相关的理论研究文献。二是收集关于三版本教材比较的文献。三是通过设计问卷，并进行问卷调查，收集一线教师和学生对三版本教材的看法。收集到大量的资料之后，就需要对它们加以整理。对于文献资料要进行分析，外调查结果要进行统计，必要时要制成表或图。

4. 分析、解释比较内容

在进行资料的分析时，首先采用的是同类比较、定性比较，具体比较了三版本教材内容与课标要求的内容吻合度，即"人教版"吻合度较高，"鲁科版"与课程标准要求出入较大，"苏教版"与课标契合度介于"人教版"和"苏教版"之间。然后，对三版本的体系结构进行横向比较分析。"人教版"主要采用"章—节"的形式组织教材内容；"鲁科版"教材采用"主题—课程"的形式；"苏教版"采取"专题—单元"的形式。

通过问卷调查与具体的分析，得出结论：大部分学生喜欢《化学与生活》(选修)；对于该门课程的学习，与必修课程有所不同；在平常的教学中该门课程都得到一定的重视，但也存在忽视这门课的现象。

5. 得出比较结论

比较的结论有两个方面，一是教材的编写建议，二是教材的实施建议。教材的编写建议包括：以课程标准为指导，内容深广度恰当，联系目前我国国情和中学校情，栏目定位适量，为教师成长和学生发展提供平台，注重激发学生的学习兴趣，建立配套资源库，开发相关素材。教材的实施建议包括：以课程标准为参照，充分挖掘教材价值；以兴趣为指导，紧密联系社会生活；以教材为基础，采取适当教学方式；以发展为目的，注重学生能力的培养；以课堂为载体，不断总结经验。这些结论的得出，显示出比较教材的目的不在于单纯的比较，而是为了"改进"，比较的真谛也在于此。

[案例点评]在这个案例中，作者充分运用了比较法的思维和方法。从选题中就确立了具体的比较对象，即两种版本的《化学与生活》教材。比较的对象确立之后，比较的标准(维度)的选择就显得至关重要。恰当选取比较的视角，才能深刻揭示比较对象的本质以及达到比较的目的。比较标准需要根据比较对象的特点来确定，案例中选择了三个维度。从三个维度发散开去，既有宏观比较，又有微观比较；既有综合比较，又有单项比较；既有定性比较，又有定量比较；既有横向比较，又有纵向比较。总之，多种比较方法都被灵活恰当地运用。此外，比较法还通常与文献法、调查法综合运用于教育科研中，本案例中也明确反映了这一点。

案例展示 2

新课程化学实验教科书(必修)习题的纵向比较研究

案例描述：本案例比较了人教版不同期、不同版本化学教科书习题编制的特点；作者选取了多维度、多样化的比较标准，这些标准的成功选取，是比较目的得以实现的关键。在进行具体的教育科学研究中，定性与定量的比较方法会经常被综合运用。

1. 关注基础，淡化层次与计算，增强学习的动力

1.1 关注基础（节选）

人教版实验教科书在注重习题特色和创新的同时，兼顾习题的基础性，实验教科书课后习题共有 186 道，其中基础型习题有 105 道，占课后习题总数的 56.5%。

1.2 淡化层次

与人教版全日制普通高级中学教科书（必修）《化学》第一册（2003 年 6 月第 1 版，以下简称"普通教科书"）相比，实验教科书淡化了习题的层次。普通教科书课后习题有节后习题、章后复习题以及总复习题三个层次，而且在章后复习题和总复习题中还有 14 道习题用"★"号标出作为选做题，体现了较强的层次性。实验教科书除《化学 2》中有 2 道选做题外只有节后习题一种形式。这些习题一般是用于复习和巩固本节的知识，知识点单一，题目简单直观，体现了面向全体学生的特点。

1.3 淡化计算（节选）

实验教科书中与计算有关的习题难度较低，计算量较小，数量也相对较少，参见表 1。

表 1　两种版本课后习题中与计算有关的习题数量

教科书种类	课后习题总数	与计算有关的习题数	所占比例/%
普通教科书	430	149	34.7
实验教科书	186	17	9.1

可见，教科书体现了淡化计算题的特点。

1.4 意义

（略）

2. 注重习题类型与表征方式的多样化，发展学生的能力

2.1 习题类型的多样化（节选）

实验教科书正文中穿插的习题有……，出现的习题有……

2.2 习题类型与能力的发展

实验教科书的习题从功能上我们认为可分为三大类型：基础型、开放型、实践探究型。在关注基础的同时，实验教科书也注重了开放型、实践探究型习题比例的提高。在课后习题中，开放题、实践探究题共有 81 道，占课后总习题的 43.5%。

2.2.1 开放题与能力的发展

2.2.2 实践探究题与能力的发展

2.3 表征方式的多样化

实验教科书习题的表征方式也体现了多样化的特点。除以传统的"文本"形式呈现外，出现了"图片"、"表格"等多种呈现方式。

2.3.1 图片题

例如，《化学 1》25 页、44 页的科学探究，42 页、93 页的思考与交流等习题是以图片的方式呈现的，图片特有的"思维驱动机制"，使它除具有激发兴趣、丰富表象等功能外，同时具有了引导学生活动、促进自学、发展学生实践能力的作用。

2.3.2 表格题

3. 注重习题量与质的辩证关系，挖掘学生的潜力

3.1 实验教科书习题的量

关于课后习题的多少问题，我们调查了芜湖市几所中学的高一化学老师和部分学生："您认为化学课后习题的量是较多、适中还是偏少？"几乎无一例外地认为实验教科书的习题量偏少。两种版本教科书课后习题数量统计见表2。

表2　两种版本教科书章节后习题数量

教科书种类	章数	节数	习题总量	习题总量/节数
实验教科书	8	24	186	7.75
普通教科书	7	23	430	18.7

从表2可见，实验教科书平均每节的习题量不到普通教科书的一半，相比之下，是偏少了。但是，习题的量不能只看数量，还要看学生完成这些习题所花的时间和精力。

3.2 实验教科书习题的质

（略）

4. 加强习题与STS的联系，展示学科的魅力

实验教科书在内容体系的构建上充分体现了化学与科学、技术、社会的联系，并充分渗透到习题的设计之中。

4.1 STS类习题的特点与编制的理论依据

（略）

4.2 STS类习题的意义

（略）

[**案例点评**]该案例是对人教版新老教材中习题的纵向比较研究。主体部分由并列的四个部分组成："关注基础，淡化层次与计算，增强学习的动力"、"注重习题类型与表征方式的多样化，发展学生的能力"、"注重习题量与质的辩证关系，挖掘学生的潜力"和"加强习题与STS的联系展示学科的魅力"。这四部分的标题即是作者在深入比较人教版新老教材后的四个观点。这四个观点，其实也是四个大的维度上的比较标准。为了使比较更为微观和具体，作者将四个标准又分出更多小的标准，然后通过定性比较、定量比较等方法，一一进行翔实的比较论证。从案例中可以看出，除了比较法外，统计的方法、引用的方法、举例的方法、说理的方法等一起被作者综合运用。因此，综合掌握多种教育科研方法并能够灵活运用是进行教育科研的必要前提。

案例展示3

高中新课标必修化学实验教材比较研究

化学教材是使学生达到化学课程标准所规定的目标要求的内容载体，是将化学课程理念和化学课程内容按照一定的逻辑体系和一定的呈现形式加以展开和具体化、系统化的材料。化学教材对化学课程理念的体现，对化学课程内容的落实，并不是只有一种逻辑体系，也并不是只有一种呈现风格，也就是说，化学课程内容可以按照多种逻辑关系加以具体化，从而形成多种版本的化学教材。

目前，经国家中小学教材审定委员会审查通过的普通高中化学课程标准实验教材共有 3 套，分别由人民教育出版社、江苏教育出版社、山东科学技术出版社正式出版(以下分别简称人教版、苏教版、山东科技版教材)。这些新教材如何体现高中化学课程标准的要求？它们有哪些特点？下面我们主要从教材体系的构建与教材内容的呈现两方面，来对这 3 套高中新课标必修化学教材进行简要分析。

一、必修化学教材体系的分析

教材体系是指教科书各单元内容的构成及其编排顺序。教材体系的构建受多种因素的影响，其中学科、学生和社会是 3 种最基本的因素。如何处理这三者之间的关系，就会形成不同的教材体系。学科因素要求教材体系的构建要充分体现化学学科特点，反映化学知识的内在逻辑结构；学生因素要求教材体系要符合学生的认知规律，促进学生积极主动地学习；社会因素则要求以社会问题为中心组织教材内容，从社会生活问题出发构建教材体系。

以提高学生的科学素养为宗旨，考虑到必修模块的基础性特征，各个版本的必修化学教材都对传统教材以学科知识为中心的体系构建有所突破，不再追求从结构、性质、制法、用途等方面系统地学习和研究有关的物质，而是从促进学生学习和发展这一角度构建教材体系，加强学科、学生和社会三者的融合，体现出不同的特点和风格。

1. 人教版高中化学必修教材体系

人教版高中化学必修教材采用"章—节"式的结构，《化学 1》和《化学 2》各 4 章，具体内容见表 1。

表 1　人教版高中化学必修教材体系

模块	章	节
化学 1	一、从实验学化学	1. 化学实验基本方法
		2. 化学计量在实验中的应用
	二、化学物质及其变化	1. 物质的分类
		2. 离子反应
		3. 氧化还原反应
	三、金属及其化合物	1. 金属的化学性质
		2. 几种重要的金属化合物
		3. 用途广泛的金属材料
	四、非金属及其化合物	1. 无机非金属材料的主角——硅
		2. 富集在海水中的元素——氯
		3. 硫和氮的氧化物
		4. 硫酸、硝酸和氨
化学 2	一、物质结构元素周期律	1. 元素周期表
		2. 元素周期律
		3. 化学键
	二、化学反应与能量	1. 化学能与热能
		2. 化学能与电能
		3. 化学反应的速率和限度

续表

模块	章	节
化学2	三、有机化合物	1. 最简单的有机化合物——甲烷
		2. 来自石油和煤的两种基本化工原料
		3. 生活中两种常见的有机物
		4. 基本营养物质
	四、化学与可持续发展	1. 开发利用金属矿物和海水资源
		2. 化学资源综合利用、环境保护

从各章节主题可以看出，《化学1》突出化学以实验为基础的学科特点，重视最基本的化学反应，并通过典型金属和非金属等元素化合物知识的学习，应用前面所学的理论和方法，体现化学学习的主要特点。《化学2》则是在《化学1》的基础上突出物质结构和元素周期律的作用，强调化学变化与能量的关系，同时通过有机化合物的知识来进一步认识结构和反应，最终将化学与可持续发展这一社会背景相联系，更加显现化学的价值和重要性。

与原来的人教版高中化学必修教材相比，虽然理论性知识和知识的逻辑性相对弱化，但是从总体上看，人教版高中必修教材还是以学科知识的逻辑顺序为主来构建教材体系的。

2. 苏教版高中化学必修教材体系

苏教版高中化学必修教材采用"专题—单元"式结构，《化学1》和《化学2》各4个专题，具体内容见表2。

表2　苏教版高中化学必修教材体系

模块	专题	单元
化学1	1. 化学家眼中的物质世界	一、人类对原子结构的认识
		二、丰富多彩的化学物质
		三、研究物质的实验方法
	2. 从海水中获得的化学物质	一、氯、溴、碘及其化合物
		二、钠、镁及其化合物
	3. 从矿物到基础材料	一、从铝土矿到铝合金
		二、铁、铜的获取及应用
		三、含硅矿物与信息材料
	4. 硫、氮和可持续发展	一、硫及其化合物的功与过
		二、生产生活中的含氮化合物
化学2	1. 微观结构与物质的多样性	一、核外电子排布与元素性质
		二、微粒之间的相互作用力
		三、从微观结构看物质的多样性
	2. 化学反应与能量转化	一、化学反应的特征
		二、化学反应中的热量
		三、化学能与电能的转化
		四、太阳能、生物质能和氢能的利用

续表

模块	专题	单元
化学2	3. 有机化合物的获得与应用	一、化石燃料与有机化合物
		二、食品中的有机化合物
		三、人工合成有机化合物
	4. 化学科学与人类文明	

从各专题和单元的主题可以看出,《化学1》首先以化学家认识、研究物质世界为主线索,引领学生体验探究物质世界的过程,学习研究物质世界的方法,为后续的学习奠定了理论和方法基础。然后以化学在海水资源的利用、材料的研制和环境保护三个方面的应用为线索组织教材内容,学习有关的元素化合物知识。虽然知识的系统性不及原来的人教版必修教材强,但有利于运用化学知识解决或解释生产和生活中的问题,提高学生解决实际问题的能力。

《化学2》首先从认识原子结构、分子和离子化合物中的微粒作用入手,帮助学生建立物质结构的初步知识,形成微粒作用的基本观念。在此基础上,引导学生从物质结构的视角进一步认识化学变化的本质,解释化学反应中的能量转化;从有机化合物的获得与应用来阐述生活中的化学,使学生深刻体会化学对人类文明发展的贡献。

从整体看,苏教版必修化学教材体系的构建具有"起点高、落点低"的特色,所谓"起点高"就是教材体系构建首先给学生一个上位的观念或方法,引领学生后续的学习;所谓"落点低"就是紧密联系学生的生活经验,从社会生活问题入手来学习有关的元素化合物知识。这样的教材体系很好地贯彻和落实了化学新课程改革的理念,有利于学生的学习和发展。

3. 山东科技版高中化学必修教材体系

山东科技版高中化学必修教材采用"章—节"式结构,《化学1》包括4章,《化学2》包括3章,具体内容见表3。

表3　山东科技版高中化学必修教材体系

模块	章	节
化学1	一、认识化学科学	1. 走进化学科学
		2. 研究物质性质的方法和程序
		3. 化学中常用的物理量——物质的量
	二、元素与物质世界	1. 元素与物质的分类
		2. 电解质
		3. 氧化剂和还原剂
	三、自然界中的元素	1. 碳的多样性
		2. 氮的循环
		3. 硫的转化
		4. 海水中的化学元素
	四、元素与材料世界	1. 硅无机非金属材料
		2. 铝金属材料
		3. 复合材料

续表

模块	章	节
化学 2	一、原子结构与元素周期律	1. 原子结构
		2. 元素周期律和元素周期表
		3. 元素周期表的应用
	二、化学键化学反应与能量	1. 化学键与化学反应
		2. 化学反应的快慢和限度
		3. 化学反应的利用
	三、重要的有机化合物	1. 认识有机化合物
		2. 石油和煤重要的烃
		3. 饮食中的有机化合物
		4. 塑料橡胶纤维

山东科技版化学必修教材重视学科基本观念的形成，在教材体系的构建上，首先给学生介绍化学研究中常用的方法，然后应用这些方法学习具体的化学知识。《化学 1》教材体系的构建基本上打破了学科的知识体系，而是从"元素与物质分类"、"元素在自然界中的循环"、"元素与材料"等多种线索向学生介绍典型的元素化合物知识，开阔学生认识元素与物质的视野，引领学生建立"元素观"、"物质观"等基本观念。

《化学 2》则在《化学 1》的基础上，首先建构起对元素周期律和周期表的理解和认识框架，然后从化学键的角度引领学生理解化学反应和能量变化的实质，最后应用有关知识学习有机化合物的结构和性质。《化学 2》教材体系的构建充分体现了"结构决定性质、性质决定用途"的学科内在逻辑结构。

总括起来，"高观点、大视野、多角度"是山东科技版化学必修教材体系构建的主要特点。

二、必修化学教材内容呈现的特点

新教材与以往教材最明显的区别就是教材内容的呈现方式不同。以往的化学教材大多是局限于"教本"的一种纯叙述性文本，采用规范的学科术语讲解和呈现教材内容。而新课程突出以学生的发展为本，倡导自主、合作、探究的学习方式，对新教材的设计和呈现提出了新的要求，即以促进学生的学习为中心，为自主、合作、探究式学习提供支撑。可以说，以事实性知识的呈现为中心还是以学生的学习为中心，成了新旧教材的分水岭。高中新课标必修化学教材在内容呈现上的特点主要体现在以下两个方面。

1. 通过多种形式的探究活动引领学生学习

新教材突出科学探究活动的设计，让学生尽可能通过探究活动来学习化学。教材在内容的呈现上，不是把现成的结论直接告诉学生，而从学生已有的生活经验出发，创设生动活泼的学习情景，引导学生自己去发现和提出问题、做出假设和猜想、设计方案，并通过观察、实验、阅读、思考、讨论等活动，获得对知识的理解。

在三种版本的必修化学教材中都设置了许多不同功能的栏目，通过这些栏目引领学生的学习活动，促进学生学习方式的转变，见表 4。

表4　三种版本教材中栏目的设置

教材	人教版教材	苏教版教材	山东科技版教材
栏目设置	实验，科学探究，学与问，思考与交流，科学视野，资料卡片，科学史话，实践活动，信息搜索	知道吗，观察与思考，活动与探究，联想与启示，交流与讨论，问题解决，各抒己见，请你决策，拓展视野，联系与实践，回顾与总结	联想质疑，观察思考，活动探究，交流研讨，资料在线，身边的化学，化学前沿，历史回眸，知识点击，方法导引，知识支持，化学与技术

下面我们以"氯气的性质"为例，看一下不同版本的教材中是如何呈现教材内容的。人教版必修化学新教材"氯气的化学性质"这部分内容仍是以文本和实验的形式呈现的，但与原来的人教版必修教材相比，新教材突出了内容的思考性和探究性，引导学生通过自己的观察和思考，得出实验结论，并在此基础上进一步提出问题，通过学生间的讨论和交流，深化对"燃烧"概念的理解。

苏教版必修教材把"氯气的化学性质"放在了"海水资源的开发利用"这个背景中来学习，教材首先通过"活动与探究"栏目，设计了5个实验，让学生亲自观察、记录实验现象，并通过对实验现象的分析归纳出氯气的物理和化学性质。然后通过"信息提示"这个栏目，简明概括地总结了氯气的重要性质。这种教材呈现方式既重视引导学生自主探究，给学生充分活动和思考的空间，又重视知识结论的落实，从而将"过程"与"结论"有机地结合起来。在学生初步掌握了氯气化学性质的基础上，教材又通过"活动与探究"栏目，设计了4个实验，引导学生对氯水的成分和性质进行探究，将学生的学习不断引向深入。

信息提示：氯气的性质

在通常情况下，氯气是有刺激性气味的、黄绿色的有毒气体，氯气溶于水，在常温下，1体积的水约溶解2体积的氯气。

氯气是一种化学性质很活泼的非金属单质，能与多种金属和非金属直接化合，还能与碘化物、溴化物等发生反应。潮湿的氯气还具有漂白性。

山东科技版必修化学新教材则把"氯气的性质"放在了"研究物质性质的方法和程序"一节中，通过对氯气这一典型的非金属元素的性质研究，使学生在掌握氯气性质的同时，学会研究物质性质的方法和程序。从而使知识技能的学习与过程方法的掌握有机地结合起来。

总之，在三种版本的化学新教材中，关于氯气性质的知识都是学生自己通过实验、思考等活动探究出来的，得到的知识结论是鲜活的、生动的。更为重要的是，在"活动与探究"的过程中，学生学会了怎样从"不知"到"知"，既动手又动脑，在运用科学方法解决一个又一个问题的过程中，享受到成功的喜悦。正是在这样的探究学习过程中，学生的科学素养才能真正得到提高。

2. 提供了丰富的学习情景素材

为充分调动学生学习的积极性，新教材中编排了大量的插图和资料，为学生提供了丰富的学习情景。如山东科技版化学教材《化学1(必修)》中，仅插图就达到了177幅，另外还通过各种栏目，如资料在线、身边的化学、化学前沿、历史回眸、知识点击、方法导引、化学与技术等为学生提供了大量的信息。图文并茂、信息丰富是新教材在内容呈现上的一个突出特点。

这些丰富的学习情景和素材有利于激发学生的学习动机，并引导学生在真实的情景中进行科学探究活动，促进学生对知识的理解和运用。但是，新教材中丰富的学习情景和素材往往使教师在教学中无所适从，不知该怎样选择，这就对教师如何使用新教材提出了新的要求。同时也对教材编写者提出新的思考，教材中的信息资料究竟应该如何取舍？教材内容的丰富、生动应该如何体现？ 这些都需要我们在实践中不断探索研究。

案例展示 4

化学实验"教学观念"与"教学行为"的专家—新手比较研究

本研究提出 3 个标准认定专家教师：一是教学效果良好，教学深受学生欢迎；二是教学能力突出，被同行公认；三是学校领导首肯。经过推选，S 市 Y 区 Z 中学高中部的一位化学特级教师和该校初中部的一位化学高级教师被选中；以到该校实习的 12 名化学教育专业的本科生作为新手。

选取"氧气的化学性质"、"启普发生器的使用原理"、"一氧化碳的毒性"、"金属钠的密度"和"氯气的实验室制法"5 个实验，请两位教师和实习生分别进行教学设计并阐述设计意图，通过比较他们的教学方案并采取听课、谈话和提问等方法，选择具有普遍性和典型性的具体案例来说明问题。

一、氧气的化学性质——"统筹规划"与"就事论事"的差异

氧气的化学性质包括氧气与硫、磷、碳、铁等物质的反应，实习生和专家教师都采用表格的形式来呈现各自的设计结果(表 1、表 2)。两种设计的主要区别在于：一是实习生的设计更加突出几种物质"在空气中"与"在氧气中"燃烧现象的差异；二是专家教师的设计把几种物质划分成"金属和非金属"并且增加了一个栏目"反应的特点"；他们的设计为什么会不同？主要是出于什么考虑？

表 1　实习生的设计

编号物质	在空气中燃烧的现象	在氧气中燃烧的现象	化学方程式	结论
1. 硫				
2. 磷				
3. 碳				
4. 铁				

表 2　专家教师的设计

编号	类别	物质	化学方程式	反应的特点	结论
1	非金属	硫			
		磷			
		碳			
2	金属	铁			

[案例1]与实习生的谈话

研究者：请问你们的设计为什么突出几种物质？"在空气中"与"在氧气中"燃烧现象的差异？主要是出于什么考虑？

实习生：氧气的化学性质是重点，通过比较几种物质在"空气中"和在"氧气中"燃烧现象的差异，可以使学生认识到氧气的化学性质很活泼，具有助燃性。

[案例2]与专家教师的谈话

研究者：老师，您的设计主要是出于什么考虑？

专家教师：从知识来看，实验的主要目的不是使学生认识"氧气有助燃性"，因为"氧气有助燃性"学生在小学科学课就已经学过，而是使学生认识"氧气是一种化学性质比较活泼的气体"，同时形成"化合反应"和"氧化反应"等概念。通过分类，氧气既能与金属反应，又能与非金属反应，所以"氧气是一种化学性质比较活泼的气体"；学生通过归纳反应的特点，找出共性，以便形成"化合反应"和"氧化反应"等概念。

确实，"氧气的制备和性质"作为一个经典实验，小学和初中都学。但是，学习的目的、内容、难度和侧重点却不一样。小学生由于抽象思维能力不发达，仍然处于以形象思维为主的阶段，所以他们的学习任务只是"认识氧气的助燃性"，方法是把点燃的硫、磷、碳、铁和蜡烛等物质依次放进盛有氧气的集气瓶中，通过观察就很容易发现几种物质在氧气中燃烧得更旺，这就达到教学目标了。至于几种物质为什么能燃烧，燃烧生成了什么物质，发生了什么化学反应不是他们的学习任务，这样的任务太难。对初中生来说，他们已经具备了一定的抽象思维能力，所以他们的任务是学习"氧气是一种化学性质比较活泼的气体"，并形成"化合反应"和"氧化反应"等概念，方法也是把点燃的硫、磷、碳、铁等物质依次放进盛有氧气的集气瓶中，但观察的重点却不在于燃烧得更旺，而是通过观察实验现象，说明几种物质发生化学反应了，那么，这些反应生成了什么物质？这些反应有什么特点？通过归纳，发现这些化学反应"都是物质与氧气发生的化学反应（氧化反应）"、"都是两种物质生成一种物质的反应（化合反应）"。

表格设计的差异反映出实习生和专家教师对不同学段教学内容的认识和把握能力的差异。实习生往往就实验论实验，而不太注意从整体上考虑实验在教学内容体系中的地位和作用以及不同学段教学内容的衔接；专家教师不仅关注所教学段的有关内容，还且还能对小学阶段的内容进行统筹规划。事实上，同样一个实验，放在不同的学段来做，实验的教学目标和教学方式也应有所不同。例如，同样是"溶液的导电性实验"，初中为了形成"电解质和非电解质"的概念，观察的重点就应放在小灯泡"亮与不亮"上；高中为了形成"强电解质和弱电解质"的概念，观察的重点就应放在小灯泡"亮的程度'上。

二、启普发生器的使用原理——"循序渐进"与"一步到位"的差异

启普发生器的使用原理很简单，就是利用氢气的压力使稀硫酸和锌粒随时接触和分离，从而使化学反应随时发生和停止。但这一简单的知识点却蕴涵着丰富的教育内容。实习生和专家教师的教学设计如表3所示。

表 3　设计过程

行为	实习生的设计	专家教师的设计
教师行为	演示并讲解： 　　当打开导气管活塞时，容器与大气相通，球形漏斗里的酸液在重力作用下进入容器，与锌粒接触，反应开始；当关闭导气管活塞时，容器与大气隔离，但此时反应并没有立即停止，酸液被氢气压回球形漏斗，当酸液与锌粒完全脱离时，反应停止	提出问题： (1)实验室制取氢气一般采用哪些药品？ (2)如果用试管作反应器，如何把氢气导入集气瓶？ (3)随着反应的进行，稀硫酸的浓度降低，导致反应速率下降，如何向试管中补充酸液？ (4)把单孔胶塞换成双孔胶塞之后，补充酸液是用短径漏斗，还是用长径漏斗？ (5)经过进一步改进，你能利用这套装置使反应随时发生和停止吗？ 演示并讲解：启普发生器的构造、使用原理和使用方法等 (6)你还能想出其他能使反应随时发生和停止的装置吗？
学生行为	观察、听讲、思考、记录	听讲、思考、设计、实验、观察、记录

两种设计的主要区别在于引导过程：实习生的设计开门见山，主要靠教师的演示和讲解，学生的主要任务是观察和听讲；专家教师的设计循序渐进，主要靠提出一系列具有层次性的问题，学生的主要任务是思考和设计。应该说，实习生的讲解很精练，也很准确，但从"教为主导与学为主体相结合"以及"实验引导与启迪思维相结合"的角度看，专家教师的设计由于注重学生原有的知识基础和师生互动，更加突出了学生的主体地位。从教学的效果来看，实习生的教学设计只能使学生获得"启普发生器的使用原理"这一化学学科的基础知识；而专家教师的教学设计学生不仅能获得"启普发生器的使用原理"这一化学学科的基础知识，还能亲身体验化学实验方案的设计过程并获得"化学实验方案的设计"这一科学方法的基础知识。在设计实验方案的过程中，一些思维敏捷的学生可能会想到"不管用什么方法，只要能使稀硫酸和锌粒随时接触和分离，都能使化学反应随时发生和停止"。这样学生经过思考，就可能得出很多简易装置。实习生的教学设计只能落实"知识与技能"一维目标，而专家教师的教学设计能同时落实"知识与技能"和"过程与方法"两维目标。

三、一氧化碳的毒性——"照本宣科"与"灵活变通"的差异

教师要"用教材教"，而不是"教教材"，对实验教学更是如此。为了更好地完成教学任务，达成教学目标，教师可以对教材上安排的实验进行改进，甚至用说服力更强的实验来代替。在"一氧化碳的毒性"的教学中，实习生和专家教师在实验内容的选择和处理上就有明显的差异(表 4)。

表 4　教学设计

行为	实习生的设计	专家教师的设计
教师行为	展示：CO 中毒患者的图片。 演示实验：在试管中加入新鲜鸡血(事先加几滴柠檬酸钠溶液)，然后通入 CO，观察血液颜色的变化。 讲述：CO 中毒的原因、危害、救治办法和预防措施	演示实验 1：向两支分别盛有空气和 CO 的储气瓶中，各放入一只小白鼠，观察两只小白鼠的行为差异。 演示实验 2：在试管中加入新鲜鸡血(事先加几滴柠檬酸钠溶液)，然后通入 CO，观察血液颜色的变化。 讲述：CO 中毒的原因、危害、救治办法和预防措施
学生行为	观察、听讲、记录、思考、解释	观察、听讲、记录、思考、解释

两种设计的主要区别在于：在"鸡血实验"(教材上安排的实验)之前，实习生先"展示一氧化碳中毒患者图片"，而专家教师先做"小白鼠实验"。尽管教材并没有安排"小白鼠实

验"，这个实验也不是专家教师的首创，但是专家教师勤于积累素材并善于利用。就实验兴趣和实验效果来讲，"小白鼠实验"与"展示一氧化碳中毒患者图片"相比，前者更加吸引学生，学生的印象也更加深刻。值得指出的是，实习生在校学习期间，曾经看过"小白鼠实验"的教学录像，在观看的时候都觉得这个实验很有新意，但是课后没有一个人提出复制或者拷贝的要求。类似的情况还有很多，这说明他们平时积累教学素材的意识不强。笔者在跟实习生谈话的时候，他们说"网络上什么都有，要什么有什么"，因此很多人认为查找教学素材是一件很容易的事情，用不着刻意地去积累。但是就在本实验的教学中，笔者发现他们从网络上找到并且展示给学生的"一氧化碳中毒患者的图片"，并不一定是由于一氧化碳中毒造成的，因为笔者曾经在网络上看见过这张图片。图片的内容仅仅是在医院的走廊里，一些护士推着一个挂着输液管子的患者，图片下方并没有说明这个患者的病因。

四、钠的密度——"一带而过"与"深入挖掘"的差异

钠的密度属于钠的物理性质，教材并没有安排相应的实验。由于受到"化学性质比物理性质重要"、"物理性质可一带而过"等思维定势的影响，实习生觉得钠的密度并不属于实验教学的范畴，因而他们在教学活动的设计上仅仅是"讲述"，但专家教师却通过对前后知识的重组而给出一个相对完整的局部探究活动(表5)。

表5　教学方式

行为	实习生的教学方式	专家教师的教学方式
教师行为	讲述：钠的密度较小，是 $0.977g/cm^3$	演示实验1：请学生观察盛有钠的试剂瓶。 提出问题：钠为什么沉在煤油的底部？ 演示实验2：向盛有水的小烧杯中加入一小块钠，请学生观察实验现象。 提出问题：钠为什么浮在水面上？ 总结归纳：通过上面的实验，你能得出什么结论？
学生行为	听讲、记录	观察、思考、听讲、记录

两种设计本身的难度并不大，其主要区别在于：实习生仅仅看到"钠的物理性质不属于重点内容"，而没有看到它与后面的"钠的化学性质"之间的内在联系，特别是没有看到这些内容在培养学生观察、思维以及问题解决能力等方面的"隐含价值"；专家教师正是看到了这些非重点内容背后的"隐含价值"，并进行深入挖掘，从而成功地将这些"隐性价值"转化成"外显的"教学活动。在化学教学价值观多元化的条件下，尽管两类教师都承认"方法比知识更重要"，但是在教学实践中，实习生因为囿于对"重点"与"非重点"的传统认识，却出现了"知行分离"现象，这也是值得我们进一步思考的。

五、氯气的实验室制法——"学术化"与"生活化"的差异

改变化学实验过于"学术化"的倾向，体现化学实验的"生活化"，是化学实验教学改革的重要内容。Cl_2 的实验室制法是学术性比较强的一个实验，实习生和专家教师分别给出了如下的教学设计：

1. 实习生的教学设计

[教师行为]　讲述、演示：实验室制 Cl_2 的原理、装置和操作。

[学生行为]　观察、听讲、思考、记录。

2. 专家教师的教学设计

[教师行为]

创设情景：某地一位家庭主妇在打扫卫生时突然晕倒，经抢救无效于半小时后死亡。法医经过检验得出结论：该位主妇死于 Cl_2 中毒。原来，为了获得更强的去污能力，她把"洁厕灵"和"84 消毒液"混合使用，导致了悲剧的发生。

提出问题："洁厕灵"和"84 消毒液"的主要成分是什么？为什么两者混合会产生 Cl_2？

实验探究：

(1)请各小组用试管、烧杯、试管夹、酒精灯、火柴、胶塞、导管和浓盐酸、稀盐酸、NaCl 固体、MnO_2 固体、$KMnO_4$ 固体、NaOH 溶液，探究实验室制取 Cl_2 的反应原理。要求组装简易的制气装置、选择合适的试剂并找出反应条件，完成任务以后进行组间交流。

(2)根据学生发现的问题，通过教师的引导，以解决"在实验室如何制得大量 Cl_2"、"如何除去 Cl_2 中混有的杂质"、"怎样吸收 Cl_2"和"Cl_2 有毒，如何处理尾气"这 4 个问题为主要任务，引导学生设计实验室制取 Cl_2 的反应装置。

(3)指导学生分组组装成套装置并制取 Cl_2，根据学生在实验过程中发现的问题"烧瓶内压增大后，浓盐酸很难滴下"、"连续制取多瓶 Cl_2 时，更换集气瓶会导致 Cl_2 泄漏"、"实验结束后，装置中还存在大量 Cl_2，拆卸装置时 Cl_2 也会泄漏"等问题，指导学生通过查找资料，设计实验室制取 Cl_2 的"绿色化学方案"。

回归社会：2005 年 3 月 30 日京沪高速公路上发生了 Cl_2 泄漏特大事故。你能根据所学知识设计防止污染和逃生自救的办法吗？

学生行为：听讲、记录、思考、观察、设计、实验、交流、决策。

两种设计的主要区别在于：实习生的设计主要着眼于"学术化"的实验知识，视野范围限于化学学科以内；而专家教师的设计从"洁厕灵"和"84 消毒液"混合产生 Cl_2，导致家庭主妇中毒的生活案例出发，到有关的实验知识再到社会上发生的实际问题，视野范围超出了学科界限，很好地体现了"从生活走进化学，从化学走向社会"的新理念，学生除了能获取知识以外，还能受到科学方法的训练和科学思想的熏陶。

资料导读

试论"教育的比较研究"和"比较教育研究"

一、问题提出

长期以来，教育学作为一门社会科学对比较研究的问题还存在着一些模糊认识，这种模糊认识主要表现在教育的比较研究和比较教育研究之间没有清晰的概念，即使对于比较也存在着认识不清的事实。"当我们阅读比较教育文献的时候，有两个遗憾的错误观念是明显的。'比较/比较的'方法论观念被混淆为'可比性'（comparability）的心理分析学中的观念，因为例如古德作如下界定，'存在的条件，此时两个测量被表达在相同的单位中，因此可以进行可能的直接比较'。而同时，一些理论家误把比较本身视为一种目的而不是解决研究问题中的一种方法和逻辑工具"。虽然从西方来说只有在贝雷迪(Breday)那里，比较的方法论问题才真正被严肃对待，因为他提出了一个执行比较的明确模型，但贝雷迪并没有深入地思考过比较是什么。通常比较教育理论家认为，比较概念是不需要界定的，尤其在比较教育研究与教育的比较研究问题上并没有一种明确的界线解释，这导致了学术界对比较教育研究产生许多误解。这些误解体现在，比较教育研究以"比较"为本体论，比较是比较教育研究的唯一方法，认为比较是比较教育研究的本体论特征；也有人认为，比较教育已经没有独立存在的必要，因为比较存在于所有的教育学科的各分支学科，比较应该是所有教育研究者的一种基本素养，比较教育失去了其独立存在的合法性。在西方，"何谓比较"在 20 世纪 80 年代也还是一个未被明确讨论的问题，"什么是'比较'？这个词有时候被使用，但没有意义，只有在方法论上被建构，而教育理论家们很少对比较概念进行分析。"早在 20 世纪 60 年代，佩德罗·罗塞洛（Pedro Rossello）就指出，虽然比较教育经常被界定为比较技术应用于教育问题，但事实上许多研究根本没有做任何比较。许多研究简单地呈现了单一国家教育体系或教育问题并留给读者去比较，即使在并置不同教育体系或者教育解决途径的区域研究中的实践也是留给读者发现一致性和差异性的任务。不过，西方学者注意到了教育的比较研究和比较教育研究之间的区别，如特雷休伊（Trethewey）所指出的："我们能够清楚地说出来，我们的研究涉及教育的比较，但因为几乎每一个教育研究领域在一定阶段都使用比较，因此这并不否定独特性或有任何理由否定作为一个研究领域的比较教育。"尽管如此，西方学者在比较教育研究和教育的比较研究的认识上也很不充分，甚至存在误解。我们可以认为，比较教育研究在逻辑上与教育中的比较研究显然是不同的，这种区别在西方学者那里也没有得到解决。著名的英国比较教育学者克罗斯利（Crossley）和华生（Watson）2003 年出版了一本名为《教育中的比较和国际研究——全球化、背景和差异》的著作，他们在书中并没有明确地区分比较教育研究和教育的比较研究的不同。这也表明，西方学者在这种关系的理解上也不深入，这正是导致我们在阅读西方比较教育研究文献时候容易迷惑的原因所在。

学术界存在这种认识的模糊性，原因是多方面的，但有一点我们可以肯定的，那就是没有辨别教育的比较研究和比较教育研究的分野。为了能够廓清这种模糊性，也为了能够使比较教育研究具有其存在的合法性和合理性，我们需要对它们进行明确解释，从而明确认识，这需要我们回答以下几个问题：我们可以从哪些角度去认识"比较"？教育的比较研究是什么？比较教育研究又是什么？教育的比较研究与比较教育研究是何种关系？教育的比较研究与比较教育研究在价值论上是否一致？

二、多维度的"比较"认识

为了回答教育的比较研究和比较教育研究的联系，本文认为，必须从词源学、哲学、学科和方法等维度去认识"比较"。

1. 词源学意义上的"比较"认识

这里我们将从《辞海》、《现代汉语词典》等词典去认识"比较"。《辞海》对"比较"是这样解释的："确定事物间相同点和相异点的方法。根据一定的标准把彼此有某种联系的事物加以对照，从而确定其相同与相异之点，便可以对事物作初步的分类。但只有在对各个事物的内部矛盾的各个方面进行比较后，才能把握事物间的内在联系，认识事物的本质。"在这个认识中，我们可以找出几个关键信息，即"事物间"、"异同"、"标准"、"联系"、"分类"，这些信息表明，比较一定是在两个或两个以上的事物（泛指）之间展开的，但条件是依据一定标准，并且事物间具有联系性，目的是确定事物间的相同点和相异点以及对事物进行分类，最终认识相互联系着的事物的本质。而《现代汉语词典》对"比较"一词进行了三种解释，即（1）就两种或两种以上同类的事物辨别异同或高下；（2）用来比较性状和程度的差别；（3）表示具有一定程度。看来，第一种解释与《辞海》的"比较"认识是一致的，不言而喻，"比较"被规定为两种或两种以上的同类事物。韦氏词典（Webster's Encyclopedic Unabridged Dictionary of the English Language）把"compare"解释为：(1) to examine (two or more objects, ideas, people, etc.) In order to note similarities and differences；(2) to consider or describe as similar, liken. ……显然对两个或两个以上的事物、思想或民族的考察，目的在于找出相似性和差异性。这与《当代高级英语辞典》对"compare"的解释是一致的，它认为比较是思考两个或两个以上事物、民族、思想等，目的是表明他们是如何相似或相异的。由此可见，在词源学意义上，认识"比较"有几个基本原则，一是两个或两个以上的事物，二是事物间相互联系，三是依据一定标准，四是表明相同性和差异性。这对于教育的比较研究和比较教育研究都具有本体论意义。

2. 哲学意义上的"比较"认识

词源学意义的"比较"认识揭示了几个基本原则，那么哲学意义上的"比较"认识是否有其规定性呢？在哲学上认为，比较是从事物的彼此联系出发，通过考察对象与参照物之间的异同关系而把握对象所特有的质的规定性的一种思维关系。这里涉及比较与哲学范畴的"联系"、"质"、"思维"联系起来，同时还认为，通过比较去把握对象特质的思维方式是一种多层次、多形式的认识活动，又提出了比较与哲学上的"认识活动"的关系。重要的是，比较作为一种基本的认识方法，它存在于人们认识的感性阶段之中，人们感性认识的获得是通过比较实现的，不仅如此，比较被应用于理性认识的每一个环节。首先，在概念环节，概念是通过对感性认识所提供的关系同类事物的各种属性和各种具体形象进行进一步比较，而后概括形成的，如"人"的"属加种差"定义法；其次，在判断环节，判断是对事物之间的联系和关系的反映，判断是在对一事物与它事物、事物发展的某一阶段与其他阶段进行比较的基础上做出的，比较构成了判断的基础；最后，在推理环节，推理过程就是比较方法运用的过程，演绎推理和归纳推理就是实施着一般和个别、普遍和特殊的比较，比较使归纳和演绎成为可能。比较是概念形成的途径，是做出判断的前提，是实行推理的方式。

哲学意义的"比较"被理解为认识的过程就是比较的过程，认识就是比较的认识，任何认识离不开比较。"实践—认识—再实践—再认识"的过程就是比较的过程。认识就是比较。比较是以无限发展着的人类的整个认识过程为基础，以人类的认识能力与认识对象之间的对立统一为前提的。

显然，哲学意义上的"比较"是一种认识活动，甚至等于认识，于是教育的比较研究和比较教育研究无非是教育认识活动，前者是对无边界的教育的认识，而后者是对有边界的教育的认识。

3. 学科意义的"比较"认识

既然比较教育研究是有边界的，比较教育学是作为一个学科而存在，那么我们还需要从学科意义上去认识"比较"。学科意义上的"比较"认识可以成为我们理解比较教育研究和教育的比较研究的存在界线的主要依据。事实上，"人类学、经济学、心理学、政治科学、社会学中的研究者一直以来就对人类群体、组织和社会之间进行系统比较颇感兴趣"。这表明社会科学中普遍地存在比较研究，通常大多数比较可划分为两大类，一类是性别、民族和种族群体之间的比较，另一类是跨文化和跨国家的比较，这也为我们把比较教育研究限定在民族国家教育的边界内提供了思想依据。

当然，我们首先需要确定学科意义上"比较"的质的规定性，《不列颠百科全书》(中文版)中列举了四种比较学科，并对每一种学科划定了边界，如比较解剖学(comparative anatomy)是指对不同种属动物的机体结构进行比较研究的一个学科；比较伦理学(comparative ethics)又称描述伦理学，是对于处在不同地点和不同时代的各个民族和各种文化的道德信仰和实践进行经验的(或观察)研究，特别感兴趣的是各民族的道德实践和信仰的异同；比较语言学

(comparative linguistics)是研究两种或两种以上语言之间的关系或对应情况以及揭示诸语言是否具有共同原始语的方法的学科,前称比较语法学或比较语文学;比较心理学(comparative psychology)研究从病毒到植物乃至人类所有生物在行为结构上的相似与差异,特别是将人的心理性质与其他动物作比较,着重辨别动物(包括人)行为中的质与量的相似和不同。事实上,当代比较学科远不止于这些,比较社会学、比较政治学、比较教育学、比较经济学、比较人类学、比较历史学、比较宗教学……不一而足。

实际上,从以上的比较学科的规定中我们可以看到不同学科的比较对象的质的规定性,每一种学科都是从自身的本体论立场出发,仅仅是比较构成不了本体论含义,它还需要学科作为规定。这对于本文理解的比较教育研究至关重要,因为这要求我们必须对比较教育研究做出质的规定性,这里会有两种维度,一是把教育作为质的规定性,就是无边界的教育的比较研究;二是把民族国家的教育作为质的规定性,就是有边界的比较教育研究。

4. 方法意义上的“比较”认识

比较教育研究和教育的比较研究之间没有划定出清楚的界线是因为方法意义的“比较”认识存在着分歧。

哲学上,比较是一种认识活动,但客观物质世界的多样性和统一性为比较方法的存在提供了客观的必然性。比较是一种认识活动,比较方法是什么呢?通常人们会把比较方法界定为建立一般经验命题的基本方法之一,是基本科学方法之一,是一种在变量之间发现经验关系的方法,而不是一种度量方法。比较方法是一般的方法,而不是狭隘的、专门的技术;比较方法是“一种度量形式”,比较是“非测量的排序”,是计序度量。但塞缪尔·艾森施塔特(Samuel N. Eisenstadt)认为,比较方法是一组特殊的实际研究内容,它是一种术语,不是“恰当地指代某种具体方法,而是一种社会研究,专门集中于社会间的、制度上的或宏观社会上的问题”。看来,它是在学科意义来认识比较方法的。

从方法意义上去认识“比较”,通常会把比较方法与实验方法、统计方法和案例研究法联系起来。三种方法目的都在于科学解释,这种科学解释由两个基本要素构成:一是在两个或更多的变量之间建立一般经验关系;二是其他变量被控制,即保持不变。实验方法是设定两个相同的组,对其中一组(实验组)施加激励,而对另一组(控制组)不施加激励,然后把两个组进行比较,它们之间的任何差异都可以归功于这种激励,于是可以得知两个变量之间的关系。这里需要注意的是确保没有其他变量的介入;而统计方法要求对经验观测资料进行概念(数理)处理以发现变量之间受控制的关系。我们可以举例说明,如要研究人们受教育水平与政治参与度之间的关系时,可以控制年龄的影响,因为年轻一代比老年一代受过更多的教育。通过分类,把样本分为许多不同的年龄组,考察在每个独立的年龄组内参与度与教育之间的关系。

这样,我们可以对比较方法与这三种方法进行关系界定,统计方法近似于实验方法,实验方法是统计方法的一种特殊形式;比较方法与实验方法在逻辑上是一样的,比较方法类似于统计方法;比较方法和统计方法应该被当作同一方法的两个方面,在统计方法和比较方法之间不存在一条清楚的分界线,差别完全依赖于案例的数量;“比较方法不是实验方法的等价物,而只是它的一个很不完善的替代品”。比较方法的主要问题:变量多、案例少;在给定时间、精力和财务资源稀缺的条件下,最有效的方法是,把比较分析作为研究的第一阶段,在此阶段仔细地阐明假说,把统计分析作为第二阶段,在此阶段用尽可能大的样本来检验这些假说。案例研究方法能够且应该与比较方法紧密联系,某些类型的案例研究甚至被认为是比较方法的隐含部分。

　　然而，人类为什么要进行比较研究？为什么要使用比较方法？因为比较研究的主要功能是发展、检验和修正理论，这里要讨论的问题是理论与比较方法之间的关系。比较方法能够且应当用于政治现象和社会现象的"共性"研究，致力于提出"通则性"的理论论说。显然对于教育研究而言，比较研究和比较方法的使用同时具有教育理论的发展、检验和修正功能，以及对教育现象的"共性"和"通则"进行理论论说。

三、教育的比较研究

　　本文之所以提出教育的比较研究和比较教育研究的命题，是因为只有辨别清楚这两者之间的关系我们才可以认同比较教育研究的合法性。从词源学意义上，我们可以看到，比较一定是在两个或两个以上的事物(泛指)之间展开的。就教育的比较而言，可以在任何两个或两个以上的教育事物之间展开比较研究，如两所学校或两所以上学校之间展开比较，也可以是一国之内的两个省或若干个省之间的义务教育或义务教育经费展开比较。但条件是依据一定标准，并且事物间具有联系性。如果就两个省的义务教育展开比较，那么必须建立标准，同时要建立两个省的义务教育之间的联系；目的是确定事物间的相同点和相异点以及对事物进行分类，最终认识相互联系着的事物的本质。从教育上我们可以找出两个省的义务教育的相同点和相异点，并对义务教育进行分类，最终揭示义务教育的本质。

　　从上面的"比较"认识中，我们可以基本判断，教育的比较研究遵循着比较方法的所有基本法则，如特殊与普遍、个性与共性、个体与集体、整体与区域、历时与即时、演绎与归纳、纵向和横向、质量与数量、形式与内容、自发与自觉等。这些基本法则普遍地存在于比较方法的使用当中。

　　教育的比较研究本身普遍地存在于不同的研究方法当中，有的研究者划分了比较定性研究和比较定量研究。如在进行随机的因果关系的研究中，"得到因果结论(即 X 造成了 Y)的一个根本的科学概念是比较。比较除了因果变量(如教学干预措施)之外极为相似的两组人的教育结果(如学生成绩)，可以帮助分离出该变量对教育结果的影响"。"不管比较的单位是什么，随机地将学生、班级、学校分配到不同的治疗组，可以保证这些比较组大体上在干预开始时是相同的……而且比较组之间的机会差别可以使用统计方法得到检查。"

　　教育的比较研究必须具备基本条件，即建立一个参照点(a tertium comparationis)，这样所有的可以比较的单位能够根据一个共同的变量、根据比较中所有单位的常量进行考察。教育的比较研究并不用于构建一种解释理论的目的，而用于创建一种参照框架(a frame of reference)，便于不同的观察结果联系起来。利用教育的比较变量有效地描述被比较的单位，这些变量构成了现象分类的等值的标准。为了描述目的而创建的等值分类才可能进行初步的教育的比较，从而构成了构建一种理论的第一步，因此描述性比较的目的是根据分类和安排的现象去构建概念。另外，在谈到比较是一种方法论问题的时候，有必要区别描述性(descriptive)目的和陈述性(propositional)目的，因为它们的目标是要么区分个案(idiographic)现象，要么建立通则性的(homothetic)概括。

　　显然，教育的比较研究对于教育理论具有重要意义，"如果没有比较研究根本不可能有科学的教育理论"。但"比较教育研究"也包含在"教育的比较研究"中，但有其特殊的逻辑，也就是学科逻辑。

　　因此，教育的比较研究是依据一定的参照点或框架，遵循基本法则，展开对任何两个或两个以上的教育事物进行研究。

四、比较教育研究

从学科逻辑来讨论比较教育研究就是本文区分教育的比较研究的一个维度，尽管"应当承认，比较教育学作为一门学科领域的名称给人一个虚假的印象，好像比较教育学仅仅作为比较的方法使用"。比较教育研究必须包含大量的理论和方法论，在认真解释并分析不同国家和不同文化的教育发展规律和趋势特点的条件下，揭示和分析全球教育发展的规律和趋势。

由于比较教育研究还需要从学科逻辑上去解释其存在的合法性，因此我们需要表明比较教育作为一个学科或领域与比较之间的区别，比较教育学是作为一个具有实际内容的研究领域而存在的，而比较是作为一种方法而存在的，因此它们两者不在共同的边界内。一方面比较教育学可以运用其他方法，如定性、定量等方法，另一方面比较方法也可以应用于其他领域和学科，它存在于只要满足或遵循比较逻辑的所有对象研究中。况且，比较教育研究在使用比较方法中并不排斥其他方法的使用，相反"比较教育学所使用的研究方法非常多样"。

我们的一个重要观点是，比较教育学在研究内容上是有边界的，这个边界就是民族国家教育的比较研究。意大利比较教育学家加尔多在确定比较教育学的对象时写道："不管我们觉得给它起一个什么名称更好，最主要的是要承认，在使用比较（而且比较方法本身也要求研究方法多样）方法的同时，也有着确定的对象，即比较教育体系，或者换言之，是具体社会体系（国家、地区等）中的教育过程。"

事实上，在把民族国家教育作为研究边界的时候会有四种类型，即民族国家教育作为研究对象，民族国家教育作为研究背景，民族国家教育作为分析单位，民族国家教育处于跨国场景中。在全球化时代，跨国研究正在越来越引起研究者的普遍关注，无疑在这种关注中比较教育研究正显示出其强大的生命力。

比较教育研究具有自身质的规定性，也就是它的基本属性，这些属性就是它的跨国性、跨文化性、跨学科性。跨文化比较（cross-cultural comparison）可以揭示在其他文化内部不存在的制度及其功能。在解释跨文化关系里，"功能等值"（functional equivalence）是指事件 A 没有结果 B（在观察者自身文化中来看），但有结果 C，而结果 C 与 B 有关系，因为它实现了与 B 一样的功能。但只有认识到 A 与 B 的关系和 A 与 C 的关系是不够的，综合理论同样应当解释 A 和 C 之间的关系。如在一个国家高等教育的空间数量增加可以导致教育的高需求；而在另一个国家结果可能是需求令人惊奇地下降。另外，还有跨国比较（cross-national comparison）、跨学科比较（cross-disciplinary comparison）。

因此，比较教育研究一定是超越于比较方法，而教育的比较研究仅仅局限于比较方法，这种超越性首先表现在价值论上，比较教育研究具有借鉴、教师的专业通识知识、理解、决策等重要价值，而比较方法的目的是为了确定事物间的相同点和相异点，认识事物间联系的本质。其次，从本体论上，比较教育研究的终极性在于揭示不同民族国家的教育知识的不同表现或存在，从而为实现价值找到可靠依据。从比较方法的逻辑来看，比较方法与案例研究法之间是有联系的，这实际上为我们对单一国家进行研究找到了方法依据，如果我们把"美国教育"、"英国教育"等作为一个案例来进行研究，那么无疑这种研究也可以认为是比较研究，由于它是关于教育的研究，因此有理由视其为比较教育研究。

比较教育研究还与翻译别国教育经典联系颇深，问题是教育经典翻译是比较教育研究的一个部分吗？如果是，那么今天中国教育学术界蔚为壮观的西方教育著作的翻译大潮是否就是比较教育研究的大潮呢？凡是懂得外语的，并且在自己研究领域有所建树的中国教育学界人士都在西方教育著作的翻译上频频出手，为哪般？是为中国已经枯竭了教育研究资源注入活水？是为中国教育改革在社会转型中寻找范式转换的依据？为中国教育实践在面对素质教育困境而提供国外成功榜样？这里还引出一个话题，那就是比较教育研究者的身份确证。有什么身份特征的研究者才算是一个比较教育研究者呢？无疑，只有在学科视野中才可以确证身份。

因此，比较教育研究是具有确证身份的比较教育研究者在遵照教育的比较研究的共性下对民族国家边界内的两个或两个以上民族国家的教育进行跨国性、跨文化性、跨学科性的学科逻辑的研究。

五、结语

通过以上的研究，比较教育研究和教育中的比较研究的区分可以纠正长期以来在认识上的误区。"教育的比较研究"和"比较教育研究"是既相联系，又相区别的两个范畴，但确实我们注意到，在教育学术界有人否定比较教育研究的存在，否认比较教育研究存在的必要性，其理由是所有从事教育研究的人都应该有比较研究的素养或能力，都应该有比较的国际视野，比较研究应该是真正的两个或两个以上事物的比较，而实际的研究成果却更多表现出单一国家或问题的研究，根本上缺乏比较维度，从而否定比较教育研究的价值。我们的反驳理由是，比较是客观存在的人类的一种思维方式，因此所有人都应该有比较能力，具有普遍性，比较教育研究在这种普遍性的基础上追求特殊性，也就是学科的价值，它创造知识、建立理论。否定比较教育研究就等于否定所有的各学术领域的比较学科，也就把比较文学、比较政治学、比较法学等都否定了。

比较教育研究和教育中的比较研究的区分有利于我们构建比较教育学科的发展史。在比较教育研究中，尤其是西方的比较教育学者通常把比较教育研究的历史追溯到史前，也就是18世纪以前的历史，确定历史价值的基础是对域外教育的考察和记录，甚至思考。这种历史认识虽然有一定程度的合理性，但缺乏边界的限定，我们把比较教育研究限定在民族国家教育的边界内，那么现代民族国家建立和发展就成为比较教育研究历史构建的一个重要依据。

比较教育研究和教育中的比较研究的区分还有利于研究者身份的明确。比较教育学家是这样一种人，他们注重以专业学科的方式来了解比较教育，而这种专业学科的本质是科学的。这意味着对于自己研究的教育现象，比较教育学家的发现和论述都是在一个定义严格的参考框架内的。相反教育中的比较研究是普遍地存在于所有的教育研究中，但并不意味着进行着专业学科的探索，我们总不能把经常出国访问的政府官员为了某一种政策而到国外去考察、访问也都视为比较教育研究，因此这种区分对于比较教育学科建设是至关重要的。比较教育研究是学科专业共同体内的事情，对于中国比较教育研究而言，完善专业学术共同体才是最紧迫的工作。

——朱旭东. 2008. 比较教育研究，(2)：27-33

第七章　化学教育经验总结

第一节　化学教育经验总结的特点和类型

一、化学教育经验总结的特点

化学教育经验总结在化学教育科研中属回溯研究或追因研究，它是通过收集反映化学教育实践经验的事实材料，经分析、整理和加工，将现象材料提高到理性认识的一种研究方法。

化学教育经验是化学教师在长期的化学教育教学实践中形成的有某种体验感的感性认识。它包括化学教师在必修课、选修课、活动课及课余、校外活动中获取的对教师教授化学、学生学习化学及成功组织其他化学教学活动的各种体会。根据创造化学教育经验的主体，把化学教育经验分为群体的化学教育经验和个体的化学教育经验。群体的化学教育经验是指由学校、教研组、备课组或其他化学教师群体，多人共同设计和完成某项化学教育教学实践活动所形成的经验。个体的化学教育经验是指由个人（自己或他人）相对独立地进行某项化学教育教学实践活动所形成的经验。

1. 新颖性

行之有效的化学教育经验是从化学教育实践中产生和提炼出来的，是近期化学教育实践活动的理性概括，更是化学教育客观规律的反映，因而必然具有新颖性，或观点、材料新颖，或形式、方法新颖。这种经验就是所谓新鲜的经验，对当前的化学教育实践活动具有很强的针对性和指导作用。

2. 普遍性

所谓化学教育经验的普遍意义，一是在于经验要经得起一定的时间、空间的检验，在应有的时间、空间范围内，经验都不失其存在的意义；二是在于经验要经得起相关实践的检验，在相同的条件下，经验的运用均能取得良好的成效，即所有运用类似方法的实践活动都可以获得成功。那种在特殊情况下取得的"经验"，并不是化学教育科研意义上的经验，是不具有普遍性特征的。

3. 实践性

化学教育经验的实践意义表现在：化学教育经验总结的源泉是实践。一般来说，经验总结多是针对教育实践中的具体问题，包括带共性的原理、原则在实际操作运用中的问题，也包括化学教育实践中的突出矛盾，即具有特殊性、个性的问题。这些都是人们在教育实践中积极探索并力图解决的课题。在化学教育经验总结的过程中是离不开实践的。总结化学教育经验，就实践者而言，必须边实践、边探索、边总结，逐步实现由感性认识到理性认识的飞跃；就研究者而言，必须经常深入化学教育教学第一线，调查、访问、观察、思考，必要时还需亲自参与实践过程，以获得丰富的感性材料，并在此基础上通过经验总结而建立起科学的理论。教育实践是经验总结的物质基础，经验总结是教育实践的理论升华。教育经验总结的成果还要回到化学教育实践中。先进化学教育经验的推广，是现代教育信息交流与传播的重要方式之一，也是经验总结进一步接受实践检验、获取反馈信息的一种有效途径。从人类知识发展过程来说，先进经验的推广，就是对事物再认识、再实践的过程。因此，化学教育经验总结的成果必须再回到教育实践中，能动地指导今后新的实践。

4. 发展性

随着时代的发展和化学教育改革的深入，化学教育经验的内涵必将随之发生变化。辩证唯物主义认识论告诉我们：实践—认识—再实践—再认识，这种形式，循环往复直至无穷，而实践和认识之每一循环的内容都较前一循环进入高一级的程度。这种实践与认识的循环是呈螺旋状上升的，是渐进式的循环，每经过一次循环，就进入更高一级的境界。化学教育经验的形成和发展正是体现了这一辩证唯物主义的认识论原理。

经验总结作为一种科研法的特点

实用性：一方面，经验总结法作为一种普及性的化学教育科研方法，操作程序简单明了，易于掌握；另一方面，教师利用经验总结法开展化学教育科研活动，既不影响正常化学教育教学工作的连续性，又可以大大促进自己的本职工作。

适用性：经验总结法的适用范围非常广泛。任何一方面的化学教育问题都可以成为化学教育经验总结的对象，只要在这方面具有突出的经验即可。此外，运用经验总结法进行化学教育科研，没有特殊科研条件的限制，可以因地制宜、因时制宜，因人而异、因事而异，因而具有较大的灵活性和广泛的适用性。

二、化学教育经验总结的类型

1. 科学性经验的总结

科学性经验总结是经验总结的最高层次，具有较高的科学价值。它是在一般经验总结的基础上进行理性的、逻辑的分析，揭示经验的实质。科学性经验的总结方法是：掌握丰富的事实材料、科学的理论和方法，运用理论知识揭示经验的实质，使经验上升为理论。具体来说，就是对积累的经验材料进行理论性的分析，揭示经验的实质，包括揭示主要内容之间的相互联系、实践上的新特点对理论发展的意义及某一经验在整个教育过程中的地位和作用等。

例如，《化学"单元实验程序"教学方法的构建》（载于《北京市中小学优秀教师教育思想与教学艺术评价丛书·化学卷》）阐述了王老师几十年的化学教学改革的实践经验，总结体现了他的教学思想，即达到四个转变：一是变"教学"为"学教"，二是变"教学"为"教思"，三是变"教学"为"教育"，四是变"教学"为"教法"。其根本目的在于充分调动学生学习的主观能动性，变"学会"为"会学"，变"要我学"为"我要学"，变"苦学"为"乐学"。

总结报告也详细地阐述了"单元实验程序"的实施方案，可分为五个程序：第一程序，直觉与启示——知觉感知阶段（启发实验）；第二程序，读书与思考——思索探求阶段（准备实验）；第三程序，讨论与实验——动手操作阶段（演示实验）；第四程序，总结与练习——巩固落实阶段（串联实验）；第五程序，考核与创新——创造设计阶段（创造实验）。另外，经验总结报告中，对于"单元实验程序"教学方法的构建，还从系统论、信息论、控制论等角度进行了全方位的设计。

2. 一般经验的总结

总结一般的化学教学经验，是以具体的教学经验为基础，从中概括出经验的一般形式。这种经验具有更大的普遍性，是进行科学性总结的基础。撰写一篇一般的教学经验的基本格式是：举例说明一种教学活动的基本程序；阐述这种教学活动的指导思想、特点和优越性；指出这种教学活动所适用的范围和实施的具体建议；等等。

例如，《浅谈初中化学概念的教学》（原载于《化学教育》1996年第7期）总结了作者多年来在初中化学概念的教学中的以下五点成功经验。

1) 抓直观形成概念

化学概念是化学现象的抽象和概括，学生通过对化学现象的观察、分析、概括形成的概念，理解透彻，记忆深刻。所以在概念教学中，我总是千方百计从实验着手。

2) 抓要点领会概念

概念教学要指导学生弄清是怎样叙述概念的，概念分几个层次，有哪些要点和关键词，使学生能用自己的语言剖析每个概念，深刻领会每个概念的含义。

3) 抓特征区分概念

在化学教学中，有些概念既有本质不同的一面，又有内在联系的一面，教学中如果只注意某一概念的本身，忽视不同概念之间的联系和区别，那么就会使学生对概念学习混淆不清，且遗忘率也极高，直接降低教学质量。因此我常采用对比的方法，将既有联系又有区别的概念进行对比，使学生弄清概念的异同，防止模糊概念。

4) 举反例理解概念

一般来说，课本上都是从正面阐述概念，为了更好地帮助学生理解和掌握概念，我在教学中让学生在正面认识概念的基础上，有意引导学生从反面或侧面去分析，使学生从不同的角度去理解每一个概念。

5) 抓训练掌握概念

教学中发现，有些学生只能机械地记忆概念，不会正确地用概念解决问题。针对这一矛盾，我经常设计一些概念性较强的练习题。

3. 具体经验的总结

具体经验的总结是以化学具体教学实践为基础，总结某次化学教学活动的经验。其内容生动具体，易于学习和效仿。撰写具体的教学经验，必须占有详细资料。除了在活动过程中注意观察和做好记录外，还要收集活动的各种书面资料，必要时，还可以组织座谈或调查，收集师生活动后的反映。其撰写的一般格式是：一项具体的化学教学活动过程+活动的效果+作者的体会。撰写时，首先记述此项活动的目的、内容，活动的经过及师生参与的情况等；然后记述通过此项活动师生的收获，以及是否达到预期的要求，这里可以用数据或图表说明问题；最后，这一经验的总结者介绍自己的感受，对此项活动优越性的认识。具体的教学经验常安排在"教学一得"、"教学后记"等栏目。

例如,《摩尔[①]教学的几种做法》(原载于《化学教育》1998 年第 10 期)全文有以下四点做法:

(1)注重联系学生感性经验,增强对引入物质的量及其单位的必要性认识。

(2)建立"基准量"的概念,实行教学的模式化,提高接受效果。

(3)结合有关化学量换算,强调物质的量的桥梁作用,加深各化学量的联系。

(4)配合教学跟踪练习,以误辨正,保证学生准确运用。

教师个人发现先进化学教育经验的途径

1. 课堂教学设计

在课堂教学设计过程中,研究教材、教法,研究学生、选择教学方法与设计教学步骤等。在这个过程中,很多情境会引发我们对过去教学经验的追忆,启发对过去教学经验的总结和修正。特别是在集体教研活动中,通过倾听大家的见解,考虑别人的做法,再结合自己的教学实践,很容易启发我们对某个教学问题有更深刻的认识,从而发现先进的化学教育经验。

2. 课堂教学

课堂教学系统中有教师、学生、教学媒体等要素。系统中的师生不仅有知识的传递,更有情感的交流,在这个复杂的教学环境中,我们时常会感觉到某种教学的成功感,课后回味这种成功体验,提炼几条成功的做法,然后又把成功的做法回到实践中检验,经过多次实践检验的教学经验便成了经验总结的第一手素材。课堂教学经验总结最丰富多彩,大到教学思想,小到课堂教学的某个环节。

3. 课外辅导

在课外辅导过程中,有与学生面对面的接触机会,能更好地了解学生。例如,学生的提问及他们对问题理解的思路往往是教学中的疑点、难点,是学生认识的灰区。积累这些材料,便成了突破学生认识灰区的经验总结。此外,在辅导学生课外活动或辅导学生学习的过程中,也有许多经验值得积累和总结。

4. 自身素质提高

除了在教学实际工作中得到启发,在自身素质提高的过程中也经常会得到灵感和启发。广泛阅读化学期刊,某一篇文章或某一段话也许会得到你的认同,由此引发对自己教学实践的总结,或参加某次学习活动,讲课教师的某些阐述也可能激发我们对某些教学实践经验的再认识,先进的化学教育经验也就被发现了。

第二节　化学教育经验总结的要求和步骤

一、化学教育经验总结的要求

1. 总结对象应具有典型性和代表性

总结化学教育教学经验时应认真考虑经验总结的典型性和代表意义,能提出带有普遍性

---

① 摩尔,现教材已改为物质的量。

或具有重大现实意义的问题，能在化学教育教学改革中以点带面，推动全局的改革。特别是对于群体的抽象理论性的化学教育经验，更应权衡总结对象的典型性和代表性，以免产生不良影响和不必要的损失。不能人为地制造"典型"，哗众取宠，或盲目地估量经验的作用。

2. 大量占有化学教育实践的有关材料

化学教育经验总结要以大量的化学教育实践为基础，从事实出发，从特殊的材料中抽象出共性的规律。因此，收集、积累和占有大量的化学教育实践材料是总结化学教育经验的前提。

3. 正确区分现象与本质

正确区分现象与本质，得出规律性的结论。总结教育经验的目的在于，由事实材料上升到理论认识，揭示其规律性，用于指导实践。在经验总结的过程中，不断地接触到不同层次的人和各种不同材料，如何在占有大量事实的基础上，分析明辨哪些是现象，哪些是本质。这是很重要的，要尽量克服和避免主观片面性与随意性，以及人为的干扰因素，要总结出真正符合客观规律的结论。

4. 在独立思考的基础上提炼化学教育经验的主题客观规律的结论

化学教育经验的主题是反映某项化学教育经验本质特征的理性认识，提炼化学教育经验的主题，不是各种材料的堆积，必须进行独立思考，通过比较、分类、归纳、分析与综合、抽象与概括找出各种材料集中反映的主题思想。在提炼的过程中应以客观事实为根据，定性和定量相结合。教育的实践活动提供了什么事实，就总结什么经验，有什么经验，就提供什么理论依据，不能先入为主，夹杂个人的主观偏见。分析问题要尊重客观事实，把定性与定量分析结合起来，尽可能用数据说话，实事求是地进行总结。

5. 确立教育理论的支撑或拓展新的教育思想

由于教育经验直接来源于教学实践，人们更多的是关注教育经验的可操作性。为了更好地让人们理解和接受某项教育经验，还必须有一种理论支撑或拓展一种新的教育思想，运用理论对大量的化学教育经验进行分析，做出合理的解释，使人们知其然，也知其所以然。在确立教育理论的支撑时，我们经常要学习和运用一些教育学、心理学和教育统计学等专业知识。

撰写化学教育经验总结报告的基本要求

(1)新颖。报告中提炼的主题应具有鲜明的创新性，创新性也体现了化学教育经验的先进性。

(2)结构严谨，层次分明。报告论点鲜明，论据可靠，论证要具有严密的逻辑推理，突出主要的和有创见的内容，整个报告内容和次序的安排应当服从经验总结的中心思想，使整个报告结构严谨，层次分明。

(3)观点和材料的一致性。报告中的观点要出自客观存在的事实材料，是对大量的事实材料的正确、深刻、集中的分析、归纳和综合，最终提炼、概括出结论，观点和材料应具有一致性。

（4）语言表达精练简洁，准确完整。报告中的文字要简练、通顺，表达要准确完整，忠实客观地、全面地反映事实。

二、化学教育经验总结的步骤

化学教育经验本身具有广泛性、群众性和多样性的特点，总结可以有不同的规模，可以采用各种各样的形式进行，可以由个人进行，也可以集体进行，可以总结个人的实践经验，也可以总结群体的实践经验。这里只提出大概的方法步骤，在实际运用时应根据条件灵活采用。

1. 准备工作

1）留意先进的化学教育经验

化学教育经验总结一般从留意先进的化学教育经验开始。这分为两种情况：一是教育行政部门、科研部门或学校发现某群体或某教师的化学教育效果显著；二是某化学教师或某群体自我感觉本人或本群体的化学教育工作在某方面很好。

2）确定化学教育经验总结课题

留意到先进的化学教育经验后，可先用简单的语句把它们记录下来，以免遗忘。一段时间后，可能留意和记录了几条先进的化学教学经验，分析它们，选定一个近期值得研究和总结的课题。

3）阅读有关文献资料和制订总结计划

经验总结课题确定后，就要围绕总结的中心内容广泛收集、翻阅有关资料，包括有关方针政策、上级的文件指示、国内外研究动态等。这不仅为经验总结提供了可靠的文献依据，而且可以避免盲目摸索或重复已有成果，以提高总结的功效。在占有一定文献资料的基础上，应结合自己所具备的条件和力量，对总结的过程进行构想设计，这就是总结计划。总结计划应包括：总结的目的、任务和基本要求；工作进程的轮廓（总结的起始、程序、实施、分析和综合）；设计具体总结的方法（若是集体总结，总结人员还要进行组织和分工）及总结的验证等。计划要留有余地，要充分考虑实施的可行性，并对可能出现的难以预料的问题做出应变的考虑。

2. 收集与化学教育经验总结相关的事实材料

总结经验要以具体事实为基础，如实地反映事物的本来面目。因此，通过各种方法收集能反映先进经验全面情况的材料，这是总结工作的主要阶段、基础阶段。

收集材料首先是收集反映先进经验的各种书面材料，其次是通过各种途径，直接得到第一手材料，最后是对反映先进经验的实际效果进行考察验证。以上过程反复交叉进行，目的是采取各种方法和途径取得完整、系统的材料。

经验可以是他人的经验积累，也可以是自己的工作体会。若总结他人的化学教育经验，收集事实材料要围绕与经验创造者有关的人物和事件，可以是创造者本人从事化学教育活动的现成文字、音像与实物材料，也可以是经验创造者在从事化学教育活动的现场取得的观察材料，还可以是从其他途径得到的调查材料，调查材料中应含有能对该经验创造者的实际效果进行评价的客观性材料。若总结自己的化学教育经验，收集事实材料，要围绕体现自己教学思想的课堂教学设计和课堂教学程序的文字材料，收集反映课堂教学效果评价的各种材料，收集同事及学生的反馈意见等材料。

3. 分析相关的材料，归纳抽象出化学教育经验的规律

分析和归纳是总结先进经验最重要的环节。充分占有事实材料是产生先进经验的基础。然而，若不对收集的材料进行分析和归纳，使其条理化、系统化，则材料再多也只是罗列事实，描述现象，堆砌材料，这样的经验是于事无补的，达不到总结经验的目的，既没有理论价值，在实践上也无法有效地为他人所效法。

分析和归纳主要步骤如下：一是根据经验总结的目的要求，对收集的材料进行分门别类的整理，删繁就简，区别真伪，核实必要的数据，查对引证的实例，以求如实反映总结对象的全貌。二是对事实材料本身所提供的普遍意义和社会效果进行认真分析，从而以现象作为向导，揭示具体事实的内在本质联系。分析哪些是主要的，哪些是次要的，哪些是有所创新的，哪些是有待考察的。通过初步综合分析，为总结提供比较可靠的论据。三是分析综合事实的过程，为抽象概括、推理判断打好基础，以便将丰富的经验上升到科学理论的高度。

一般的情况是，经过分析和归纳，经验就总结出来了，即总结的过程就基本完成了。然而，作为先进经验的总结，还有待组织论证。通过论证，听取不同意见，接受质疑、提问，集思广益，吸收真知灼见，然后进行修改补充，完善经验总结报告。这样，整个经验总结的过程就全部完成了，总结的成果也就出来了。

案例展示 1

中学化学教学的结构化与程序化

一、问题的提出

（略）

二、布鲁纳教学论的启示

美国教育心理学家布鲁纳，曾提出著名的现代教学论中的四原则：结构原则、程序原则、动机原则、反馈原则。

1. 布鲁纳的教学结构原则

布鲁纳认为："教学论必须探明达到最优理解的知识结构化的问题。"任何学科，主要是使学生掌握该学科的基本结构，同时也要掌握研究这门学科的基本态度及基本方法。布鲁纳的这一观点给我们的启示是：用以上"基本结构"、"基本态度"、"基本方法"迎接知识迅速发展的挑战。他的远见卓识是不停留于教材"量"的改进，而是进一步提出教材与教学的"质"的改进。他的学科结构有以下三个特点。

（1）学科内容尽量"简约化"、"单纯化"，突出基本结构，舍弃杂多的枝蔓，使学习者易于理解，并有助于记忆。

（2）探求使提供的知识成为具有活力的知识体，即使学科知识具有"生成力"。

（3）有助于教学内容的现代化。

2. 布鲁纳的教学程序原则

布鲁纳认为："教学论必须探明显示教材的最优程序的问题，也就是探明教学过程的问题。"

"一门课程不但要反映知识本身的性质，还要反映求知者的素质和知识过程的性质。"

布鲁纳的这一观点给我们的启示是：知识的呈现应按照知识的逻辑系统与学生的认知规律进行。

他的教学程序有以下两个特点：

(1)要选择最优的教材显示顺序及方式。

(2)不仅要处理好知识的结构化，而且要处理好知识显示的程序化。

布鲁纳提出他的教学原则的历史背景是，原苏联第一颗人造卫星上天，美国朝野震惊，全美国教育改革呼声甚高。他提出改革教育的出发点，是培养"尖子"人才与苏联竞争。值得一提的是，由于过分重视培养尖子而忽视基础教育，由于过分强调学科结构而忽视学生认知规律，以及其他原因，布鲁纳的教学改革未获成功。

我们没有必要拾人牙慧，但却应该汲取一切有益的启示。布鲁纳的观点颇具现代风格，去其糟粕，取其精华，对其合理部分采取"拿来主义"，并结合我们的教学实际，使之为我所用。

十几年来，布鲁纳的以上教学论观点，曾对我教学风格的形成给予过较深刻的、有益的影响。

三、启发式与现代教学论相结合

给予我教学风格以更深刻影响的是启发式教学思想。能否把这一传统与西方现代教学论的合理部分结合起来，改革我们的化学教学，这也是我想了十几年的问题。

我设想，以启发式作为指导思想，结合西方现代教学论的合理成分，从三方面进行化学教学改革。

(1)将化学知识结构化和化学教学过程程序化。

(2)加强化学实验和化学史教育。动静结合，走两条途径。

(3)综合运用多种教学方法和教学手段。

启发式与现代教学论相结合，是我尝试改革化学教学的总体构思，本文着重总结第一方面的十几年的实践体会。

四、中学化学教学的结构化

通过教学理论的学习和教学实践的检验，我摸索出这样一个规律：元素化合物知识的教学，均可以按照"知识主线—知识点—知识网"的方式，将知识结构化起来，给学生明确具体结构化的知识；并可按照"由线引点，由点连网"的方式，将教学过程程序化起来，使学生掌握研究元素族的基本方法。

1. 知识主线给出学习研究元素化合物知识的系统

以下是我们总结出的中学化学所学的全部 11 种元素(6 种非金属，5 种金属)及其化合物的知识主线。

非金属知识主线：

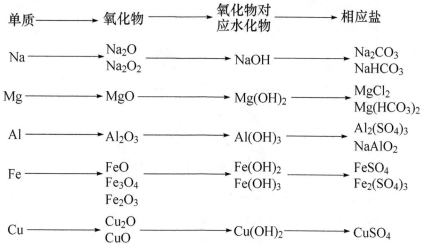

金属知识主线：

这两个知识主线表的特点是：

(1)表达十分简练，而中学所需掌握的重要无机物，几乎尽列表中。

(2)揭示所有元素的知识主线具有相似性，因而具有生成力。有利于学生发挥迁移力，预测未知元素族。

(3)给出研究或学习元素族知识的系统：①均以典型元素为代表；②均从单质开始研究；③向左依次研究气态氢化物、无氧酸以及相应盐(金属元素族除外)；④向右依次研究氧化物(中学卤素特殊)、氧化物对应水化物以及相应含氧酸盐等。

(4)知识主线本身就蕴含着启发式内容。可直接用以进行"主线启发"：启迪心智、激发兴趣、诱导求知，并指导自学。

2. 知识点给出学习、研究元素化合物知识的重点

(1)最主要的知识点应从知识主线中引出。如前面所讲，知识主线给出学习、研究元素知识的系统。以氮及其化合物的知识主线为例：

$$NH_3 \longleftarrow N_2 \longrightarrow \begin{matrix} NO \\ NO_2 \end{matrix} \longrightarrow HNO_3 \longrightarrow \begin{matrix} NaNO_3 \\ Cu(NO_3)_2 \end{matrix}$$

它明确指出横向上依次研究主线上各类物质的顺序。所以可依主线引出 N_2、NH_3(以及 NH_4Cl)、NO、NO_2、HNO_3(浓、稀)、$NaNO_3$ 等具体物质的知识点进行研究。

图1 知识点以化学性质为核心

(2)知识点以化学性质为核心。如图1所示,因为物质的性质反映着物质结构,决定着物质的用途、制法、存在、保存等,所以可确定每一单元(或每一元素族)的知识点以物质的化学性质为核心。

3. 知识点的表示要简单、清楚、明确、具体

氮及其化合物的知识点如图2所示。

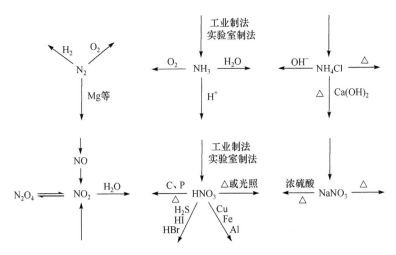

图2 氮及其化合物的知识点

以上知识点非常简明、具体地表示出了 N_2、NH_3、$NaCl$、NO 和 NO_2、HNO_3 及硝酸盐的化学性质及重点知识,既好理解,又好记忆。像氨跟水、跟酸、跟氧的反应,硝酸的强氧化性及不稳定性,铁盐和硝酸盐的易分解等重点知识,均表达得一目了然。

4. 知识网给出元素化合物间的内在联系

我对知识网的研究津津乐道,力求和谐、对称、简练。以下是我构思的卤素、硫及其化合物、氮及其化合物等3个知识网,如图3、图4、图5所示。

(1)知识网揭示元素化合物间的内在联系。

(2)知识网将知识点连接成一个整体。既表示整体性的知识关系,又给代表性元素以最突出的位置。

(3)知识网给人以化学美的启示,和谐、对称、简练。

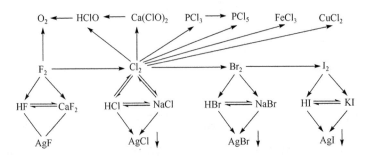

图3 卤素知识网

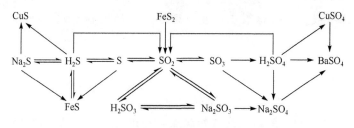

图 4　硫及其化合物知识网

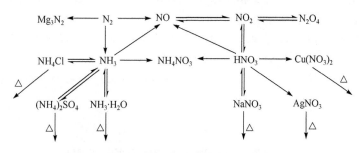

图 5　氮及其化合物知识网

以上，我介绍了如何建立由"知识主线—知识点—知识网"组成的知识结构。我在教学中强调"明确主线，抓点连网"，使学生得到简约的、整体性的、互相联系的、结构化的知识。

五、中学化学教学的程序化

知识顺序的最优呈现，这是一个毕生追求的目标。"由线引点、由点连网"的学习、研究程序，则由近半生的心血所凝成。

(1)每单元的第一节课，就给出知识主线。例如：

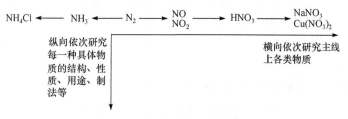

图 6　知识主线横纵研究顺序图

知识主线横纵都给出学习、研究的顺序。横向上依次研究该系统的各类物质；纵向上依次研究每一种具体物质的结构、性质、用途、制法等。

由于中学化学 11 种元素的知识主线具有相似性，因而可举一反三。有利于各章教学的前后呼应，联系对比。

知识主线具有两个重要功能：既给出每一单元的知识系统，又给出研究、学习该系统知识时的程序。

(2)每单元(或每节)讲授具体物质课时依次给出知识点，有利于迅捷认识和提高效率。

知识点的引出和归纳应精心组织课堂教学。

要采取多种启发式形式。例如：①实验和直观启发；②问题和讨论启发；③类比和比喻启发；④练习启发；⑤化学史启发；⑥主线启发等。

(3)每章教学的复习课，可以由师生共同讨论，并总结归纳出知识网。

以上"起始课给线，讲授课引点，复习课连网"的过程，就是一个完整的教学程序化过程。

六、几点体会与说明

(1)教学是一种艺术，对艺术的追求是没有穷尽的。本文是我多年来学习教学理论、进行教学实践、总结教学体会、建立教学风格的初步总结。

(2)教学实践表明，由"知识主线——知识点——知识网"组成的知识结构，由"由线引点，由点连网"组成的教学程序，两者相互结合，既有利于学生掌握化学学科的基本结构，也有利于学生掌握学习化学的基本方法。

(3)教学的结构化与程序化，不仅仅适应于元素化合物教学，而且在其他方面教学时也行之有效。

——阎梦醒. 1994. 中学化学教学参考, (Z2): 18-21

案例展示 2

高中化学教学中课堂提问的有效性及思考

一、课题的提出

我们在听课和调研中发现，在以问题为中心的课堂教学组织中，至少有两点需要再深入地研究：一是对课堂所提"问题"的内涵和外延的认识有所不同，有的教师认为课堂所提问题应该指需要探究或值得探究的问题，而有的教师把不懂的知识、不清楚的概念、不会做的习题等等统统纳入其中；二是不少教师对问题的有效性(问题的质量)认识不足，其提问只不过是简单现象的描述加上疑问词和疑问语气，实际是为了提问而多问、乱问，并不清楚什么样的问题才算是有效的问题，什么样的问题提出之后才能达到"一石激起千层浪"的效果。笔者想就化学课堂教学中有效提问的特征，提出有效提问的评价指标，同时列举在化学课堂教学中有效问题的设计策略和有效提问的控制策略。难求全面，权作引玉之砖。

二、有效提问的特征

低效提问一般只涉及知识性问题，包括对教科书所列事实的解读、对概念或定律的理解等。教师提出这一类问题，或是考虑到学生对某些经验事实难以进行思维想象，或是认为学生对某一定义在理解上有困难。这类问题通常是源于学生的无知、好奇、疑虑而提出的，它们往往直接来自生活经验，如"衣服上的汗迹黄斑为什么可用食盐搓洗"，或者源于对实验的直接观察，如"二氧化碳为什么可以灭火"，其形式就是"为什么、是什么"。这类问题，能够激发学生的学习兴趣和探究热情，如果提问层次停留于此，探究学习便难以起步。因此这类知识理解问题是好奇加无知的问题，必须转换为有效问题才能使"自主、合作、探究"的学习方式成为可能。笔者认为，课堂教学中有效提问应具有以下特征。

(一)有较高的知识关联度

问题的知识关联度是指所提出的问题与已有知识发生联系的程度。课堂上一个有效问题的提出，"产生于对知识背景的分析，仅有观察绝不能产生问题。只有当把观察与已有的知识比较时，才能产生问题"。因此，若要进行有效提问，就必须使问题与已掌握的知识联系起来，提高知识关联度，使问题从现象描述转化为有所知有所不知的问题，转化为抽象性问题。比如，学习硝酸的强氧化性时，已经知道硝酸是一种强酸，可以完全电离，具有酸的通性，由此可以判断硝酸能使紫色的石蕊溶液变红。然后做实验，在浓硝酸中滴入两滴紫色石蕊试液，溶液的确变为红色，说明硝酸具有酸性。但过一会儿颜色变淡，直至由红色逐渐变为无色。这时要想使探究起步，就应该把这一简单现象产生的问题指向 H^+ 和 NO_3^- 的性质等知识背景，并将它们联系起来进行比较，从而将问题转化。诸如："酸能使石蕊试液变红是什么离子的作用？"，"浓硝酸中滴入两滴紫色的石蕊试液先变红后逐渐褪为无色，使红色褪去的是什么离子的作用？"，"在浓的硝酸钠溶液中也滴入两滴紫色的石蕊试液又会有什么现象？"等等，进而形成"NO_3^- 的氧化作用和 H^+ 的浓度大小有什么关系"这一科学问题，最终转化为"氧化剂的氧化性与介质的酸碱性有何关系"这一抽象的探究性问题。通过一系列的探究实验，得到介质的酸性越强，氧化剂的浓度越大，物质的氧化性越强的结论。

（二）有较好的目的预设性

有效提问中存在问题的指向预设和解答域预设。"问题的指向预设，主要是从对象角度，预设某种实体、性质、状态、原因（因果关系）以及命题等存在"；"所讲科学问题的解答域预设就是问题自身所认定（或假设）的问题解答范围，它指示着解答者到哪个域限中去寻找答案"。无效问题或低效问题往往预设不明确。比如"二氧化碳气体为什么会灭火"，这虽然也预设二氧化碳气体灭火是有原因的，然而是什么性质并不明确。另外，它的解答域预设也不明确：到底要求学生从物理性质的角度寻求解答，还是从化学性质的角度进行解答？如果我们转换一下，"变成二氧化碳气体的什么性质使它能灭火"，其指向预设和解答域预设就明确了许多。它预设了原因是二氧化碳气体的一种性质，预设了要在性质领域解答问题。有了比较明确的预设，学生的探究过程就有一个明确的方向。正如海森堡所说："提出正确的问题，往往等于解决了问题的一大半。"

（三）有较广的信息传递性

一个无效的问题或一个低水平的问题往往只是单一信息的简单重复。信息量少，综合性更差。一个问题，如果反映了较多的信息甚至体现了不同信息之间的关系（可以是不同现象之间的联系，也可以是观察数据之间的关系），就是一个有效问题。例如，"为什么二氧化碳气体能灭火，而碳不完全燃烧产生的一氧化碳不能灭火"这一问题所含信息的综合程度，比起"二氧化碳气体为什么能灭火"就要高一些。随着学习的进一步深入，当学习到"金属及其化合物"中钠、镁的性质时，还可以抛出"二氧化碳气体的什么性质使它能灭火""同样是火灾，钠、镁等物质的燃烧又为什么不能用二氧化碳灭火"以及"还有哪些物质可以替代二氧化碳灭火"等，这些问题传递的信息量、信息广度和综合程度明显不同。

（四）有较深的思维创造性

爱因斯坦曾说过："提出一个问题比解决一个问题更为重要，这是因为解决问题也许仅是一个数学上或实验上的技能而已，而提出一个新的问题，新的可能，从新的角度去看旧的问题，却需要创造性的想象力，而且标志着科学的真正进步。"例如，"硝酸的氧化性与硝酸中哪些微粒有关"，这个问题已有一定的知识关联性，也有一定的预设目的性，是一个比较好的有效问题。在传统教学中，如果将问题直接转化为实验来演示，教师经常是这样做的："下面我们用实验来探究这个问题"，"节目预告"后即取出盐酸、浓硝酸、稀硝酸、浓硝酸钠溶液、铜片，用四支试管分别取等量的上述四种溶液并编号，1号试管中是盐酸，2号试管中是浓硝酸，3号试管中是稀硝酸，4号试管中是浓硝酸钠溶液。分别加入铜片后，发现2号试管中有红棕色气体产生，余下的三支微热后，3号试管在试管口有红棕色气体产生，1号、4号试管无明显现象，说明硝酸具有氧化性。然后再进一步概括上升到硝酸的浓度越大，氧化性越强，学生思维活动将在此中断。在这个过程中，一般的学生只是做个观众，看一个结果。除了静观结果外，其思维未能启动。对于演示实验的设计思想、操作思路都无从思考，学生不知道实验为什么会这样做。这样演示实验的作用，也就退化到仅为结论提供实验支持，只为教学增加直观性，只为学生提供感性印象帮助记忆，只为掌握知识服务，而不能很好地培养学生的创造性思维。如果激励学生猜想，将原问题转换为"硝酸的氧化性是 NO_3^- 的作用吗""硝酸的氧化性是 H^+ 的作用吗""硝酸的氧化性是 H^+ 和 NO_3^- 共同作用吗""硝酸的氧化性与 H^+、NO_3^- 的浓度有关吗"等一组问题，这些问题有了更加明确的预设，将进一步指引学生去思考，引导学生如何设计实验进行探究，学生的思维将被高度地激活。这种"用问题组引导学生进行深入的思考，用组合、铺垫或设台阶等方法来提高问题的整体效益，鼓励学生主动发现问题、提出问题，培养学生问题意识，这是激发学生创造性思维的最好途径，也是学生主体性的最充分发挥"。

三、有效问题设计策略

（一）研究学生，用好教材，提高问题的有效性

课堂提问的灵魂不仅体现在启发方式上，更应建立在通过对主、客体的具体分析而提出的"有效问题"上。上课前，我们要研究学生实际，了解学生的基础知识、接受能力、思维习惯以及学习中可能遇到的困难等等，就是我们通常所说的备教材、备学生、备学法。教师不是教教材，而是用教材。只有这样，才能提出针对性的有效问题。比如，人教版高中化学必修 I 中讲到二氧化硫漂白作用的用途时，有这样一段叙述："二氧化硫漂白作用是由于它能与某些有色物质生成不稳定的无色物质，这种无色物质容易分解而使有色物质恢复原来的颜色，因此用二氧化硫漂白过的草帽辫日久又变成黄色。"课堂上，教师在教学中提出的问题是：明明知道被二氧化硫漂白过的物质不稳定，容易分解而使有色物质恢复原来的颜色，为什么工业上仍用二氧化硫来漂白纸浆、草帽辫等物质呢？这是不是欺骗行为？这样的问题就是用好教材的范例。它来自教材，提出的问题学生感到亲切而更加有效。因此，只有透彻理解新课程标准，融会贯通，才能用好教材；只有掌握教材的系统性、重点、难点、教材内容的内涵和外延，才能分清哪些是基础性问题、拓展性问题、探究性问题及有效问题。

（二）仔细琢磨，激发活力，提高问题的趣味性

兴趣是最好的老师，学生的好奇心理是学习的最好动机。常态的化学问题，增加趣味性是有效提问的策略之一。只有来自生活中富有趣味性的问题，才能激发学生思考，唤起学生探索知识的兴趣。例如，为什么银圆、银首饰是银白色，而硝酸银试剂瓶口分解得到的银是黑色的？为什么 Mg 条在空气中燃烧得到的氧化镁是白色粉末，而镁条在空气中缓慢氧化得到的氧化镁是灰黑色？这样的提问犹如"一石激起千层浪"，让学生沉浸在思考的涟漪之中，让学生在探索顿悟中感受思考问题的乐趣。值得注意的是，如果教师提出的问题过浅，学生不动脑筋即可回答，不能引起学生的兴趣；如果教师提出的问题太难，使学生望而生畏，只会挫伤学生回答问题的积极性。因此，教师要用生活中直观新颖的化学现象，用富有情趣、生动、和谐的语气，提出有效问题来激起学生的学习兴趣，提高思维的积极性。

（三）面向全体，激活思维，提高问题的探究性

新课程的核心理念是让每一个学生都得到发展。教师所设计的问题要面向全体学生，激活全体学生的思维，引导全体学生去探索、去发现，再逐渐把教材知识本身的矛盾与已有知识、经验之间的矛盾当做设计有效问题的突破口，构建一些令人困惑、值得探究的有效问题。

"只有那些难易适度、有助于学生形成'心求通而未得'的认知冲突的化学问题或事物,才是构成问题情境的最佳素材,才能激发学生积极思维的学习动机。"例如,苏教版高中化学必修Ⅱ中第三单元"化学能与电能的转化",在研究铜锌原电池后,教师提出这样一个问题:原电池的两个电极是否必须有一个电极材料参加氧化还原反应?乍一问,很多同学被该问题难住了。后来,教师针对教材中"常见化学电池的组成与反应原理表",引导学生开展小组合作探究、分析讨论,学生从关联的化学电池的组成与反应原理分析后得到,原电池的电极材料不一定参加氧化还原反应,如氢氧燃料电池。这类问题关联性、探究性程度较高,这种策略有助于面向全体学生,保证不同水平的学生都去思考,提出自己的观点,作出自己的解释,从而激活全体学生的思维。

(四)诱导求异,激励创新,提高问题的开放性

现代教学论认为,学生有了问题,才会去思考和探索,有探索才会有创新和发展。当一个有效问题的答案不止一个而是好几个时,它就要求学生从不同角度、不同侧面,用不同方法去思考和解决问题,从而引起学生多角度的心理兴奋,有利于发展学生的创造性思维。例如,一名教师在复习有机化学时,以 CH_3CH_2OH(乙醇)与浓 H_2SO_4 加热时,在不同的条件下可生成 CH_2CH_2(乙烯)或 $CH_3CH_2OCH_2CH_3$(乙醚)等不同物质,由此提出了这样一个发散性的问题: $CH_3CH(OH)COOH$(乳酸)在浓 H_2SO_4 存在的条件下加热,生成物又有哪些呢?学生经过充分的合作、探究、讨论后,得出结论:可能有烯、醚、酯等多种物质。这种开放性问题的设计,能促进学生全面地观察问题,深入地思考问题,逐步引导学生从直接形象思维向抽象逻辑思维过渡,培养创造性的思维能力,并用独特的思维方法去探索、发现、归纳问题。学生良好的认知结构的形成、灵活的思维方式的发展,都得益于创新问题的开放性。

四、有效提问控制策略

(一)发问作答,等待时间适中

一般情况下,教师抛出问题,应给学生一定的思考和讨论的时间,能让多个学生作答,也就是说,需有一个"发问—候答—作答"的过程。这种策略有助于保证不同认知水平、不同能力的学生去思考。不能先叫某个学生,再提出问题。这样没有叫到名的学生可能就不再积极思考,而被叫到的学生因突然站起来,既紧张又没有人交流、讨论而不能作答,这些现象都会导致课堂效率大大降低。有时,当教师在抛出一些相对复杂的问题过程中,介绍了一些信息后,不仅应稍作停顿,还要用目光观察一下学生是否跟上了自己的思路,以便学生有时间弄明白教师提出了什么问题并思考它。如果教师得到的是一种积极的信息,学生的反应与教师提问是同步的,则可以继续提问,否则教师就需要变换一个角度或从头开始。如果教师等待学生解答问题的时间太短,学生就没有酝酿和思考的余地,无法进入真正的思维状态,就会导致没有学生积极主动解答,从而降低课堂教学效率。因此,等待问题作答的时间必须适中,能得到多数学生回答。

(二)静观神态,变换设问恰当

当一个有效问题抛出后,教师要察言观色。发现学生有畏难情绪,就要适当变换角度,从不同的侧面切入,以获得最佳效果。比如人教版高中化学选修 4 中"强电解质和弱电解质"的教学,在演示"几种溶液导电性"实验后,教师提出"强电解质与弱电解质有何区别"这一问题,发现学生呈现迷惘的神态,有的学生仅从实验现象表面回答:"导电性不同。"此时,教师变换一下问题:强、弱电解质电离程度有何不同?强、弱电解质电离方程式书写有何不同?强、弱电解质在水溶液中以怎样的形式存在?强、弱电解质在结构上有何区别?问题一

分解，学生的思路顿开；问题一变换，"强、弱电解质有何区别"这一问题也就不言自明。如果问题的提出，不符合学生的认识现状，绝大多数学生不理解，教师又不变换，不仅不能激起学生的学习热情，反而增加了学习困难，降低了学生的学习热情。因此，教师要根据学生的认识水平和生活经验做到深入浅出，适时变换提问的方式和问题的种类，造成适当的焦虑，使全体学生的思维处于积极活跃的状态。同时让学生看到教师是如何变换提出问题的，这对学生学会自己提出问题能起到潜移默化的作用。

（三）相互倾听，双向提问互补

课堂教学是千变万化的，再好的预设也不可能预见课堂上可能出现的所有情况。随着新课程理念的落实，学生课堂主体性、自主性的增强，学生的质疑反驳、争论的机会大大增多。因此，不仅要求学生倾听教师的讲解，教师更要学会倾听学生的质疑和见解，成为学生的忠实听众。当学生有话想说时，让他们说彻底，把话说尽。即使有时学生回答是错误的，也应让他们说完再给予评价，说不定他们的思路在全班学生中具有一定的代表性和普遍性。很多学生的观点本身可能较好，但他们的语言表达能力可能较差，需要教师耐心地等到学生讲完之后再做出自己的反应。同时，教师在倾听过程中会发现学生困惑的焦点、理解的偏差、观点的创意，使评价互补。例如，在人教版"二氧化硫"的教学中，学生在实验时发现二氧化硫也能使酸化的高锰酸钾溶液褪色，便问道："这是不是因为二氧化硫的漂白性？"教师没有立即解答，而是反问道："如果是，你们有实验方法探究么？"学生便联想到二氧化硫使品红褪色后加热能使红色重新出现，便设计实验进行探究，对通入二氧化硫褪色后的高锰酸钾溶液进行加热，结果发现高锰酸钾溶液的紫红色没有重新出现，从而进一步认识到，是由于二氧化硫的还原性使酸化高锰酸钾溶液褪色。这些意外或许会打乱教学的节奏，但许多不曾预约的精彩也会不期而至，从而使学生在不断生成中得以发展。

（四）及时评价，留点悬念，升华空间

学生对一个有效的问题的回答，有的可能过于简单，没有思维的深刻性；有的可能笼而统之，没有层次性；有的可能是生活经验不足或知识储备不够，没有完整性；有的对问题思考的方法有误，缺乏科学性。对于学生这些回答，教师都要抓住要点，及时点拨，给予评价。让学生知道在哪些方面对问题回答得好，哪些方面还不够，让学生看到进步，看到希望。学生回答即便很不理想，点拨时千万不要伤及学生自尊心和自信心，要给予思维与方法的引导，要多给鼓励，找出闪光点，要能激起学生思维的涟漪，点燃智慧的火花，哪怕是"星星之火"，也"可以燎原"。我们常说"聪明是表扬出来的，愚昧是批评出来的"。点拨重在精巧，恰到好处。必要时给学生留点悬念，让学生带着问题下课，课后思考，与同学交流、讨论，查找资料，使有效问题在课后的思考中得到升华。

五、结语

实践证明，教师必须掌握有效提问的特征，重视有效问题的设计策略和有效提问的控制策略，才能真正为学生提供探究性的学习情境，才能真正从传统的重视教师的"教"转变为重视引导学生的"学"，才能培养学生的创新精神和创新能力。新课程特别重视以问题为纽带的课堂教学，提倡让学生带着问题走进教室，带着思考走出教室，这都离不开课堂上提问的有效性，离不开问题的启发性、趣味性、生活性。西方学者德加默曾说："提问得好即教得好。"课堂提问是一门学问，又是一门艺术，没有固定的模式，需要我们广大教师长期不断地研究和探索，只要不断地实践，不断地摸索，就一定能在课堂教学中提出更为有效的问题。

——王中荣. 2011. 课程·教材·教法, (3)：84-88

资料导读 1

教师个人教育经验总结的策略

教师养成经常总结经验的习惯，不断把自己有效的教育教学经验总结出来，从盲目的实践者走向反思的实践者、从自发的实践者走向自觉的实践者，是教师专业自主发展的必由之路。

一、教育经验总结法的运用

1. 要善于反思

教师要经常对自己的教育教学行为进行及时的反思，通过反思，对自己的课堂生活实践进行回味、咀嚼、清思、整顿和梳理，从而获得更清晰的自我意识，使自己的教育经验、教育观念由自发的无意识状态上升到有意识、明晰的状态。通过反思，教师能够不断地发现问题，从而为思考并解决问题奠定基础。通过反思，教师更容易发现自己的某种教育行为背后的观念、背景，更能够发现自己以前"日用而不知"的缄默性个人教育观念。通过反思教育实践，能够帮助教师获得思想的理性升华，达到一种豁然开朗的境界。同时，教师要经常与同行、专家进行集体研讨，针对具体的教育教学案例进行自我分析和解释，以升华自己对教育观念的认识。

2. 要善于总结

教师要善于对发现的问题进行分析、比较、归类、综合、概括、推理、判断等思维加工，即对自己以及他人的成功与失败的经验进行研究和归纳，从中找出普遍的特点和规律，提高自己对问题的认识和把握。要养成记教育日志的习惯，将自己每日的教育教学工作以教育叙事、教育案例、教育日记等形式记录下来，积累大量的教育素材，为自己的思考研究奠定基础。要善于将自己对教育教学问题思考的结果写成文字，将自己对这些问题的认识用语言表达出来，不断提升概括到理论层次和水平，这样既能够促进自己教育理论水平的提高，又能够对他人的教育教学产生积极的引导作用。

3. 要善于学习

教师要学习教育学、心理学、学科教学法等方面的教育教学理论书籍，要掌握国家的教育方针政策，了解最新教育发展动态，并自觉与自己的教育实践结合起来，通过总结反思、分析归纳，将教育理论与教学实践在思维层面和实践层面进行有机的结合。只有这样，才能更好地升华理解，提高认识，并不断修正自己的教育行为。

二、教育经验总结的策略

(1)积极实践，构建"立足点"。丰富的教师实践经验是一线教师专业生命的基石，缺乏教育实践经验的教师是很难立足的。教育经验总结是做出来的而不是写出来的，好的经验总结文章是用心做和用心悟出来的，是长期实践、思考和研究的结果。一线教师要坚信自己不仅是教育理论的消费者，而且也可以是教育理论的生产者，完全可以通过自觉的实践去创造真正有价值的教育和教学理论。

(2)勤于积累，奠定"总结点"。丰富的经验资料，是诞生好思想好做法的宝库。任何一项教育教学活动，只要觉得有意义，就应该及时记录下来：异想天开的奇想、神来之笔的灵感、不期而至的感悟、翩然而至的直觉、茅塞顿开的觉悟和意想不到的收获等。资料的不断积累，就像滚雪球一样，信息量越大，就越能引发反思、联想，选择、加工的余地也就越大，总结起来自然也就游刃有余。

(3)经常翻阅，引发"兴奋点"。日常教育经验资料的积累，是一个博观约取、厚积薄发的过程，但是要想让这些资料得到有效组合，升华为有价值的实践模式和教育理论，必须经过一个不断酝酿的过程，这就需要经常翻阅，做跟踪性、连续性的深度思考，以引发兴奋点。

(4)精心筛选，提炼"抓眼点"。其一，筛选自己特想说的东西和同行们可能乐意看的东西。其二，选取顺应教育改革潮流方向的材料进行总结，打好"提前量"。要敢为天下先，善为天下先，只有想他人所未想、做他人所未做、言他人所未言的经验材料，才是最有价值的。其三，选取有特色的东西。教育经验总结要注意做到人无我有、人有我新、人新我实、人实我特、人特我深。

(5)查阅文献，找准"切入点"。选好了具有写作价值的材料，还要寻找切入点，广泛查阅文献资料，并选好文体，以恰当的方式呈现出来。

(6)巧妙着笔，装扮"卖点"。其一，反复斟酌，拟好题目；其二，精心组织，丰富内容；其三，巧妙行文，结构严谨而又灵活；其四，提炼语言，使之生动活泼。

(7)精雕细刻，磨砺"闪光点"。对自己的文章要反复阅读和修改。通过反复阅读，竭力将可有可无的字、词、句、段删去，毫不吝惜，坚决删掉废话、空话、套话、官话和华而不实的话，做到惜墨如金。

资料导读2

试论教育经验科学性总结的思路

一、经验总结的基础和"支撑点"——经验事实、理论和科学方法

经验事实是总结的基础和"支撑点"。

经验总结是对经验事实的思维加工，但他不同于文献资料研究的思维加工。它必须立足于待定的经验事实，从中进行概括提炼，使感性认识上升为理性认识。因此，经验事实是经验总结的基础，离开了经验事实，这种思维加工就成了无源之水，无本之木。

科学的经验总结必须真实。它经过思维加工形成的理性认识必须以其依据的经验事实作支撑。它不能主观上设定一套框框，然后用事例来填充，也不能随意拔高或变形，而应该客观地反映经验事实本身固有的性质和规律。在经验总结最终形成的成果中，主要应该用事实说明问题，而不是离开事实空泛议论。因此，作为经验总结的第一步便是根据总结的目的要求、范围和角度对经验事实及多种背景材料进行全面、充分、细致的调查。以后随着总结的逐步深化，理性认识的逐步形成，根据总结的需要，再对事实作多次反复的筛选并有重点地补充和深入地调查。科学的经验总结，目的是从特殊性中探求普遍性。普遍总是蕴含在特殊之中，但是个别又不能代表一般。因此，在经验总结时，只有对其事实占有得越充分、越具体、越翔实，才能越准确地把握它的整体，捕捉到它蕴含的共性，发掘它的本质和规律。

在经验总结中需要掌握哪些事实材料呢？

因为我们需要总结的一般是指那些在客观上已取得良好效果的经验，所以应根据总结的目的要求、范围和角度充分收集事物变化前后形成鲜明反差的材料。只有这种显著的效果，才能证实其经验的有效性，并吸引人们去追寻它的原因。同时，经验总结更是为了告诉人们为什么会取得这种效果和怎样取得这种效果的。因此，掌握"经验"形成中的各种条件、原因和结果之间内在联系的材料，就更加重要。从事实材料反映的范围说，应该有说明整体的，也应该有说明部分的，或者是个别典型的。从事实材料的性质说，应该有数量化资料，也应

该有非数量化资料。一般人认为经验总结是一种"质"的研究，故而不重视数量化资料的收集、整理和运用，在我们所见的经验总结中常有这种情况。而事实上，质和量是辩证统一的关系。没有量就很难把握质的规定性，也很难展现事物的全貌，因而往往不能进行精确的思考。例如在说明某项改革取得的效果时，只有个别典型事例而没有必要的数量统计资料，就不可能使人了解这种效果在多大范围内获得，并达到了何种程度，也很难说明某项改革措施和某种效果之间究竟是必然的联系还是偶然的联系。至于非数量化资料的类型及作用，简要地说，非数量资料是指那种有助于概括和说明某项经验主题和基本观点，揭示经验内在机制的，具有代表性、典型性的事实材料，如典型人物、典型事例、某项活动过程和事件等等。这种事实材料对于生动、具体而又深刻地揭示经验的本质，反映其内在因果关系和发展过程具有重要意义。

经验总结的另一个"支撑点"是理论。

如前所述，科学的经验总结是一种使感性认识上升为理性认识，从局部经验中发掘其普遍意义，探讨事物发展规律的活动。因此，理论对于经验总结就具有不可忽视的作用。所谓理论，是指前人对经验事实和实验事实进行科学概括的成果，是一种系统化了的理性认识，是对事物本质和规律的阐述。科学理论具有解释功能和预测功能，即它能对现象作出科学的概括和界定，形成科学的概念，解释现象之间的本质联系，或者可以通过逻辑推导、论证，预测事物发展的趋势，提出科学假设。同时理论还具有启发功能，即它能使人们从某种归纳和解释中得到某种立场、观点和方法的启示，学习从某个立足点、某个角度，以某种方法去观察和分析问题，以便从理性的高度认识事物的本质。在经验总结中，如果我们不借助现有的科学理论的指导和启发，就会使我们停留在粗浅的认识和朴素的感受水平上。教育经验总结中的理论指导，首先是指正确的教育思想和基本理论的指导，如教育功能观、价值观、质量观、人才观、教学观、学生观等等。其次，要根据某一总结的要求从有关的专业理论成果中吸取营养。例如，总结学科教改经验，就必须学习教学论、教育心理学等知识。总结学校管理改革经验，就应该学习教育管理学、管理心理学等知识。掌握理论武器，绝不是为了在写总结时套用一些名词术语或预设一个框框，而是为了在对经验进行考察和研究的全过程中学会概括问题，抓住现象的本质，寻找"经验"的理论依据，形成具有自己特色的理论观点。使经验总结具有坚实的理论支撑点。在经验总结中，研究者自身的理论修养如何，将在很大程度上决定总结水平的高低。

此外，很重要的一点是科学方法的支撑。

科学方法包括科学方法论和科学操作法。科学方法论是一种科学的认识论，如唯物辩证法、系统论等，它可以帮助我们全面地、系统地、深刻地认识经验事实，避免表面性、片面性、静止性。形式逻辑中的科学归纳法是帮助研究者判明各种现象之间因果关系的逻辑方法。它具有较强的可操作性，在经验总结中具有较大的实用价值。

以上所述，在经验总结中，无论是经验事实、理论，还是方法的支撑，都是作用于总结全过程的，并且最终将在其成果中反映它们的坚实性。

二、经验总结的"关键环节"——概括主题、揭示机制

经验总结的成果包含四个有机的组成部分。即体现经验本质特征的主题；反映事物发展变化因果关系的内在机制；用以概括和表达的一系列特定的概念；作为成果表现形式的框架结构。整个经验总结的过程就是围绕着概括主题，揭示机制，界定概念和构建框架进行的。其中概括主题和揭示机制是最关键的两个环节。以下试就这两者在经验总结中的地位、作用，

以及如何运用科学的认识方法，在总结中概括主题，揭示机制，作一简要的阐述。

概括主题：任何经验总结都要确定总结的目的，其成果提供给何种对象，以及总结的范围和角度。但这都不是经验总结的主题。作为经验总结的主题，指的是贯穿于某项经验形成全过程中，起着主导作用，反映经验本质特征，具有自己特色的一种思想观念、原则，或方法论原理。换句话说，主题就是经验的"纲"。任何经验的主题绝不是外加的，而是其本身所固有的，但是它必须经过思维加工，才能从事实和感性认识中概括出来。

怎样概括经验的主题？从原则上说，概括主题是以充分的经验事实为依据，以理论武器和科学方法为指导的思维加工过程。而具体来说，则应根据不同情况采用不同的概括方法。通常实践者获得某种有效的实践经验大至经历几种情况。一种是实践者在从事某项实践活动之初，就有比较明确的目标和思路。他们基于对现状的了解和自身的经验，包括某些理性思考，提出了当前实际工作中存在的主要问题，大体上确定了改进工作的目标和措施，制定了粗略的实施计划，然后边实践、边探索、边调整充实，使认识不断深化，措施不断完善，从而取得良好的实际效果。但是，他们的实践探索尚未进入科学研究的状态，他们的经验还没有经过系统的理性化的整理，因而还没有达到自觉的程度。另一种情况是，实践者在采取某种行动之初，只有一些笼统的想法和打算而缺少总体的思路，然后在实践中逐步摸索，积累经验，使自己的认识逐步明确，工作的目的性计划性有所加强，并取得较好的效果。但是，他们的认识基本上仍处于对现象粗浅的感性认识和朴素的感受水平上。当然还有一些实践工作者，出于改造工作的愿望和热情，在实践中遇到什么或主观感受到什么问题，就解决什么，由于其个人具有较丰富的实践经验或某种特殊品质，不自觉地在某些方面循着事物发展的规律前进，客观上也取得了较好的效果，但其本身的认识始终处于朦朦胧胧的状态。当我们对某项经验进行总结时，就需要根据不同的情况，采取不同的方法和步骤，提炼概括经验的主题。例如，某些学校在进行教育改革时，有明确的目标和思路，总结时就可以循着其总体的构思，寻找贯穿于他们改革过程中的具体的设想(如关于为什么要改，改什么，达到什么目的要求，怎么改的思考)，考察这些思想与实际措施及效果之间的内在联系，了解他们在实践中形成的体会，然后从理论和实际结合的高度提炼他们经验中最主要的，最具特色的思想观点、原则或方法原理。概括出其经验的理论支撑点，从而把握住其经验的主题。这一认识过程，我们可以称之为"演绎验证，归纳"过程。举上文中学为例。他们通过开辟第二课堂，发展学生的个性特长，培养了一批不同类型和规格的人才，全面提高了教育质量，积累了丰富的经验。当按照上述方法考察他们改革实践全过程时，可以概括出一些支配他们整个实践，又在实践中不断丰富和深化的教育观念：一、进入尚文中学的学生通常被人们称为"三类苗"，但许多并非真正的"差生"，有些只是应试能力较差，甚至只是一次考试的失败者；二、即使是学习困难学生也有各自的潜能，只要教育得当，"三类苗"也可以成为"好苗苗"；三、社会需要人才是多层次多规格的，学生的潜能也是有差异的，基础教育应该开发学生多种才能，为满足社会多方面的需要打基础；四、要做到上述要求，必须改革现行课程结构，在努力提高第一课堂教学质量的同时，重点从开辟第二课堂着手；五、学生的聪明才智在第二课堂活动中得到发展，有利于形成其自信、自导、自强的积极的自我观念，这种情意因素和活动中发展起来的认识能力，都可以迁移到其他学习任务中去，从而促进学生个性全面和谐地发展；第六，师生双方在相互发现潜能和价值的过程中可以大大改善关系，这种良好的师生关系又能转化为一种教育力量。从他们上述观点的形成和改革实施过程及效果的分析，我们就能明确地把尚文中学教改经验的主题概括为：学校要创造多种条件发现和开发学生的潜能，促进学生个性全面和谐地发展。这个主题的提出，不仅对所谓"第三世界"的初级中学有重要意义，即便是对重点中学也有指导意义。

在概括主题中，我们也可以采取另一种思维加工的方法和步骤，即从大量的事实材料和感性认识中"按项归类，逐层提炼"。例如，可以从学校教育改革的内容、方法、措施、效果和实践者具体的想法、体会等方面分别归类，寻找它们内部带有实质性的共同点，然后，在"类"与"类"之间考察它们的内在联系。在这过程中应着力分析改革所面临的主要矛盾，围绕解决这一主要矛盾的实践活动和实际效果，捕捉其经验中最本质的，最具自己特色的内容，从而使主题明朗化。以某中学为例，他们起初针对该校学生基础差，学习习惯没有很好养成，学习积极性不高等特点，从语、数、外三门学科教改抓起，改进教法，逐步摸索出一套"低起点、小步子、多活动、快反馈"的教法改革经验。在教学内容上，他们适当降低了现行大纲教材中某些过深过难的要求，适当增加了实际生活中和今后进入社会必需的知识和能力的教学内容。同时，他们在实践中发现，由于有些学生学业基础太差，按照统一标准、统一考试、统一评分，很难达到及格水平。以往，正是由于这种单一的评价模式，使一部分学生屡遭挫折和失败，以致逐渐丧失了学习的信心和动力。于是，他们试行了多层次评价、鼓励性评价的做法，只要学生在原有基础上有所进步就加以鼓励，取得了良好的效果。此外，他们在对学生的调查中和在有关理论的启示下，认识到学习困难学生与学习优良学生在非智力因素上的差异比智力因素大得多。于是，他们加强了思想品德教育，帮助学生端正学习动机，培养良好的学习习惯，并开展了心理辅导活动，以提高学生的自我认识和自我调控能力。他们的改革，是从教育中实际存在的问题出发，采取了针对性的改进措施，并取得良好效果的。但是，他们的改革经验其主题一开始并不十分明确，因此，总结时他们采取的是"按项归类，逐层提炼"的方法，逐步理出一条贯穿在整个改革过程，联结多项改革措施的共同的主导思想和基本原则，就是对长期以来在学业上屡遭失败和挫折，因而丧失自信心、自尊心和学习动力的学生，应该从各方面创造条件使他们在学习上获得成功，改变其失败者的心态，形成学业成就与心理动力系统的良性循环，使他们今后能以一个成功者的身份步入社会。这样，紧紧围绕改善学习困难学生心理动力系统这一主要矛盾而展开的"成功教育"的主题，从实践中的朦胧状态，逐步鲜明地、自觉地概括出来，实现了认识上新的突破。

由此可见，主题源于经验而高于经验，它把具体经验上升到思想观念、原则和方法论的高度使经验"纲举目张"，如同有了脊梁骨一样立了起来，也使总结围绕一个中心把观点和材料统一起来有了保证。同时，我们又应该看到主题的概括必须以"经验"本身所反映的基本事实，以及从事实中提炼出的一系列理论观点(即该项"经验"的理论支撑点)为依托。主题概括的成功，既反映了研究者(也可以同是实践者)认识的深化，也使"经验"具有了更普遍的指导意义。

怎样在经验总结中揭示其内在机制呢？

我们可以从以下两个角度对经验事实进行考察和分析。其一，我们知道任何事物的发展变化，都有一个过程，一种客观必然的纵向逻辑顺序，反映出事物由萌发到成长完善，由低级到高级，由浅层向深层发展的规律。作为一项成功的教育经验应该符合这种客观的纵向逻辑性。它总是从提出并试图解决某个问题开始，以获得某种成效而告一段落。"问题"便是一切"经验"形成的逻辑起点，即实践的依据和出发点，然后才有解决问题的思路和措施、过程和结果。因此，我们在总结经验时，首先要回溯和探讨其实践起始所面对的问题，对问题进行"聚焦"，从中找出实践者实际把握住但可能并不完全自觉的主要问题。然后再考察和分析这些问题和实践者所采取的措施效果之间是否有着内在的逻辑联系。接着，我们还要对实践进程中的若干关键点(实际是一个个小阶段)如"着手点"、"转化点"、"深化点"等等进行考察，分析其间发生的数量关系、典型人物、事件的变化。因为，随着实践的进展，老的问题解决，新的问题产生，事物就是在不断解决一个个问题中发展变化，形成由一个个转折、深化、提高等"关键点"联结的"发展链"。而且在这些关键阶段，事物的变化最为明显，内外多种因素的交互作用表现得最为集中。通过对它们的考察分析，可以较清晰地勾勒出事物发展的轨迹，便于我们探寻其经验形成中的各种因果关系和事物发展的阶段性和层次性规律。其二，我们知道事物发展变化都是其内部多种因素在一定条件下相互作用的结果。它具有一定的横向逻辑结构。在某种条件下，只有其内在的各种主要因素以适当的内容和方式相互联系和作用才会产生某种功能，引起事物发生某种变化。作为一项成功的"经验"也一定会反映出这一规律。因此，我们在总结某项"经验"时，必须分析它的多种条件，它的内部结构，各种要素及其相互关系。探寻在什么情况下，采取了何种措施，各种要素如何相互作用才形成某种功能，使事物发生变化，产生良好的效果。

在揭示经验内在机制过程中，我们还要重视学习和运用"中介分析"的方法。所谓"中介分析法"是"指在通过对事物联系的中间环节(即中介)的分析研究，来揭示和认识客观事物发展规律的一种研究方法"，"一切事物都是通过中介连成一体的"。例如，有的学校在抓制度和常规建设逐步形成优良的教风、学风、校风中，采取了正面教育、领导示范、情感沟通、机制激励、自主活动等系列做法，从而取得了良好的效果。这一系列做法形成了事物矛盾运动从低级向高级发展的环环相扣的环节，实际上就是外部制度和常规要求内化为个人自觉行为规范，从他律到自律的中介。在情感沟通上，他们又是通过人际间的相互关心、尊重、信任等因素形成良好关系的。而领导对教师，教师对学生的爱、真诚和关心则既是建立相互尊重、信任关系的基础，又是整个情感沟通的联系纽带。这一事例说明，我们只有通过中介因素的考察和分析，才能深入揭示经验内在机制，把握事物的发展规律。

综上所述，在主题和机制的关系上可以这样认为：主题是抽象的，机制是具体的；主题是一种思想观念、原则、原理，而机制则是它的操作化的体现；如果把主题比作"经验"的脊梁骨，则机制就是血和肉。它们共同组成一个不可分割的有机体。在经验总结中，概括主题和揭示机制，集中反映了研究者的理论修养、方法论基础，对事实把握的深度、广度和思维加工的能力。同时也是经验总结能否从"经验性"上升为"科学性"的关键所在。

——钱在森. 1991. 上海教育科研, (3): 1-6

第八章 化学教育调查法

第一节 教育调查法的特点和原则

一、调查法的特点

调查研究是一种描述研究，是通过对原始材料的观察，有目的、有计划地收集研究对象的材料，从而形成科学认识的一种研究方法。它是化学教育工作者广泛采用的一种研究方法。

第一，调查法是有目的、有计划地对已有事实的考察，了解教育的现状或历史，发现教育现象之间的联系，从而揭示教育规律的一种基本方法。

第二，它收集的是自然状态下反映实际情况的材料，对研究对象不加任何干涉，基本上不受时间和空间的限制，从而区别于教育实验法（条件的控制）。

第三，它有一套研究的方法和工作程序，有一套收集、处理资料的技术手段，并以报告（含现状分析、理论结论和实际建议）作为研究成果的表现形式。调查法是具有较强的操作性，并可以作为一种独立的研究方法。

二、调查法的原则

(1)客观性原则：是指在调查时，调查者应按照事物的本来面目了解事实本身，必须无条件地尊重事实，如实记录、收集、分析和运用材料。调查者在实施调查计划时，对调查对象不抱任何成见，收集资料不带主观倾向，对客观事实不能有任何增减或歪曲。这是教育调查中必须遵循的实事求是的科学态度，也是从事调查研究最基本的一条原则。然而，不是人人都能坚持调查工作的科学态度，把握这一最基本的原则的。有些人在进行调查之前，就先有了对某一事物认识的"结论"，调查不过是为了收集一些材料来"证明"他们的"结论"；有些人甚至凭空增添一些捏造的材料；有些人为了迎合上级意图进行"调查"，某领导说某单位某人先进，调查者就可以无视客观事实，任意夸大好的一面，对不好的一面无限缩小，某领导说某单位某个人有问题，调查者就可以任意夸大差的一面，对成绩只字不提。因此，调查程度的深浅、调查质量的优劣，调查中得到的事实材料的多少，完全取决于调查者的科学态度、理论修养、知识水平、实际经验、专心程度和认真态度。

(2)多向性原则：是指调查者在调查中应多角度、多侧面地获得有关的材料，即进行全面调查，注意横向与纵向、宏观与微观、多因素与主因素的结合，使调查既是全面的，又有代表性。教育调查的对象是干部、教师、学生等活生生的人，是不断变化的。因此，在进行调查研究时，不仅要注意了解对象以往的特点，也要调查他们新产生的特点，了解他们的发展趋势。

(3)灵活性原则：在教育调查过程中，由于教育现象的复杂性，如调查对象的地位、职业、年龄、性别等的不同，或者调查题目、调查方法手段的不同，因而一定要适应情况的变化，注意灵活性，根据调查对象的特点，灵活对待，随时调整，以保证取得可信的调查材料。

(4)定性定量分析相结合原则：比较数量化是现代教育调查的一个特点，因而调查者一定要在调查研究过程中坚持对调查材料进行定性和定量相结合的分析，在进行具体操作时，可以精确与粗略结合，有详有略。但不能使用"也许"、"大概"、"差不多"等词句，只有坚持定性定量相结合的调查研究和分析，才能真实、具体地反映现象。这样的调查结果才能成为了解实情进行决策的基础。

第二节　教育调查法的一般程序

一、确立教育调查课题

在调查前，首先必须明确调查方向，确定调查课题。只有明确所要解决的问题，能减少调查的盲目性，增强调查的自觉性。确立课题时，要注意以下五点：一是必要性，既要考虑现实的必要性，又要考虑未来的必要性，既要考虑微观的必要性，又要考虑宏观的必要性，简言之，所选课题都应该有调查研究的价值；二是可能性，即所选课题从人员、时间、经费和环境等方面考虑，有没有调查研究的可能；三是课题切忌太大，要以小见大；四是重视参阅有关资料，弄清楚本课题过去有没有人研究，达到了什么程度，避免无意义的重复劳动；五是注意课题的论证，阐明课题的现实和理论意义，突破难点的方法。

二、拟订教育调查计划

拟订教育调查计划是调查研究工作能否顺利进行的重要保证，一个好的教育调查计划往往是调查成功的开端。教育调查计划一般包含以下内容：①调查课题和目的，写明调查课题的具体名称和主要内容及此次调查的主要目的和意义；②调查对象和范围，即写明在哪一部分人中进行调查，以及调查对象的年龄、性别、抽样方法、样本容量等；③调查手段和方法，说明确定用哪一种手段和方法进行调查或综合运用哪几种方法和手段进行调查；④调查步骤和时间安排，说明调查将分几步进行，每一步的具体内容和时间安排及完成的最后期限；⑤调查经费的使用安排，说明调查所需经费的来源和预算及如何使用这些经费。

由于人们的认识是有限的，情况也常处在动态之中，初步制订的调查计划是否适合不断变化的客观情况，只有在调查活动的实践中加以检验。在制订计划的过程中，为了使计划制订得更加切合实际，可以先进行探索性调查，对研究对象有初步了解，或是征询有关专家的意见，得到一定的指导。

三、收集教育调查材料

在教育调查过程中采用问卷、访问、测验、开调查会等手段全面收集资料。为了保证所获材料的信度，在收集教育调查材料时应注意以下几点：

(1)尽可能保持材料的客观性。在教育调查过程中，调查者不能带主观偏见和倾向性，应实事求是地收取材料，不能带着观点找材料，也不能任意取舍材料，否则就失去材料的客观性、真实性。

(2)多个调查人员采用座谈会或谈话等手段收集资料时，必须采用统一的标准、统一的表格做调查记录，否则会影响材料的信度和效度。

(3)在收集材料时还要注意不能把事实和意见混在一起，"意见"往往带有主观色彩。对被调查者提供的材料需进行核实，以保证材料的可靠性。

(4)尽可能地采用多种手段或途径，从不同角度和侧面、不同层次和环境较广泛地收集材料。

四、整理教育调查材料

在教育调查中，直接采集到的材料称为原始材料，必须对其进行整理分析，使其系统化和条理化，以便调查者弄清材料之间的相互关系，发现教育现象和事物联系的规律，解答调查者提出的课题，这就要做一系列整理分析资料的工作。整理的目的是为了便于分析，而分析的基础在于整理，所以整理分析材料的工作必须认真对待。材料整理的步骤主要有检查、汇总、摘要和分析四步。

1. 检查

在对材料进行统计分析之前，必须对材料的完整性、一致性、可靠性进行认真仔细的检查。完整性：即检查资料是否齐全。如发现有缺访或调查项目有遗漏的则应进行重访、补充，或在空缺材料上注明被调查者不接受调查的原因或情况。一致性：即检查材料记录方式、度量标准单位、填答、记录方式和方法等是否一致。可靠性：即检查材料的来源是否可靠，对材料的真伪和准确程度进行鉴别现材料有矛盾或有可疑之处，则需要重新调查。

2. 汇总

把收集到的分散、片断、零乱的原始材料归类、综合或分组，进行汇总统计。不同性质的调查材料要用不同的汇总加工方法。书面文字材料只要从各个角度、各种对象、各种性质的某一特点进行汇集、综合，不必统计。经过汇总处理，使大量分散的、错综复杂的材料成为条理清晰、简洁可辨、宜于比较分析和研究的材料。

3. 摘要

在调查材料的整理过程中，有系统地摘要记录那些内容丰富、生动具体的原始材料，使资料分析不局限于几个抽象的数据。

4. 分析

教育调查研究是认识教育现象或对象及其关系的过程，然而任何事物都有其质和量的两个方面，因此对调查材料的分析研究应从定性研究和定量研究入手，并尽力使两者结合起来。既从数量方面对事物进行计算、观察和分析，掌握数量特征和数量变化(通常运用统计学的数据处理方法求绝对数和相对数、平均数和相关数等)，又进行理论分析，以求更精确、更深刻、更具体地掌握事物性质的特征及其变化的规律。

五、撰写教育调查报告

这是调查研究过程中最后也是最重要的一步，单纯地进行调查研其本身并没有什么意义，只有认真叙述结果，进行交流，才能真正发挥调查研究的作用。教育调查研究和作为其成果的调查报告绝不是东拼西凑的罗列情况，而是一项实事求是的艰苦工作和创造性的劳动。因而，调查报告与调查研究本身同样重要，必须认真地写好调查报告。教育调查报告的基本结构有以下几点。

1. 标题

标题也称调查研究报告的题目，是引起读者兴趣的关键因素，应该用高度概括的语言表现出明确的主题，最好省去一些无关的字，如"有关……的调查与研究"、"浅谈……的问题"等字可删去。标题也不能过于夸大或者过于抽象，要有特点，要醒目，使人一看就有继续往下看的欲望，如"论学生的创造性"这样的题目就过大、过泛，可改成"论学生探索性实验中创造性的培养"。如果一篇研究报告曾经得到某专家或同行的指教或帮助，应该在标题处标一脚注，表示对他们的尊重和感谢。

2. 作者

标题下方写明作者。作者可以是个人或集体署名，同时要注明工作单位及邮编。当有多个作者时，应按贡献大小排序。第一作者(或者是通讯联系人)应该是该调查报告的主要负责人，如果某一作者没有参与实际的调查工作，仅仅是文字上的整理，则需要标上脚注予以说明。

3. 摘要和关键词

一篇完整的调查报告一般需要摘要和关键词。中文摘要一般控制在 200～500 字，外文摘要一般在 100～200 个单词或与中文摘要相对应。在摘要中需要对调查目的、调查方式、被试情况及得到的主要结论予以简要的说明，使人看了摘要之后就能对全文一目了然，获知整个框架结构。关键词一般 3～4 个，选取调查研究的重点对象或者研究依据的方法和有关理论的名称为关键词。

4. 引言

引言也称前言，要开宗明义地说明调查的问题，以及为什么进行这一调查研究，并介绍调查研究的概况。一般包括：说明课题的目的和意义(包括问题性质、文献综述等)，介绍调查研究的理论假设，简要介绍调查经过，交代调查研究的结论。

5. 调查研究方法

主要介绍调查研究的过程和方法。调查研究方法中需要解释被试的基本情况(如性别、年龄、学校类别、抽样方式等)，具体采用的调查方法(访谈法、问卷法、测试法等)，采用的材料和研究工具(自己设计编写的还是利用已有的测试工具)，研究过程的设计和实施的程序(包括日程安排)及评分标准和统计分析方法等。

6. 结论和分析

结论和分析是整个调查报告的核心部分。调查报告的结论部分要简明扼要、鲜明有力，给出明确的正式的结论性观点。调查报告的分析部分从属于结论部分，要利用已占有的材料说明有关结论，如阐述如何得到的定性或者定量的结论，如何进行差异性检验等，分析阐述要思路清晰，层次分明。

需要注意的是，一篇调查报告只能有一个明确的观点，不能含糊地有多个观点。分析过程中使用的所有材料取舍始终受到观点的支配，并且应该是自成系统、相对完整，属于同一个观点范围之内的，其最终目的是为了说明所得结论的正确性。

7. 讨论和建议

讨论和建议是对调查主题的深化和概括，其中包括：对调查研究结果的意义的评价；对调查研究结果的原因解析并由此推出一般性结论；提出一些建设性的意见和建议，从而使该调查研究具有理论意义和实际的应用价值；同时应该指出目前尚存在的不足之处和待研究的问题。

8. 小结

在上述过程中虽然已经论述了主要的结论，但是最后仍应该做简明扼要的概括。需要注意的是，只有可证实的结论才能提出来，一定要避免在报告中提出一些没有证据的论点。在写这部分之前要先通读整个报告并记下主要观点。想很快地把握研究梗概的读者会去看摘要还可能看引言，而且几乎肯定会看总结和结论。最后这部分应该简短扼要、表达清楚，以便读者明确所做的是什么调查研究和从证据中得出了什么结论。

9. 参考文献和附录

参考文献和附录是调查报告的最后组成部分。列出的参考文献既反映了调查研究者的科学态度、论述的科学依据，也表示对前人研究成果的尊重，还方便读者查阅。

附录是调查研究报告的附加部分，对正文起补充作用。正文包容不了或没有提到而又需要附带说明的问题，如调查的问卷、量表、原始数据等，可以将这些问题或情况写出来附于调查报告的正文之后，以使正文整洁、一气呵成。不是每一篇调查研究报告都需要附录这一部分，应该具体情况具体分析。

总之，一篇好的调查研究报告应该结构完整、层次分明、逻辑缜密、条理清楚。需要说明的是，调查报告的形式并不是一成不变的，根据具体内容也可进行适当地调整，以便更清楚地说明调查的过程和结论。

第三节　教育调查的基本类型

一、访谈调查

1. 访谈调查的优缺点

访谈调查是调查研究者通过与调查研究对象的交谈或主要由调查研究对象的表述来收集有关对方心理特征、观念与行为的数据资料的研究方法。访谈调查由于其过程本身具有较强的实践性和探究性，因此也称为研究访谈(research interview)。近年来这一具体的调查方法也被广泛采用，特别是在学生的教学实践中，针对某一主题进行访谈调查或专题调查，并写出调查报告，对于培养学生的实践能力有一定的帮助。

根据不同的分类标准有以下不同类型的访谈方法。依据访谈对象的不同分为个别访谈和集体访谈。个别访谈是访谈者与被访谈者之间一对一的互动过程，适合于某些敏感问题或深度探讨的问题；集体访谈类似于调查会，除访谈者与被访谈者之间的互动外，被研究者之间也有互动。按照访谈的内容又可分为调查事实，要求被访者提供确切的事实情况；征询意见，希望被访者发表自己的观点、看法、意见和建议；了解个人的心理状况，包括个人的兴趣、爱好、动机、思维、观察、个性特征等心理素质方面的情况，如要了解初中生学习化学的兴趣和动机，就可以采用专访的形式。

1)访谈法的优点

(1)可以了解过去发生的事情。有些事情是过去发生的，不可能通过观察了解，又可能缺乏历史记载，但可以通过访问目击者、当事人获得必要的信息。

(2)能深入了解被访对象的心理过程。只要能够掌握访谈技巧和方法，引导被访对象积极配合，就能够真实地了解到其内心的想法和思维过程，这是其他方法难以获取的、非常宝贵的资料。

(3)它是一种双向的交流过程。虽然预先有一定的设计，但在访谈过程中，访谈人员的主动性相当高，访谈过程比较灵活。

(4)访谈过程中，访谈人员可能随时都会受到启发，从而不断加深对研究问题的理解，深化对资料的分析。

(5)它比书面调查适用面广。有些被调查者不善用文字表达，如有些被调查者因为嫌麻烦或其他原因不愿意落笔，访谈就简便易行。

2)访谈法的缺点

(1)被访谈对象的数量较少，访谈的效率也低，因此调查的面比较窄。据相关文献的经验，访谈有一个进入角色和相互沟通的过程，少于 30 分钟的访谈是不经济的，一般调查一个人要花一两个小时的时间，因此访谈过程历时较长，投入的人力、物力、财力和精力较多，相比较而言费时、费力、费钱。

(2)原始材料以文字的形式存在，难以量化处理，分析难度较大。

(3)访谈所获得的信息中主观片面性通常难以避免。首先被访谈人的价值观不同，对同一事物的评价可能大相径庭；其次，访谈需要较高的人际沟通技巧，同样的问题，访谈者技巧不同，所得信息会有一些区别；再次，被访谈者心理易受各种外界或人为因素的干扰而影响访谈质量；另外，访谈人员也可能造成误差，如误解被访谈者的回答、记录的笔误，甚至无意识地替被访谈者回答了某个问题。

2. 成功访谈的方法和技巧

(1)设计访谈提纲。根据访谈的目的，需要设计访谈提纲。访谈提纲一般包括：访谈目的和要求，访谈步骤、具体时间、人员，访谈对象安排，具体访谈的问题。在访谈设计中主要采用两种问题形式：开放式问题和封闭式问题。例如

开放式问题："你是怎样对待演示实验和学生实验的？"

封闭式问题："你觉得这个化学问题是比较难还是比较简单？"

(2)了解对象，拟订计划。访谈对象选定之后，要尽可能充分地了解被访谈人的一些基本情况，如性别、年龄、兴趣爱好、学习状况、家庭情况等，为顺利进入访谈打下基础。同时应根据研究的需要和被访谈者的情况制订更详细的计划，如如何与被访谈者联系、访谈地点、

访谈时间、访谈过程等。访谈时间应以不影响被访谈者的学习与工作为前提，访谈时要诚恳、礼貌、谦虚地说明情况，征得同意后，讲明访谈的具体要求及过程。

（3）准备工具，预设情境。除了访谈工具，如笔、纸、录音机、照相机、调查表格、介绍信、证件等应事先准备好外，还要对访谈过程中可能出现的问题事先做出充分的估计并提出应对方法，包括针对不同年龄、不同性格的人，访谈如何开口、如何发问、如何引起共鸣、如何回避争论、如何引导主题等。

（4）进入访谈。进入访谈是正式访谈的开端，此时的情境为后面的访谈基本定下了基调。为了使访谈成功进行，既要考虑访谈的外部环境（如访谈地点是否合适、时间是否充分等），又要重视和被访谈者之间建立轻松友好的关系，消除其紧张感和不安感等。这种心理环境对访谈者能否成功进行将起到非常关键的作用，通常被访谈者可能会有一些顾虑，如"这个人知道的化学知识比我要多得多，我可不想在他（她）面前显得非常笨"，"我说的话会不会被领导或老师知道，是否会受到惩罚？"等等。通常可以花几分钟的时间谈一些与访谈无关的话题（如天气、对化学的印象、平时的作业习惯、有什么困难需要帮助等），以逐渐增进相互间的了解与熟悉，缩短相互间的心理距离。然后告之访谈的原因和目的，缓减压力，逐渐引入正题。如果需要同步录音，最好先让被访谈者熟悉这种情境，再正式开始。

（5）控制访谈。控制访谈是访谈者通过言语或非言语信息来掌握、引导访谈过程。这一过程非常明显地表现出了访谈人员对访谈内容、访谈进度的主动性和控制权。通过提问方式可以控制访谈，通常有三种提问方式：反问、疑问、追问；通过非言语方式也可以控制访谈，通常有表情、目光、动作、姿态等非言语信息。

（6）结束访谈。结束访谈也是一个重要环节。一般访谈的时间不宜过长，以 1.5 小时为宜，否则被访谈者易疲劳，影响访谈效果。访谈结束后，可以追问访谈过程不太清楚的地方并及时在记录中补上，或者对容易发生差错的部分念给被访谈者听，请被访谈者复核、更正或补充。最后要对被访谈者表示感谢。

访谈过程中的提问技巧

访谈法是心理与教育科学研究的主要方法之一，它具有广泛的用途，不少研究者都将访谈法作为主要的研究工具。访谈法表面看似与日常谈话相类似，但其操作却并不那么简单。访谈前的问卷编制、访谈的具体实施以及访谈的结果分析等每一个环节的工作做得是否到位都将影响到访谈的效果和是否能达到研究者预期的要求。

一、访谈过程中提问的一般规范

1. 访谈者在提问时态度应真诚、自然、尊重

访谈法是建立在与人交谈的基础上的一种科学研究方法。人与人的交流是建立在真诚、相互的尊重与情感的自然流露的基础上的，因此我们在对被访者进行访谈时应当坦诚、真挚，对被访者表示足够的尊重，使访谈者与被访者之间建立起良好的相互信任和友好的关系，使整个访谈在愉快、轻松和友好的气氛中进行，只有这样才能使被访者在访谈过程中感觉舒适和安全，对所提问题畅所欲言。

2. 访谈者应采用与被访者能接受的表达方式进行提问

我们在对被访者进行访谈时常常运用一些访谈者自己的习惯性语言，而忽视了被访者是否习惯或能接受。一些研究者常常将一些比较书面的、多在科学研究中出现的语言放置

在问题中，使被访者不能正确或者根本不能理解访问者所提的问题。若被访者连问题都听不懂，又如何使访谈进行下去呢？因此，访谈者在进行访谈的过程当中应当选择被访者熟悉的语言方式，一方面使双方更易于沟通，同时也能使被访者感觉亲切、放松，有利于访谈的顺利进行。

3. 访谈者在提问时应循序渐进

每一个访谈都要从一个话头慢慢延展开来，而不能急于迅速地进入主题。访谈者应当先选择一些较为轻松的话题开始访谈，然后先提一些比较浅显、简单的问题，再循序渐进，逐渐围绕访谈的主题，进行深入的访谈，这样才不会使被访谈者感觉突兀、没有进入状态，使整个访谈过程自然流畅、顺理成章。

4. 访谈者的提问方式应当中立

访谈者在编制问题前，由于其研究的目的，也许会对被访者的回答存在某些预期，因此会导致有的访谈者在提问时，使所提问题带有某些态度倾向，使被访者受到被访者的态度倾向的影响，使研究结果的可靠性、客观性受到影响。

5. 访谈者在提问时应围绕事先编制好的访谈大纲

访谈者在访谈的过程中，应当根据事先编制好的访谈大纲展开访谈，遇到未预期到的情况也应当围绕访谈大纲的基础进行适当的调整，以保证研究过程、结果的客观。

二、访谈问题的类型与提问技巧

在遵守访谈原则的基础上，我们还应当根据所提问题的不同类型和所处的不同环境、不同的访谈的对象采用不同的方式、运用相应的技巧进行访谈。

1. 开放性问题与封闭性问题

从问题所要求的答案是否标准化来分类，我们可以把访谈的问题分为开放性与封闭性问题。开放性问题即指对被访者的回答没有限制，允许被访者自由发表自己意见的问题。如类似"请您谈谈您做班主任以来的一些感受"的问题，它所需要被访者回答的内容则是被访者自己的一些感受，没有任何的限制；封闭性问题则是指对被访者的回答内容和方式均有严格限制的问题。如"您认为做班主任是一项很辛苦但是却很重要的工作吗"，那么要求被访者回答的内容则往往是"是的"或者"不是"。在选择开放性或封闭性问题的时候，应当考虑访谈的目的是什么，访谈对象是谁等问题。通常情况下，当访谈的目的是基于了解被访者的看待研究问题的方式和想法时，那么我们就应当采用开放性的问题，因为这个时候封闭性的问题会极大地限制被访者的思维，使其受访谈者思维的影响，封闭性问题的非此即彼的方式会导致访谈结果的不客观、不准确。但是开放性的问题若设计得过于开放，会导致被访者不知从何回答，如"请问您对您的学校有什么看法？"则被访者不知道从什么方面来回答这个问题，不明白访谈者提问的意图到底是什么。而封闭性问题在访谈过程中，也可以适当地使用，某些针对事实型的内容，若使用开放性的问题反而会导致整个访谈过程冗长、无用信息过多。同时，针对不同的受访者也应该选择与之相应的问题类型。如对一些对访谈毫无概念的受访谈者，则需要封闭性的问题对其进行引导，如访谈小学生对艺术课的态度，采用："你对艺术课有什么想法？"显然不如："你喜欢上艺术课吗？"然后根据回答再展开下一步的提问使访谈者能得到想要了解的信息。

2. 抽象型问题与具体型问题

从问题所预期所获答案的内容，我们可以将访谈的问题分为抽样型与具体型问题。具体型问题有利于受访者回到有关事件发生时的时空和心态，对事件的情境和过程进行细节上的回忆或即时性建构。抽象型问题则便于对一类现象进行概括和总结，或者对一个事件进行比较笼统的、整体性的陈述。当我们的研究目的主要是为了了解一个过程性的内容时，我们应当采用具体型问题，如"请问你们在申报这个课题时主要做了哪些准备工作？"这样直接的询问有利于节约调查时间，并且能得到比较准确的相关信息。而抽象型的问题多用于了解被访者的某些态度、想法或情感。但这类问题往往得不到实质性的内容，因此通过具体型的问题来达到抽象型的回答内容是一个很好的途径。如"你喜欢上艺术课吗？"被访者回答："喜欢"，则可以继续追问："你在上艺术课的时候主要做什么呢？最喜欢艺术课里的什么活动？"将回答内容具体化。

3. 清晰型问题与含糊型问题

从语义清晰程度上来看，访谈的问题还可以进一步分成清晰型问题和含混型问题。前者指的是那些结构简单明了、意义单一、容易被受访者理解的问题；而后者指的是那些语句结构复杂、叠床架屋、承载着多重意义和提问者个人"倾向"的问题。在进行访谈时我们会采用一些语意很准确的词语来进行提问，如"你每天用几小时备课？"这样的问题则需要被访者回答一个小时、半个小时或者其他很准确的答案来进行回答。这种问题一般用于收集一些准确的事实型材料，因此在提问时，可以采用此类问题。而含混型的问题则应当避免在访谈中出现。因为问题的提出其出发点就是要让对方明了自己的意思，若结构复杂、包含多重语意则无法实现预期的访谈目的。

4. 一般性问题与追问性问题

一般性问题是指由访谈者根据访谈的目的，计划性地提出较具独立性的问题。而追问性问题则是在由访谈者根据被访者的回答而追加的问题。追问有利于挖掘出更多的内容。追问一般基于几点原因：一是访谈者需要被访者更详细的回答；二是访谈者在被访者的回答中得到了未预期到的与研究目的相关的内容，希望能就此进行更加深入的交谈；三是验证访谈者是否正确地理解了被访者的回答。在进行追问时，应把握追问的时机和度。在访谈的过程中应当多注意被访谈者的神情和分析访谈者语言中的深层含义，以判断是否适合追问。在访谈才开始还未进入较为深层次的访谈时最好不要追问，否则会使被访者产生抵触的情绪。不同的问题类型适合在不同的情景，根据不同的访谈目的，针对不同的访谈对象提出。同时在访谈的过程中，应当根据当时的具体情景，对所提问题进行及时的调整。这些问题的类型并不是独立存在互无关系的，在提问中应当根据研究需要，结合不同类型的问题进行提问，获得有效的访谈资料。

二、问卷调查

1. 问卷的结构

在调查研究中，问卷法是一种最常用的调查方法，而问卷是收集资料的重要工具。问卷质量的高低直接影响调查结果的可靠性和有效性。因此，对问卷的设计是人们普遍关注的重要问题。一份完整的问卷应由指导语、问题和结束语三大部分构成。

(1)指导语。指导语在问卷之首，它在问卷中所起的作用是沟通调查者与被调查者之间的联系，使问卷的填写工作能够顺利进行，以达到调查的目的。指导语的内容包括研究的目的、意义、用途及填写要求、规则。指导语的表述要简明扼要，准确而肯定；指导语仅就调查研究进行介绍和说明，不能误导。

(2)问题。问题是问卷的核心内容。在问卷中,问题应包括提出问题和回答问题两个部分。提出问题由调查设计者完成,可分为直接问题和间接问题(调查设计者根据研究的需要,可向被调查者直接问问题,也可向被调查者间接问问题,前者是明确表明要问什么问题,后者是比较模糊地提出问题,通过被调查者的真实反应,从中获得答案);单一问题和综合问题(设计者还可根据需要设计单一的问题,让被调查者简明作答,有时为了了解被调查者更深层次的问题及各个问题之间的联系时,就可设计综合问题,让被调查者逐一解答,逐步深入地反映自己的情况);具体问题和抽象问题(需要了解一些基本事实及具体情况时,可设计具体问题,当需要了解被调查者对某类事物的态度、看法、观念时,就可设计一些抽象问题)。

(3)结束语。在问卷的末尾可设计结束语,内容是对答卷人表示感谢,或者要求答卷人对问卷加以简短的评价。

2. 问卷的类型

在设计问卷时,除了从整体上把握问卷的结构外,还必须进一步设计问卷的类型。实质上是更加明确规定问题的陈述方式。根据问卷中回答问题的方式,通常把问卷分为开放型问卷、封闭型问卷和半封闭型问卷。

1)开放型问卷

开放型问卷是指在问卷的答案上不限制答卷人,而是由答卷人自己编写答案的一类问卷。最显著的特点是作答方式是非结构性的(自由式),也就是说,由于作答方式不同,其内容的广度和深度也不同,因此没有统一的模式;能比较全面和深入地了解被调查者;调查的准确性更高;被调查者能充分地表述自己的意见、看法和思想等。适用范围:适用于对比较复杂问题的调查;广泛适用于探索性较强的问题的调查。但这类问卷得到的数据往往不规范,给整理材料带来困难。例如,你对化学课外活动有何看法?你对化学实验的现状有何评价?你对素质教育是怎样理解的?

2)封闭型问卷

封闭型问卷是指在问卷上对答卷者做了明确的限制和要求(可能提供可供选择的答案,由答卷人按要求选择自己认为恰当的答案)的一类问卷。封闭型问卷的特点是作答方式是结构性的(标准化),因而可以用于比较研究;调查材料的利用率较高;便于统计分析;比较省时、省力。适用范围:适用于对一般问题的调查;适用于比较研究的调查;适用于不同层次、不同领域的现状调查。

封闭型问卷与开放式问卷相比较,主要是答题方式不同,前者表现为具有结构性的答题方式。因而,封闭型问卷可以根据结构不同分为以下几种。

(1)是非式:是非式问卷是指回答问题时,或者选择"是",或者选择"非"的一类问卷。它的特点是,问卷的每个项目(或问题)提供了两种回答问题的可能性。可用"√"或"×"表示,也可用其他符号表示。

(2)选择式:选择式问卷是在问题后提供多种可供选择的答案,要求答卷者从中选择一个或多个答案的一类问卷。其特征是,提供的答案至少为两个或两个以上,而且每个答案有具体的内容或特殊要求。通常有四个或五个答案,各个答案之间可能有直接联系,也可能是"独立"的答案。

(3)等级式:等级式问卷是在问题后提供等级或序列式答案,要求答卷者自己做出选择的一类问卷。其特征是，答案是按等级或序列设计的。常用的一些等级有：优、良、中、差；很好、好、一般、差、很差；强、较强、一般、较弱、很弱。常用的一些序列关系有：十分重要、重要、有点重要、不重要、很不重要；非常同意、同意、中立、不同意、坚决不同意；经常、有时、几乎没有、没有；很真实、真实、部分真实、很少真实、不真实。除用这种序列化的程度词来描述答案外，还可用图示法表示等级：

$$-7 \quad -6 \quad -5 \quad -4 \quad -3 \quad -2 \quad -1 \quad 0 \quad 1 \quad 2 \quad 3 \quad 4 \quad 5 \quad 6 \quad 7$$

坚决不同意　　　　　　　　　　　　　　　非常同意

(4)编序式：编序式问卷是在问题后提供一些可选答案，要求答卷者按一定的标准(特征)对答案进行比较，然后排列次序。其特征是，将无序答案进行有序排列。

(5)列表式：列表式问卷是用表格的形式来陈述问题(包括提问和作答)的一类问卷。其特征是，简明、直观。列表式问卷还可分为单一表和综合表。

3. 问卷的编制

1)问卷编制程序

一份高质量的问卷应根据研究的目的，有总体框架设计，根据总体框架提出的每一个具体问题在问卷中都有其不可替代的作用，且各个问题之间有一种内在的逻辑联系。要达到上述要求，问卷设计应遵循以下程序。

(1)明确调查的中心概念，确定研究范围。例如，研究"中小学生的需要"，首先应明确中心概念"需要"的涵义，在此基础上，根据研究的目的，确定研究哪些"需要"。尤其是一些抽象的、复杂的概念包含的内容多，不同人理解的层面或角度可能不一样，因此更有必要根据研究的目的和对象对其操作化，以确定研究的内容与范围。事实上，研究者往往不可能也没有必要对一个复杂抽象概念的所有方面进行研究，而只能或只需研究其中某些方面或某几个部分。例如，"需要"可以列举出几十种或上百种，而研究中小学生希望满足的需要，只需研究其可能产生的主要需要即可。

(2)根据中心概念，构建问卷框架：①分解中心概念，构建问卷框架。例如，我国研究者研究中小学生的需要，根据中小学生的实际情况，把需要分解为生理与物质生活需要、安全与保障需要、交往与友谊需要、尊重与自尊需要、课外活动与精神生活需要、学习与成才需要、奉献与创造需要七个方面，而建立起该问卷的结构框架。又如，考察中学生的素质教育现状，可把中心概念"素质"分解为思想道德素质、心理素质、身体素质、文化科学素质等方面进行研究。②以理论为根据，构建问卷框架。例如，我国有学者研究人生价值观，就是根据著名心理学家洛特克(Rokeach)"价值观分为工具性价值观(实现人生价值的手段)和终极性价值观(实现人生价值的目的)"的观点，构建其问卷结构，即把人生价值观的研究分为两大方面：实现人生价值的目的和实现人生价值的手段。③设计开放性问题，做试探性的小规模调查，构建问卷框架。例如，研究社会生活价值观，通过开放性问卷，可归纳出人们对待生活的态度主要有享乐性、事业性、沉溺性等13类，以这13类构建问卷的框架。此外，还可通过文献查阅、个案研究方式收集资料，构建问卷框架。

(3)在建立框架的基础上，进一步将大问题分解，直至提出具体的问题。同时还应考虑问卷的类型，是用开放型、封闭型还是半封闭型。若采用封闭型，是采用选择式，还是等级式、编序式。究竟采用何种形式应根据研究者的时间、研究范围、对象、目的、分析方法和解释方法等方面综合考虑。

(4)广泛征求意见,修订题目。

(5) 试测是问卷设计的重要步骤。试测样本一般为30～50人。试测有两个目的:一是考察问卷的信度、效度;二是进一步发现具体缺陷,如问题的难度、分量、顺序是否合适,问题的内容是否合理,语言的表述是否确切等细节,以利于在正式测试前加以改正。

(6)根据试测结果进行再次修订,即根据试测结果选择问卷题目。问卷的题目应选用具有代表性的题目(代表测量特征)和内部一致性高的题目(能反映研究目的一致性高的题目)。通过题目分析,保留高相关的题目,删除低相关的题目。

(7)正式测试。

2)问卷问题设计

A. 问卷问题的类型

问题是问卷调查表的第二部分内容,也是问卷调查表的主干内容,调查内容是通过问题逐一揭示的。不同的问题具有不同的功能,根据问题的功能,问题可分为以下三类。

(1)接触性问题。接触性问题也称首批问题。在调查对象对调查者的疑虑与戒心基本消除,同时又有了协作意愿的基础上,应充分利用第一批问题,帮助调查对象进一步做好回答的准备。接触性问题一般包括一组几个彼此联系而又同所要研究的课题具有某种程度上接近的问题,或有趣的问题。它主要是为建立接触,互相了解做准备的。在调查结果与分析时可能不会全部用到,甚至完全不用。第一批问题本身要简单明了,回答也比较简单,一般采用开放性问题。例如,要调查某一学校教师在安排生活、解决后顾之忧所花费的时间与精力时,可以用这样的问题作为接触性问题:"您家有几口人? 您家由谁买菜和烧饭?"接触性问题并不是问卷中必不可少的内容,一般涉及比较敏感的问题时可用一两个接触性问题。

(2)实质性问题。实质性问题是分析整理调查材料的主要来源,是为获得实质性的事实材料而设计的,是问卷的核心。一般主要采用封闭型或半封闭型问题,形式可以是是非式、选择式、编序式或等级式等,有些与意向、动机或情感有关的实质性问题,必须注意采用适当的问题类型。

(3)辅助性问题。辅助性问题在问卷调查中起辅助作用。根据其起作用的类型不同,辅助性问题可分为以下四类。

第一类,过滤性问题,也称测谎题。它通常安排在实质性问题之前,与实质性问题配对安排,用来鉴别调查对象对所回答的问题是否具备资格或是否真实。例如,"你喜欢课外体育活动吗? ①根本不喜欢( );②不太喜欢( );③一般( );④比较喜欢( );⑤很喜欢( )"。如果调查对象的回答是"根本不喜欢",而其对后面的实质性问题"你在课外主要从事哪类体育活动"就难以回答了,如果做了回答,其答案前后就矛盾了,因此其结果应不予统计。

第二类,校正性问题。为了检验对实质性问题所做的回答是否真实,也可以提出校正性问题,校正性问题通常安排在实质性问题之后。例如,第一个问题是"你经常看教育专业的报纸和杂志吗? ①是的;②不是"。第二个问题是:"请你写出自己经常阅读的教育专业报纸或杂志(包括名称、出版单位)"。这里第一个是实质性问题,为了检测这一问题的正确性还需要利用校正性问题(第二个问题)。若调查对象对实质性问题的回答是否定的,则不应回答第二个校正性问题,若回答了,显然答案是不可靠的,该结果应删去。

第三类,补充性问题。在实质性问题需要回忆时,为防止可能出现的因回忆困难或失误带来的结果失真，通常可利用一些补充性问题加以帮助。例如，"你对心理学感兴趣是在几年级"，如果调查对象发生回忆障碍，可以补充提出"你什么时候开始阅读心理学的书籍"等问题。显然一些补充性问题在通过谈话调查时很容易提出，而在书面问卷中，调查者主要通过预测来检验哪些问题调查对象回忆起来会发生困难，以便将较大的问题分解，较复杂的问题简化或采取其他措施。

第四类，调节性问题。它是用来清除枯燥疲劳、紧张及由于问题突然转移而产生的不适应感。例如，在连续的枯燥问题中安排一个有趣的问题，以消除枯燥，减少疲劳与紧张。调节性问题既能起到调节作用，同时也能起到联结作用，当一组问题向另一组问题过渡时，可安排一个过渡性的问题。此外，为了使调查对象对调查活动留下一个有始有终的印象，也为了消除调查对象在问卷结束时仍然可能存有的紧张疑虑感，以及为调查对象"畅所欲言"、表达某些个人的情感和意见提供方便，在问卷表最后，往往采用开放性问题安排一个调节性问题。例如，在我们将结束这次调查时，我们很乐意知道您对这样的调查：①欢迎；②不欢迎；③无所谓。又如，再次感谢您的协助，如果您对课外阅读还有其他的有益的见解，请您写在下面，我们将乐于向贵校及有关方面转达。

最后的调节性问题可能超出了调查内容的范围，或者这些回答可能不会在分析整理时全部采用，但为了圆满地结束调查和进行心理上的调节，列上这样一个题目有时也是必要的。

B. 问题序列设计

(1)根据问题的功能安排序列。一般来说，接触性问题放在最前面，然后是实质性问题。在实质性问题的前后，根据需要穿插各种功能问题。当一个实质性问题转向另一个实质性问题，或者连续出现几个实质性问题之后则需提出调节性问题。过滤性问题与校正性问题都可以检验回答的准确性，但过滤性问题一般放在实质性问题之前，校正性问题则放在实质性问题之后。同时要注意过滤性问题和校正性问题均不能与实质性问题靠得太近，以免调查对象察觉，从而失去其意义。

(2)敏感性问题和开放性问题放在卷末。如果将信仰问题、同事关系、家庭生活等敏感性问题放在前面，则可能引起回答者的反感而拒绝回答。而开放性问题需要回答者做较多的考虑和书写，颇费时间，回答者很可能产生为难情绪而不能完成。

(3)采用"漏斗形技术"(funnel technique)，即按漏斗形排列问题，先问范围广的、一般的，再问较具体的、特殊的问题。

(4)内容上相互有联系的问题可以放在一起，即先问同一个框架的问题，再问另一个框架的问题。同一个框架的问题，一般也按逻辑次序、时间次序或内容体系排列问题，以保持回答者的注意力和思维序列。但这样安排时，要注意避免建立反应倾向(回答的相互影响或一致)。避免建立反应倾向的措施主要有间隔调节性问题、问题的形式题题不同。

(5)先问为后面的问题所必需的信息。

(6)问题的形式和长短在排列时适当变化，以保持回答者的注意力，同时也可以防止对不同的问题进行相同的反应。

(7)除考虑题目的序列外，题目答案的序列也要精心设计。据研究，两者择一式问题答案的序列变化使回答结果的变化达到15%。对两者择一问题是选择肯定或否定的答案，这很大程度上取决于两个答案哪一个排在前面。对有多个答案的问题，调查对象一般倾向于选择肯定的答案，而不选择否定的答案。因此，问题的答案最好应随机排列或肯定、否定交替排列，而不应以一种固定的顺序排列。

C. 设计敏感性问题的技巧

当问卷题目涉及敏感性问题，或出于某种调查目的，调查者不愿意让回答者知道调查者的真正目的时，问题的设计就需要更高的技术与技巧。如何设计这类问题呢？

(1)迂回提问：迂回提问是指不直接提出要测的问题，而是以间接的问题，迂回获得所要测的内容，以使受试者不了解测试的意图，从而增强测验的效度。但要特别注意的是，以间接问题了解所要测的内容通常容易导致测不到要测的内容。例如，一份了解学生数学兴趣的问卷中有个题目是"如果上数学课，迟到一会儿，你感到遗憾吗？"实际上这个题目仅是测试学生对遵守纪律的看法，而不是学习数学的兴趣。若改为"如果你缺上了一节数学课，你感到遗憾吗？"其测试的结果就是学生学习数学的兴趣了。

(2)投射式提问：投射式提问是指不直接问被试者自己的看法，而是让被试者对"周围其他人"的想法做出评定。被试者通常会把对自己的看法"投射"到"周围其他人"身上，做出真实反应。例如，向中学生了解"人们对于中学生能否谈恋爱有不同的看法，请你对下面的不同看法做出评定"：①应公开提倡；②应任其自然发展；③应对其进行淡化；④应旗帜鲜明地反对；⑤其他。

(3)假定性提问：假定性提问是指假定回答者犯有某种不规范的行为，并使他不得不在确实犯有该行为时得以承认。如下面两例，第二例即为假定性提问，更可取。例1："你考试舞弊过吗？"有（　）；没有（　）。若有，有几次？是一次、两次还是多次？例2："你考试舞弊过多少次弊？是一次、两次还是多次？"中国有句俗语：要想人不知，除非己莫为。假定性提问就是利用了这种心理。

(4)委婉性提问：委婉性提问是指用婉转的、令人愉快的方式或言词提问，以使回答者产生接纳心理。例如，称环境卫生技师而不称清扫垃圾工人，称管理员而不称守门人或照看房屋的工友，称老大爷、老人家而不称老头子等。当调查敏感性问题时，尽量使用委婉性提问，易被调查对象所接纳。

D. 问卷的信度、效度考察

对于问卷，一般是估计每个问题或每组问题的可信度和有效度，而不是把问卷表作为整体来评估的。因为一份问卷表一般由多个内容框架所组成，而每个内容框架均包含大量的测试问题。例如，了解"生活情况"的问卷至少可能涉及婚姻史和职业史方面。要评价问卷中每一项测试的效度是非常困难的，通常的做法是只评价若干重要测试的效度。

为保证问卷调查表设计的科学性，可从多方面来增强问卷的信度、效度。常用的做法有以下几种：借助观察和访谈法验证；对问题本身进行信度、效度考察；加大样本容量；建立测谎题和校正题。

问卷设计的常见问题分析

鉴于问卷法具有操作较为简便易行、花费时间少、获得样本量大、费用较为经济等优点，因此较为广大研究者所喜爱，得到了广泛运用。但与此同时，也出现了滥用的情况。尤其是一些略知问卷皮毛的人，轻视问卷编制的科学性，认为仅是提几个问题而已。其实，如前所述，问卷设计需要相当高的技术，其数据处理也要符合一定的要求。为引起读者的警惕与注意，下面就一些常见的问题进行分析。

(1)问卷内容定义不明确。由于定义不明确，问卷内容或者涉及过宽，或者涉及过窄。例如，中学生素质现状调查，如果把素质定义为身体素质或心理素质，调查内容显然都失之过窄；如果把中学生的各种现状都包括进去，未免又显得太宽。因此，在编制问卷之前，一定要把问卷内容想清楚，定义明确，围绕定义设计题目。

(2)问卷编制的随意性问题。有的问卷编制根本不考虑结构，想到哪编到哪。这样编制的问卷既缺乏完整性、整体性，又不利于以后的分析。

(3)问卷长度不适当。在该方面出现的问题：一是问卷过长，少则100～200道题，多则300道以上。研究表明，问卷题目数量一般不要超过60～70个。如果题目过多，调查对象易产生疲劳，注意力下降，影响问卷调查质量。尤其是问卷后半部分所受影响甚大。二是问卷的题目过少，不足以充分反映调查内容。特别应该注意的是：如果一个问卷由几个子项内容构成，虽然整个问卷题目不少，但各项所包括的题目太少。这种由几个子项题目组成的问卷不仅每个子项题目不能太少，且几个子项包括的题目最好要大致相等。

(4)对笼统、抽象、含混概念不加操作定义，造成问卷设计者与调查对象或调查对象之间的理解不一致或相矛盾。例如，一个想了解人们对家庭布置审美倾向的一个题目："你的家庭布置是：①现代；②学术气氛；③时髦；④整洁；⑤一般"几个可供选择项。问卷设计者把有电冰箱、电视的家庭视为现代化家庭，而把此项回答人数估计过高，而实际回答此项的人数在几百人中只有几人。这是由于调查对象(1985年)把有音响、钢琴、地毯等东西方视为现代化家庭。其他几个"学术气氛"、"时髦"、"整洁"、"一般"选择项也都含混不清。它会由于人们各自的标准不同，而导致理解的千差万别。例如，同一个家庭，丈夫认为属"整洁"，妻子则可能视为"一般"。这种问卷科学性差，其结果不仅会由于人们的审美标准不同而不同，而且会随着人们审美标准的变化而变化。因此，设计问卷时，对不可避免要用到的笼统、抽象、含混的概念一定要加操作定义，如"现代化家庭指……"，这样才能保证调查对象回答的依据一致，调查对象与问卷设计者的理解趋于一致。

(5)两个以上概念在同一题中出现。例如，一个了解"家长对子女进行早期教育内容倾向性"的问卷题目是："你经常教你小孩识字和算术吗？"这种问题使那些只经常教孩子识字或只经常教孩子算术的家长很为难，通常不知道该怎样回答。这种题目最好分为两个小题目，从而避免被试"半同意"或"半不同意的"犹疑想法。

(6)使用专门术语、行语、俗语(如"社会整合"之类的词，回答者并不是人人知道的)。某些行语、俗语可能仅为一个群体所知，或者可能不同的群体有不同的含义，因此要尽量避免非大众化、非普及性的语义。

(7)漏掉综合性的选择项目。例如，你在为孩子选择书包时，首先重视的是：①书包的容量；②质量；③价格；④色彩。该设计漏掉了综合项目：质量既好、价格又合理，或价格既合理、色彩又好等综合项目，或者应设"其他"项，供调查对象自己填。

(8)出现带有某种倾向的暗示性问题。例如，"你喜欢饮誉中外的小说《红楼梦》吗？"既然"饮誉中外"，显然暗示回答者不喜欢似乎不应该。因此，问题的设计应尽量避免贬义词或褒义词。此外，引用名人的话也导致暗示。例如，塞尔蒂兹等1959年曾对问题中是否出现名人的调查结果进行了调查，发现出现名人的名字比不出现名人的名字其肯定的答复增加35%。

(9)使用不肯定的词，如"某些"、"相当"、"非常"、"经常"这一类模糊词语，各人的理解很不一致，如果要使用，也要给予某种解释或定义。例如，你去图书馆，还是不去？①很经常(每天)；②经常(隔三、五天去一次)；③不经常(一个月去一、二次)；④很少去(几个月去一次)；⑤不去。

(10)使用可做多种解释、意义含糊的词。例如，"你的父亲属于哪一社会阶层？"由于"属于"一词的含义含糊不清，一些回答者理解为父亲目前是在哪一社会阶层，而有些则理解为最终或应该属于哪一个阶层，以致两个同是中等阶层的父母，一个回答"中等"阶层，而另一个回答上层阶层。又如，假如市场上有一种有利于健康、科学性强、质量好、价格合理的书包，您将：①为孩子买一个；②看看再说；③已经有了不必再买；④其他。选择项③"已经有了"含糊不清，是指已经有了书包呢，还是已经有了题干所指的书包呢？使回答者迷惑不解。

(11)卷中出现调查对象未经历过的或不知道的，导致问卷结果的虚假性。例如，一个了解什么内容的电影最受农村学生喜爱的问卷题目，罗列了六七部内容不同的电影，让农村学生回答。殊不知其中有好几部电影学生都未看过，学生只能从自己看过的有限电影中做出选择，因此所回答的最喜爱的电影并不就一定是自己最喜欢的。其实，只要预先在所要调查的对象群体中做一下了解，或以"你看过哪些电影？"的开放式问卷进行预测，就可杜绝这种情况的出现。

(12)问题的陈述使用否定句(特别是双重否定句)，使答卷人因忽略其中的否定词而误解题意，造成回答不真实。

(13)问题带有刺激性的词，伤害调查对象的感情，使人受窘，引起不满。例如，"你家里有人是酒鬼吗？"酒鬼这种贬义词，常引起回答者反感，拒绝回答。

(14)问题缺乏限制的前提。例如，了解高师学生职业理想变化情况的一个问卷题目是"你从事教师职业的态度有所变化吗？"这一问题缺乏时间限制的前提，问题不明确，调查对象无从答起。若改为"入学以来，你从事教师职业的态度有所变化吗？"问题就清楚、明朗了。

(15)题目中供选择的项目未包容所有的程度。例如，调查学生对某门选修课的喜爱程度，列举的选择项目是：①很喜欢；②喜欢；③较喜欢；④不够喜欢；⑤不喜欢；⑥很不喜欢。这些项目虽然包含了喜欢与不喜欢的所有变化程度，但却忽略了中性项目"一般"，致使一些持中性态度的学生只得偏向一极，做出选择，这势必在一定程度上影响结果的真实性。

3)问卷的实施

(1)根据研究课题和对象，确定选择问卷法后，设计问卷初稿。

(2)对问卷进行试用和修改，分别对应两种方法，即客观检测法和主观评价法。客观检测法是选择与被调查对象相似的个体进行预备测试，分析问卷质量；主观评价法是请有关专家根据问卷设计时的参考指标进行仔细评审，提出一些建设性的意见和建议。两者结合使用，最后定稿之后即可发放使用并及时回收有关问卷。

(3)根据调查目的，对回收的问卷进行全面整理、分析。

(4)对有关的结果进行深入的分析讨论并撰写成文。

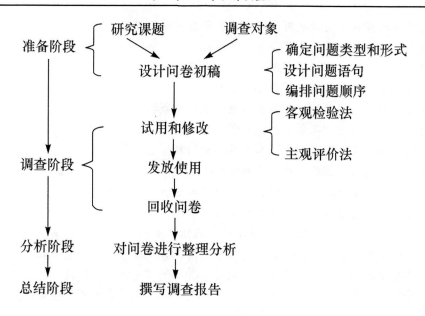

案例展示

化学教育问卷调查及访谈调查样例

高师化学教育专业学生科学探究能力培养调查表

亲爱的同学：

本问卷调查旨在了解当前高师化学教育专业本科生"科学探究能力"培养的基本情况，调查采用不记名方式，选择没有对错之分，问卷数据仅做研究使用，请你根据自己的实际情况完成此问卷。感谢你对我们研究工作的支持与配合！

其中选择题为单选，请在你认为最符合的一项上打"√"。

(1)你的基本情况：

性别_____ 所在院校_____

(2)你对下列内容的了解程度如何？

化学新课程改革的背景。①不了解②不太了解③比较了解④非常了解

化学新课程改革的内容。①不了解②不太了解③比较了解④非常了解

《全日制义务教育化学课程标准(实验稿)》。

①不了解②不太了解③比较了解④非常了解

《普通高中化学课程标准(实验稿)》。

①不了解②不太了解③比较了解④非常了解

科学探究的内涵。①不了解②不太了解③比较了解④非常了解

科学探究的基本要素。①不了解②不太了解③比较了解④非常了解

(3)你在进行下列活动时的符合程度如何？

能够在学习的过程中提出具有探究意义的问题。

①不符合②不太符合③基本符合④非常符合

能够根据问题进行猜想并运用已有知识尝试提出假设。

①不符合②不太符合③基本符合④非常符合

能够对收集的资料或实验数据进行描述、解释并形成结论。

①不符合②不太符合③基本符合④非常符合

能够制订探究活动的活动计划或设计相应的实验方案。

①不符合②不太符合③基本符合④非常符合

能够科学地收集相关的证据资料或准确记录实验数据。

①不符合②不太符合③基本符合④非常符合

能够对探究活动进行反思，发现其中存在的问题，并进行计划改进。

①不符合②不太符合③基本符合④非常符合

能够在探究活动中与他人进行合作，并与他人交流探究结果。

①不符合②不太符合③基本符合④非常符合

(4) 在你的课程学习过程中，下列情形出现的情况如何？

学生在课堂上发表意见。①从来没有②个别情况③比较常见④一贯如此

学生在课堂上提问。①从来没有②个别情况③比较常见④一贯如此

教师引导学生观察新事物。①从来没有②个别情况③比较常见④一贯如此

教师引导学生提出与课程有关的研究课题。

①从来没有②个别情况③比较常见④一贯如此

教师进行资料收集方法的指导和训练。

①从来没有②个别情况③比较常见④一贯如此

教师引导学生关注本学科的书刊和网站等。

①从来没有②个别情况③比较常见④一贯如此

教师进行实验方案设计的训练。

①从来没有②个别情况③比较常见④一贯如此

教师鼓励学生尝试利用新方法进行实验。

①从来没有②个别情况③比较常见④一贯如此

教师对学生进行实验操作技能训练。

①从来没有②个别情况③比较常见④一贯如此

教师提出开放性的问题。①从来没有②个别情况③比较常见④一贯如此

教师指导学生用科学术语归纳概念和结论。

①从来没有②个别情况③比较常见④一贯如此

教师鼓励学生相互交流。①从来没有②个别情况③比较常见④一贯如此

教师指导科研论文写作方面的规范和知识。

①从来没有②个别情况③比较常见④一贯如此

(5) 在回答学生提出的问题时，大多数任课教师的做法如何？

提供参考资料和收集途径。①从不②很少③偶尔④经常

在教学中组织学生讨论。①从不②很少③偶尔④经常

直接给出问题的答案。①从不②很少③偶尔④经常

(6) 在你的学习过程中，下列活动方式出现的情况如何？

开展主题讨论。①从来没有②个别时候③比较常见④一直都有

进行调查。①从来没有②个别时候③比较常见④一直都有

参观。①从来没有②个别时候③比较常见④一直都有

参加学术报告会。①从来没有②个别时候③比较常见④一直都有

举行课程论文交流。①从来没有②个别时候③比较常见④一直都有

完成指定内容和步骤的实验。①从来没有②个别时候③比较常见④一直都有

自行设计并完成实验方案。①从来没有②个别时候③比较常见④一直都有

进行小制作并交流。①从来没有②个别时候③比较常见④一直都有

(7)在你的课程学习过程中，下列作业方式出现的频率如何？

查阅并整理文献资料。①从来没有②个别时候③比较常见④一直都有

书面习题。①从来没有②个别时候③比较常见④一直都有

阅读教科书。①从来没有②个别时候③比较常见④一直都有

观察并完成观察报告。①从来没有②个别时候③比较常见④一直都有

进行课外实验完成实验报告。①从来没有②个别时候③比较常见④一直都有

阅读指定参考书完成读书报告。①从来没有②个别时候③比较常见④一直都有

进行社会调查完成调查报告。①从来没有②个别时候③比较常见④一直都有

小课题论文。①从来没有②个别时候③比较常见④一直都有

(8)下列实验在高师化学实验课中出现的频率如何？

演示实验。①从来没有②个别时候③比较常见④一直都有

操作实验。①从来没有②个别时候③比较常见④一直都有

自行设计实验。①从来没有②个别时候③比较常见④一直都有

(9)下列情况符合你所在学院(系)的情况如何？

具有设施完善的实验室。①不符合②不太符合③基本符合④非常符合

可供探究的丰富药品准备。①不符合②不太符合③基本符合④非常符合

拥有充足的文献资源。①不符合②不太符合③基本符合④非常符合

拥有方便、充足的计算机机房。①不符合②不太符合③基本符合④非常符合

(10)下列各处室向学生开放的情况如何？

实验室。①不开放②基本不开放③大部分开放④全部开放

图书馆或资料室。①不开放②基本不开放③大部分开放④全部开放

电脑室。①不开放②基本不开放③大部分开放④全部开放

(11)你对本学院(系)的评价如何？

科学探究能力培养情况①不满意②不太满意③比较满意④非常满意

专业课程的教学方式①不满意②不太满意③比较满意④非常满意

学术交流活动情况①不满意②不太满意③比较满意④非常满意

学术氛围①不满意②不太满意③比较满意④非常满意

(12)你对高师化学教育专业学生科学探究能力培养有什么意见或建议？

问卷到此结束，谢谢您的参与！

对中学化学实验现状的调查

为了了解中学化学实验的现状，设计了本调查问卷，仅供研究使用，谢谢同学们的合作。

(1)你对化学实验(　　)

①很感兴趣　②感兴趣　　③有些兴趣　　　④没有兴趣

(2)你认为，化学实验对你学习化学的帮助(　　)

①很大 　　②有 　　③有时有些 　　④没有

(3)在演示实验和学生实验中，你最喜欢下列的哪类实验(　　)

①性质实验 　②制备实验 　③基本操作实验 　④所有的都喜欢

(4)在老师做演示实验时，你经常(　　)

①只注意看现象，没有注意听老师讲 　　②只注意听老师讲，没有注意观察现象

③边听课边观察，也思考 　　④现象不明显就不用去观察

(5)在做学生实验前，你(　　)

①有时预习 　　②每次都要预习

③没有预习，因为没有布置预习 　　④每次都写出了预习提纲

(6)在实验中，你(　　)

①喜欢自己独立操作 　　②喜欢与同学一起做

③不喜欢动手做，但喜欢看同学做 　　④没有做过实验，因为实验危险

(7)在做实验时，你(　　)

①喜欢观察、思考、记录 　　②只观察记录，没有思考原因

③没有记录现象，因为书上有结果 　　④只记录，因为是同组的分工

(8)在实验完成后，你(　　)

①按实验结果独立完成实验报告 　　②按实验结果与同组同学共同完成实验报告

③按书上结果填写实验报告 　　④没有填写报告

(9)你对实验习题(　　)

①能独立完成(自己设计方案和操作) 　　②在老师指导下完成

③当作书面练习 　　④不用做

(10)你对化学课外活动(　　)

①自愿参加了有关活动 　　②没有参加

③自己回家做一些小实验 　　④ ①和③项都做

学生绿色化学认知情况调查问卷

　　绿色化学是20世纪90年代出现的新兴化学研究领域，我国政府很重视绿色化学，绿色化学在我国得到了较快的发展。经过十多年的发展，绿色化学在我国中学教育领域的现状是怎么样的呢？为了更好地实施素质教育及了解大家对化学的态度，这里做一个调查。问卷不记姓名，请同学们认真、如实的回答。谢谢您的合作。

　　(1)您怎么看待当今化学对生活的影响？(　　)

　　A. 破坏环境，弊大于利 　　B. 没有感觉，不关心 　　C. 给生活带来了便利，利大于弊

　　(2)您对化学的发展前景持何种态度？(　　)

　　A. 发展前景很好，不用改进 　　B. 发展前景很好，但需要改进 　　C. 破坏环境，发展前景暗淡

　　(3)您怎么看待"限塑令"？(　　)

　　A. 好政策，一次性塑料袋破坏环境，不环保 　　B. 无所谓，该用的时候还是用

　　C. 政策不好，没有一次性塑料袋，生活不方便

　　(4)您是怎么处理废旧电池的？(　　)

　　A. 收集送回收站 　　B. 和生活垃圾一起丢弃 　　C. 有时候收集送回收站有时候随便丢弃

　　(5)您认为下列哪种方法在环境保护中最有效？(　　)

A. 从源头预防污染物的产生及排放　B. 进行综合治理　C. 不使用或少使用化学品

(6)您是否了解绿色化学及其含义？（　　）

A. 非常清楚　　B. 不了解，没有听说过　　C. 听说过，但不太了解

(7)绿色化学是研究（　　）的科学？

A. 绿色植物　　B. 环境保护　C. 不清楚

(8)您认为化学教育与环境保护的关系是什么？（　　）

A. 关系密切　　B. 有一定关系　　C. 没有关系

(9)汽车尾气中含有大量有毒物质，如铅会污染环境，您认为采取哪种方法可以更好地减少环境污染？（　　）

A. 使用无铅汽油　　B. 对汽车尾气进行处理　　C. 对大气进行治理

(10)CO 还原 CuO 剩余尾气 CO 最好的处理方法是什么？（　　）

A. 用来加热 CuO　　B. 直接燃烧掉　　C. 收集起来，实验后排放到室外大气中

(11)您认为保护实验室环境的最好方法是什么？（　　）

A. 采取预防污染的措施　B. 实验过程及实验后处理　C. 不做有污染的实验

(12)您了解低碳吗？（　　）

A. 不了解　　B. 知道一点，但不了解　　C. 了解

(13)作业本、草稿纸你会两面都用吗？（　　）

A. 不会　　B. 有时会　　C. 会

(14)您是从哪种渠道接触和学习到绿色化学、低碳知识的？您是否愿意学习一些绿色化学、低碳知识？您认为现在中学化学教育中关于环境保护方面存在有哪些优点与不足？

您是从哪种渠道接触和学习到绿色化学、低碳知识：

是否愿意学习一些绿色化学、低碳知识：

优点有：

不足之处有：

您的建议是：

(亲爱的同学们，再次感谢您的认真作答，谢谢！)

教师绿色化学认知访谈记录表

访谈内容	交谈问题	教师回答内容
高中化学教师对绿色化学、低碳的认识程度	现在绿色化学、低碳是社会的热点，你有什么看法？	教师1：低碳就是上班走路，电灯电脑少开点，减少二氧化碳排放量，可是现在车越来越多，我低碳人家不低碳。绿色化学知识在书上看到过，高考都是防止污染、进行尾气处理这种类型的题目。 教师2：什么热点不热点，高考这两年都只考课本上的知识点，都没有绿色化学相应的题目，我对它们还是有些了解。 教师3：虽然是热点，我也很了解，但没有深入学习过，高考考得不多，有，也是信息题，常识的题目，学生应该都会做的。 教师4：绿色化学高考也有考哦，就是环境保护问题，低碳嘛是工厂的事，跟我们老百姓有什么关系？ 教师5：看过新闻哦，知道有这么回事，自己也没有深入了解过。

访谈内容	交谈问题	教师回答内容
高中化学教师对绿色化学、低碳知识的教学态度	上课的时候会给学生提供一些绿色化学、低碳知识吗？	教师1：课本上没有的内容讲来干什么，有时间还不如给学生多练两道题目。 教师2：有时候会讲，但不多，感觉讲了也没有学生听。 教师3：想讲但不知道从哪里入手，尝试了几次感觉没有什么效果，最后就在环境保护那节课提了一下。 教师4：上课时候介绍一点就好了，点点就行了，绿色化学、低碳不就是跟环境保护那节课有些关系，都是给他们自己看，自学。 教师5：你也不看高考考不考，都不是考点，花时间来讲它们，自己累，学生也累。
高中化学教师绿色思想、低碳生活习惯是否形成	实验的时候有没有注意尾气处理，把实验装置改得绿色低碳一些？	教师1：按照课本的要求去做就行了，哪有那么多精力去弄哪些东西。 教师2：就算你把实验装置改得绿色低碳了又有什么用，一个实验不就是用一点点药品，加点热，排放一些尾气，何必呢？ 教师3：高考的实验题不就是考学生对实验的操作能力？就怕改了影响学生思维，有时间还不如让他们多做几道实验题目来得实在。 教师4：改进实验就不需要了吧，照着书上做可以了，没有时间做其他的创新啊，时间都不够用。 教师5：有兴趣改实验装置，但是没有合适的实验仪器啊，你们也知道我们实验室来来去去就是那些仪器，缺这又缺那。

资料导读

对教育调查研究中问卷调查的分析

教育科学的调查研究法是教育研究基本方法的一种，是在教育理论指导下，通过运用观察、列表、问卷、访谈、个案研究以及测验等科学方式，收集教育问题的资料，从而对教育的现状做出科学的分析认识并提出具体工作建议的一整套实践活动。它包括问卷、观察、访谈、测验等不同的具体方法。问卷调查是教育调查研究中，用得相当普遍的收集数据、获取信息资料以供决策或检验教育结果的一种重要方法。

一、设计问卷问题

(1)在进行问卷研究中有不少精力都集中在设计良好的题目上，首先是明确研究目的，确定调查对象，以此列出设计问卷的标题，它是概括说明调查的研究主题，使被调查者对所要回答什么方面的问题有一个大致了解。确定标题应简明扼要，易于引起回答者的兴趣。对于问卷标题，采取正副标题形式与设问形式比采用直接陈述形式能多得到被调查者合作，因为这样的标题更能够引起被调查者的注意，不要简单采用"调查问卷"这样的标题，它容易引起被调查者的不必要的怀疑而拒答。

一般来说问卷由开头、甄别、主体、背景及结束语等部分构成。开头部分一般包括问卷名称及编号、问候语、访问者身份、调查主题及调查目的简介、承诺信息、礼品信息、访问邀请与填写说明等内容。甄别部分主要是对被调查者进行筛选，以选择出符合调查要求的被调查者进行调查。主体部分是问卷的核心部分，由问题和备选答案组成。背景部分主要是有关被调查者的一些背景信息，一般包括被调查者的性别、年龄、教育程度、职业、平均月收入、婚姻状况、家庭人口等内容，为防止过早地遭到不必要的拒绝，这部分通常放在问卷的后面。最后是结束语部分，主要包括致谢词及礼品签收。

(2)问题的设计是问卷编制的主要内容，直接关系到问卷的科学水平。对问题的设计要以对问卷题目的信度、效度进行认真的考察为基础。要征求有关专家的意见，并进行小范围的试测，以检验问卷是否能被接受和理解。问题的表述必须准确简洁、通俗易懂，使每个被调查者都能有同一种理解，所以要认真琢磨、反复推敲。所以在设计问题时要切合以下几点：

第一，问题必须是与调查主题有密切关联的问题。这就要求在设计问卷时，必须始终以调查主题为中心，重点突出，避免可有可无的问题。根据调查目的，找出与调查主题相关的要素，并逐次分解为具体的、明晰的问题。因而必须围绕调查课题和研究假设选择最必要的题目，问卷题目既不能简略，也不能过于烦琐，更不能脱离实际。

第二，问题要简短清楚。问句浅显，使被调查者一看就明白；问句精短要让被调查者能一眼看完。问题要清楚，调查者往往都有一定的专业背景，设计问题时常会忽略被调查者是否具有同样的专业背景。因此问题设计时必须要使所提的问题十分清楚和通俗，让被调查者明白调查者问的是什么。问题要可答而且要用肯定句式，不要用否定句式。因为在以肯定句式为主的问卷中，使用否定句式时，一些被调查者会很容易受思维惯性的影响，漏掉了否定句中的"不"字，而被调查者通常是不会回头检查的，要注意这个问题。提出问题的逻辑顺序要合理，通常情况下把简单的、一般性的、容易回答的问题放在前面，如年龄、性别、学历、职称、职务等；将专业性的、敏感的问题放在后面。这样的安排使被调查者能够很容易地填写完开头几个问题，从而愿意继续回答整个问卷。

第三，设计人员根据调查目的的要求，可列出与调查主题有关的时间、地点、事由和结果四个方面的重要问题，形成具体的提问项目，并把相近的或相关的问题放在一起，由易到难排列。一项提问只包含一项内容，提出的问题要避免引起被调查者反感且乐于回答。要注意提问的客观性，避免诱导被调查者做出倾向性的回答。问卷中的问题有两种类型，一类是开放性也可称结构型的问题，一类是封闭性也称非结构型的问题。开放性的问题由被调查者根据自己的实际情况自由回答，适合尚未弄清答案的问题及收集更深层次的信息。由于答案的多样性，会增加调查资料整理的工作量及难度。封闭性问题由被调查者从预设的各种答案中选择回答，答案的设计既要穷尽问题的所有答案，又要使各答案互不包含，相互排斥，对于无法穷尽或没有必要穷尽的答案项，可设"其他"项并预留适当的空白以供填写。

有些问卷可能会有后续性问题，即有些问题只适用于一部分人或一部分情况。而这一部分人或一部分情况又涉及一些其他问题，这些问题就是后续问题。被调查者是否回答这些后续问题，是由其对第一个问题(前驱问题)的回答来决定的。后续问题的格式有两种，一是用线框将后续问题与其他问题隔开，并用箭头将后续问题与前驱问题中的适当答案相连接，只有对前驱问题做出相应回答的人才需要回答后续问题，其他人则可以跳过这些问题；二是后续问题过长时，可以在问卷上注明哪些人可以跳过哪些问题不作答。

二、问卷设计的质量控制

问卷设计的质量是调查工作中关键的环节，直接影响着所收集数据的质量与结论的分析，关系到调查工作的成败。

(1)问卷设计的质量要求。充分地体现调查主题，达到调查目的，是问卷设计最根本的质量要求。

(2)以问卷设计的质量要求为标准，控制问卷设计过程，准确界定调查问题。问卷设计者要多与教育调查研究课题所涉及的对象进行沟通，全面了解、研究要调查的对象的特征、背景及现状，分析调查可能面临的机遇与难题，正确理解课题研究所涉及者的真正意图与真实需要。设计人员对调查目的越明确，对研究的教育现象和情况了解得越深入，问题界定就越准确，就越有助于提高问卷设计质量。

(3) 问卷的质量控制主要取决于问卷设计人员的业务素质及其对调查目的、调查主题的了解、研究及把握程度，同时也与问卷设计的执行过程密切相关。慎重地选择设计人员与严格地执行正确的设计程序成为控制问卷设计质量的关键和首要环节。

(4) 要提高问卷设计质量就要尽可能多和全地去收集与问卷设计相关的资料。可以通过认真分析和对比已有的同类或近似的问卷加以借鉴去粗取精，再参考采纳行业标准，规范问卷设计。凡是有利于问卷设计的资料都可以收集，相关资料收集得越充分，了解得越透彻，越能保证问卷设计的科学合理。

(5) 问卷设计既要达到调查目的，同时必须节省成本。既要节省费用，也要节省时间。既要节省调查者的时间，也要节省被调查者的时间。即尽量精简问卷的题量，节省篇幅，且便于日后数据整理与分析。

(6) 问卷初步拟定后，要检查问题是否符合调查目的，并全面反映主题，通过检查删除无关的问题，对有遗漏的则适当补充；检查问题设计是否符合逻辑，排列是否得当；问题表达是否存在词不达意或模糊笼统；问卷格式是否规范。在问卷设计中，要求问题编号按统一规则设计；在版面设计上整体结构清晰，重点突出，简洁美观。

(7) 问卷设计初步完成后，就可进行预测试了。通常选取 10~20 个样本单位进行试访问即可。问卷预测试是检查问卷质量及提高问卷设计质量的一种行之有效且简便的好方法。已设计出的问卷在调查中可能会遇到设计人员没有想到的问题，或者问题的应答率较低，或者问题及答案选项表达歧义引起被调查者回答困难，或者答案选项设置不当等，进行预测试能及时发现问卷设计中存在的缺陷与不足，也能预测出问卷完成的时间长度，设计人员可根据预测试结果有针对性地对问卷进行补充和修改完善。

三、问卷的发放与回收

问卷的发放形式很多，各有利弊，在此不多冗余，根据研究需要去选择。个人觉得当面填答和有组织的分配比较有效。

问卷研究中一个很大的问题就是不回答率，回收不到想要的反馈信息。研究者必须了解不回答的原因，再做对策。一份再精美和科学的问卷如果是低回答率的，那也是失败的作品。

问卷调查一直以来便是国际通行的调查工具和作业方式。近几年，随着实证研究在教育研究中越来越被重视，问卷调查也越来越流行于广大教育者和学者们的课题研究中。因此制作规范的、科学的问卷，是作为教育调查研究中的必要条件。

第九章　化学教育实验法

第一节　化学教育实验法的含义和特点

一、化学教育实验法的含义

化学教育实验法是指研究者根据某种研究假设，合理地控制或创设一定的条件，人为地变革研究对象，从而验证假设、探讨化学教育因果关系的一种实验研究方法。化学教育实验法的目的在于揭示变量之间的因果关系。实验中的变量有自变量 X、因变量 Y 及无关变量 O。

X 为自变量，又称刺激变量、实验因子、实验因素、实验变量等。

Y 为因变量，又称反应变量。

O 为无关变量，又称有机变量、控制变量、非实验因素（在实验中，除所规定的 X 以外所有能影响 Y 的变量）。

在研究中，通过对自变量的操作从而引发因变量的变化，它重点讨论的是因果关系，想说明的也是因果关系。在研究中，当发现一事物的发生会导致另一事物的发生时，我们将会感到十分高兴。如果一种新的化学教学法使用起来很便利，而且能够持续地提高学生的学习成绩时，有哪一位教师会固守传统而拒绝变化呢？或者，如果一个新的综合测评系统能够有效地改善学生的日常行为和学习习惯，又有哪一位教师不愿意采纳它呢？其他类型的研究都缺乏化学教育实验这种能说明因果关系的能力。因此，化学教育实验法在化学教育科研中占有特殊的地位，是最重要的研究方法之一。

例如，一项关于优化中学化学课堂教学的实验研究，探索各种教学策略对教学结果的影响，各种教学策略的使用即为自变量，严格控制一切可能影响教学结果的因素即控制无关变量（如师资水平、教材内容、学生水平、学习时间等），从而观察、分析某种策略对教学结果即因变量所引起的变化。必须注意的是，在该项实验中，某些策略的应用，其结果可能是有效的，而某些策略的应用可能是无效的，但无论其结果是有效还是无效，作为因变量，其所反映的结果都是有价值的。

二、化学教育实验法的特点

1. 理论假设

教育科研中所采用的观察法、调查法、文献法、经验总结法等，这些方法本身并不一定要求有科学的假设，但化学教育实验法不同，它探讨的是 X 与 Y 之间的关系，实验者在实验前必须对这一关系提出明确而科学的假设。后续的实验过程实际就是严密且有效地演绎并验证假设的过程。

2. 条件控制

化学教育实验法的生命在于实验，实验的精髓在于控制。控制的目的是让 X 和 Y 的关系得到净化。因此，在实验研究过程中，要对非实验因素有严格的控制，务必不使它们影响、干扰实验的进行，以免产生不必要的误差，以保证 X 和 Y 的因果关系的确定和证实。例如，实验的目的是比较两种教学方法的优劣，那么就要设立对照(班)组，使这两个组的其他条件尽可能保持均衡，包括教材内容、教师的知识技能、教学经验及其对实验的态度、上课的时间、课外作业的辅导及辅导作业的方法、学生的智力水平、参与的课外活动、家庭生活、家庭环境及家长指导等方面。

3. 可重复性

化学教育实验的可重复性是指不同的研究者在相似的条件下，对同类被试进行反复实验，可得到相同或相似的结果。正因为化学教育实验研究的可重复性，实验成果才具有可推广性。

4. 因果性

实验法以发现、确认事物之间的因果联系为直接宗旨和主要任务，本质上是按因果推论逻辑设计与实施的，它是揭示事物之间的因果联系的有效工具和必要途径。化学教育实验研究的目的正是要寻求假说命题"若 A 则 B 的真实性和正确性，确证是因素 A 影响了因素 B 的变化。A、B 两个因素之间的因果关系不外乎呈现两种状况：一种是共变关系，即 A 的特征出现时，B 的特征也出现，并且影响 B 的强度和水平。例如，加强了"学生探索性化学实验的教学"后，学生化学学习的能力有所提高，说明两者之间有共交关系；若化学学习能力没有改变，说明探索性实验对学生化学学习没有影响，两者就不存在共交关系。另一种是时序关系，A 作为原因发生在作为结果的 B 之前或同时，且构成时间序列的变化。显然，如果学生化学学习的能力在加强探索性实验教学之前就提高了(或由于其他原因，学生的学习能力提高了)，就不能说两者之间存在时序相依的关系，因而也就不存在因果关系。

第二节　化学教育实验法的类型和要求

一、化学教育实验法的类型

1. 真实验研究

真实验研究(标准实验研究)能够非常令人信服地说明因果关系。在研究中可对 X 做出操作，从而相应地使 Y 发生变化。该类实验之所以能做到这一点，是因为它必须具备的条件是：①随机选择被试样本，并将它们随机编入实验组和对照(比)组；②一项独立的实验处理变量能够被应用到实验组中；③实验组和对照(比)组中的 Y 都可以被测量。

2. 准实验研究

准实验研究(半实验研究)也能够说明因果关系。它与真实验研究的区别仅在于准实验研究中的被试不是随机挑选的，而真实验研究的被试是随机取样的。因此，准实验研究所说明的因果关系只是在实验中存在，相对来说不太令人信服，因为研究的参与者不是随机挑选的，所以很容易使人怀疑这样的样本是否能够反映整个人群的情况。化学教育实验大多是准实验研究。

3. 因果比较研究

因果比较研究比准实验研究还糟糕，它只能从现有的结果进行讨论。因果比较研究除了被试不是随机挑选的外，研究中的 X 也是固定不变的。它是在真实验研究和准实验研究都不便于开展的情况下进行的，它虽然不能令人信服地表明因果关系的存在，却可以很好地向人们展示这种关系存在的可能性。例如，医学研究者可能采取这种类型寻找吸烟对心脏有害的证据。在这种情况下是不能采取实验研究的，因为研究者不可能选择一组人让他们大量吸烟，然后看看对健康的影响，这在道德上是不允许的。但是，可以随机地选择一组吸烟者和不吸烟者，然后比较这两组人群的心脏疾病发生率。如果发现吸烟者患心脏疾病的比例很高，就可以推测疾病很可能是由吸烟"引起"的，尽管得出这个结论的证据不是很确凿。类似地，如年龄、性别、智力等变量也不能随机改变，要对它们进行研究，可采取因果比较研究。化学教育实验法三种类型的比较见表 9-1。

表 9-1　真实验研究、准实验研究与因果比较研究的对比

	真实验研究与准实验研究	因果比较研究
重点	因果关系	因果关系
目的	表明由 X 导致 Y	指出由 X 导致 Y
假设/问题	主要采用假设，有时用到问题	主要采用假设，有时用到问题
研究设计	以小组或个人为被试，运用可以被调控的 X 来检验 Y	以小组或个人为被试，运用没有受到调控的 X 来检验 Y
数据	分数，测量结果	分数，测量结果
数据收集	考试，测量评价	考试，测量评价
研究成果	统计上的	统计上的
结论	假设被推翻或保留，对内涵做出解释	假设被推翻或保留，对内涵做出解释

二、化学教育实验法的要求

(1)在理论假设的引导下，有目的、有预见地操纵实验条件，进行教育变革。一方面，整个实验操作是为了检验假设并构建新的假设而进行；另一方面，假设直接指导实验方法的选择，实验资料的收集与实验结果的总结。教育实验的操作直接关系到学生身心的健康和发展，实验者必须以高度严谨的科学态度，提出实验假设，对实验方案的效应做严密的科学论证，以避免负效应的出现。

(2)从检验假设的需要出发，根据研究的性质、任务，适度控制实验条件，采取有效措施，尽可能地避免或减少与实验目的无关因素的干扰。没有控制就不能称为实验。要增强实验控制的意识，创造出更多的符合教育实验实际的有效控制方法。

(3)坚持以实验事实为依据，公开实验操作过程和操作方法，实事求是地报告实验结果，让不同的研究者进行重复验证，确保假设检验的客观性。教育实验变量通常是综合性的、整体性的。综合变量的输入产生综合效应，从整体上是可以重复显示的。当然，这种重复并不是过去发生的社会事件原原本本地再现出来，许多具体的细节是难以完全重现的。

(4)在遵循教育性原则的前提下开展实验，使实验研究控制在社会道德允许的范围内。

第三节　化学教育实验法的步骤

一、确立课题

首先，必须有希望解决某问题的初步设想，或初步待证的理论，选择一个既符合化学教育改革与发展需要又适合研究者知识、能力水平及客观条件的课题，这是研究能否顺利进行的前提。一般来说，初接触化学教育实验应尽量选择化学教育教学工作十分需要、工作量不太大、对实际工作能起直接推动作用的课题，如用开放实验室办法来解决如何提高学生学习化学兴趣的问题。

二、建立假设

假设就是根据科学的理论、已有知识及事实资料对所做实验研究的结果，两个或多个变量之间的关系或某些现象的性质做出推断性论断和假定性解释。假设能帮助研究者明确研究的内容和方向，有了实验假设，就能根据研究目标的要求，在限定范围内有计划地设计并进行实验，而假设一旦得到实验的证实，就会发展成为建立新的教育教学理论的基础。没有一个合理的科学假设，实验研究的因果关系就难以得到一个推导演绎。

1. 假设的产生

化学教育实验研究探究的是化学教育教学过程中的具体问题。研究的第一步是确定合适的研究课题，然后要提出研究假设并对假设做出清晰的陈述。假设的陈述涉及有关实验变量和条件。对这些变量及条件必须做出可操作的定义，即操作性定义，它是一种规定，使确定出的变量及条件的操作具体化，如学习能力这一变量的操作性定义为在斯坦福-比奈智力量表LM 表格中的分数；概念理解的操作性定义为准确理解五个概念所需的时间等。

假设可以直接从实验研究的问题陈述中产生，可以从研究文献、教育学、心理学理论中产生，可以从大量的观察、调查研究的实例中产生，也可以从资料的收集和分析中推断产生。假设是一种推测或对问题答案及情况状态的猜测。一般来说，假设具有某些理论特征，它通常是关于某教育现象的众多事实的概括。因此，一个理论就可能导致若干个假设，这些假设是否成立，还需做出检验。

2. 假设的陈述

假设的陈述应符合以下三个标准：①含有两个或两个以上变量及其之间的期望关系；②用陈述句明确无误地表述；③假设最终可以得到检验。

例如，质疑问难　　　　　　有助于　　　　　化学创新思维的培养
　　变量 1　　　　　　期望关系　　　　　　变量 2

需要指出的是，许多实验假设都因过于宽泛笼统而不能准确反映所研究的问题。例如，假设"聪明的学生化学学得好"，这里，"聪明"、"学得好"等词用得较笼统，没有针对具体的研究问题，或者说不可操作，因而对研究没有什么指导作用。

若做如下修改，也许就变得可以接受：IQ 测量分数排在前 25% 的 14～16 岁学生在化学计算测验中平均分比那些 IQ 测量分数排在后 75% 的 14～16 岁学生要高。

这一陈述详细具体，表明了期望关系(IQ 测量分数排在前 25%的学生比排在后 75%的学生化学计算题得分高)。

还可以再简化：在14～16岁学生中 IQ 测量分数与化学计算题得分之间存在正相关关系。这一假设也包括了一个期望的关系，并可检验。

以上两例中，假设包含了有关变量的操作性定义——学习能力(这里指聪明程度)和化学学习水平(这里用解计算题水平表示)，这两个变量都用具体测试或实验中的分数来定义。

假设的表述可采取定向形式和非定向形式。前者能表示结果有一定的趋向，而后者则不能。一般来说，化学教育实验中的假设因为含有期望的结果，故多是定向的假设。

例如：①采用归纳、类比、提问式教学的化学成绩超过不采用此方式教学的化学成绩；②合作型学习中，教师的支架作用有助于下组研究结论的得出；③代数的得分等级与化学的得分等级之间有正相关关系。

当然，假设的陈述形式究竟是定向还是非定向，要视期望的结果而定。如果文献表明我们能期望一个差异或一个有方向的结果，则应采用定向假设；如果研究者对所研究对象的内在关系不甚了解，凭已有知识只能肯定研究对象的主变量之间存在相关，但不能肯定是什么样的相关，则应采用非定向假设为好。例如：①能力强的学生与能力一般的学生化学平均成绩没有区别；②能力强的学生化学平均成绩不等于能力一般的学生的化学平均成绩。

总之，假设应成为构思实验研究的核心和依据。假设的提出是以研究问题的确定和陈述为出发点。设计假设的过程不仅是把问题定义得更具体，而且还要有效地限定研究的问题。假设的陈述涉及变量、操作性定义和条件。而所有这些都是依据相关理论和现有知识得出的。假设提出以后，还要在研究过程中发挥导向作用。也许，有的假设最初不够精确，但随着研究的进展，原有的假设可以被修订、改进，或被舍弃而提出新的假设。

三、制订方案

"方案"是化学教育实验研究的施工蓝图，没有好的研究方案就不可能有好的研究结果。研究方案必须确定实验因素、选择实验对象和人数、规定实验时间、准备实验材料及拟订实验计划。

1. 单组法

(1)单组法的实验程序。单组法是向一个或一组研究对象施加某一个或数个实验因子，然后测量其所产生的一种或数种变化，借以确定实验因子的效果如何。单组法可用以下基本公式表述：

S—(IT—EF1—FT—C1)
　　—(IT—EF2—FT—C2)
　　C=FT–IT　实验结果=C1–C2

符号解释：S=实验对象(被试)；IT=初次测验(前测)；EF=实验因子；FT=末次测验(后测)；C=产生的变化；"—"表示实验进程前后连接顺序；"–"表示减号。

例如，为了解释高一化学教学质量问题，可以有两个假设或答案，一个是认为甲种教学方法好，另一个是认为乙种教学方法好。为了确定究竟哪种教学方法好，我们就可以考虑在一个班级里采用单组法。这时，甲种方法和乙种方法就是我们打算实验的两个实验因子(EFl

和 EF2)，这个实验班级就是实验对象(S)，在即将实行甲种方法之前，要举行一次测验称为初试(IT)，用两次测验的成绩比较，便求出所产生的变化(C=FT–IT)。用同样的办法再将乙种方法所产生的变化加以比较(C1–C2)，就可以知道到底哪一种方法的效果比较好。这时实验的结果便求了出来。

(2) 单组法的优缺点。单组法避免了被试的差异对实验结果的影响。由于实验因素的两个水平都施行于同一组被试，所以被试的智力、原有学习成绩等对实验因素的每个水平的影响都是一致的，这样就不会因为被试的差异而影响实验结果。单组法只需要一组被试，不必分组，省去了分组的麻烦，实验手续简便，可以在规模较小的学校实行。但是单组法先施行的实验因素第一水平的效果会影响后施行的实验因素第二水平的效果，并且难以保证实验前后期(实验第一水平的时期和实验第二水平的时期)的情况一致，也难以保证各次测量的单位具有等值性，从而影响了实验结果的精确性与可靠性。

2. 等组法

(1) 等组法的基本程序。等组法是以不同的实验因子施行与两个或几个情况基本相同或相等的组，然后比较其所发生的变化。

S1—(IT—EF1—FT—C1)

S2—(IT—EF2—FT—C2)

实验结果 = C1–C2

如果实验因子加多，组数也要相应增多，公式也可以相应地加长。

S3—(IT—EF3—FT—C3)

实验结果就是把 C1、C2、C3 三种变化互相比较。

等组法要求的最重要的条件是各组必须尽量均等，均等的含义是：各组除实验因子外，所有能影响实验的其他因素，特别是实验对象的原有水平，必须基本相同或相等，为了使各组均等，一般采用随机取样法、测量选择法、逐个分配法、随机取补法等。

随机取样法：是按自然呈现的机会来分组，常用的方法有以下两种：①抽签法，把参加实验的学生的名字或号数写在纸片上，混匀以后，按需要抽足各组人数；②排列法，先把参加实验学生的名字按笔画或汉语拼音字母等方法等排成固定的顺序，然后按这个顺序每隔几人抽取一人，抽足各组实验需要的人数。

测量选择法：随机取样法虽然简便省力，但一般只在人数太多的情况下才使用。而且严格来说，这种方法未必能使各组均等。为了更进一步做好均等工作，一般采用测量选择法，就是把参加实验的对象全部测量一下，然后根据测量的结果，予以合理的选择与分配。为了使各组均等而编制或采用的测验必须合乎实验因子的要求。

例如，如果打算用等组法来实验两种化学教学方法的效果，那么所要测量的就是学生原来的教学水平。测量的结果出来后，就按分数高低的顺序排列好，然后按排列顺序上的位置，把他们均等地分布在各组里面。为了使各组真正均等，在实行分组的时候往往采取下列方式：

A 式 甲组 1 4 5 8 9 12…

乙组 2 3 6 7 10 11…

(数字代表按分数排列的顺序位置，下同)

B 式 甲组 1 6 7 12 13…

　　乙组　　2　5　8　11　14…

　　丙组　　3　4　9　10　15…

　　以上 A 式是分两个等组的方法，B 式是分三个等组的方法，组数再多时仍可依此类推。这样的分组法就不会使任何一组常占优势。为了各组的均等更接近理想状态，可在依前法分组以后，再求得各组的平均分数而加以比较，若仍发现有彼此悬殊的情况，就可把这一组中分数较高的人和另一组中分数较低的人加以调换。另外，仅在总平均分数上相等还不算相等，必须在差异量数(如平均差、标准差等)上也力求相等，只有这样才能使两组在原有水平上更接近真正均等。

　　逐个分配法：是按照一定的标准，对实验对象一个一个地进行考察，然后将每两个(或三个)情况相同的对象分别分配到两个(或三个)不同的组中。这样，既然每次分配的对象都是相等的，那么由他们分别组成的两个(或三个)的组别当然也是相等的。

　　如果由于行政上的原因，把原来的班级分为两个均等的组有困难，也可以不把原来的班级打破，只需在计算成绩求得实验结果时，把影响均等的部分学生除掉，不列入计算即可。

　　(2)等组法的优缺点。等组法设置了对照组，避免了实验因素的两个水平之间的相互影响。外界情况等其他非实验因素对实验结果的影响可以互相抵消，两组所用的测量单位容易相等。但是很难找到完全等同的两组被试，同时分组工作比较麻烦。

　　3. 轮组法

　　(1)轮组法也称循环实验法，它是把各实验因子(不管是几个)轮换实施于各组(各组不必均等)，然后根据每个实验因子所发生变化的总和决定实验的结果。轮组法的基本公式如下：

　　S1—(IT—EF1—FT—C1)—(IT—EF2—ET—C2)

　　S2—(IT—EF2—FT—C3)—(IT—EF1—ET—C4)

　　EF1=C1+C4　　EF2 = C2+C3

　　实验结果=(C1+C4)−(C2+C3)

　　如果实验因子变为三个，那么实验组别也应增为三个，每组仍对所有实验因子轮流实验一遍，各实验因子的次序应照下面的方法来排列：

　　S1—EF1…EF2……EF3

　　S2—EF2…EF3……EF1

　　S3—EF3…EF1……EF2

　　这样的排列方法使每一个实验因子不但在各组中循环了一遍，而且在实验次序的每一个位置上也都循环了一遍。这就不至于使某一实验因子由于总是排列在最先、最后或中间而蒙受有利或不利的影响。

　　(2)轮组法的优缺点。轮组法可以减少无关的混杂因子的影响。由于各个实验因子的次数加多，因而可以使实验结果的正确性增加。轮组法不必要使各组均等，因此省去了均等分组的麻烦。

　　但是轮组法要求每个实验者(教师)掌握实验因素的多种水平(如多种教材、多种教学方法等)，这对实验者来说是比较困难的。轮组法增加了实验次数，延长了实验时间，自然就增大了实验的工作量，在测量和核算实验结果时也较为麻烦。

四、撰写教育实验报告

教育实验研究的新成果是以实验报告的形式表达出来的。因此，撰写教育实验报告极其重要。其目的是总结和巩固全部研究工作的新成果，把自己进行研究的成功经验和全部新成果加以普遍地推广、交流，同时为后人进行教育科学研究提供资料。人们在长期的写作实践中形成了一种适合于实验报告表达的书面形式，写作时可以参考以下基本结构逐项写出。

1. 题目

题目要具体、简明、有个性，避免笼统抽象。题目要与实验的课题相符，反映实验的中心思想和主要内容；要指出实验研究的自变量，如"实验报告"；有时还要指明因变量，如"发现法教学在促进学生思维能力发展中作用的实验研究"，这一题目既指明了自变量——"发现教学法"，也指明了因变量——"学生的思维能力发展"。

2. 署名与摘要

摘要是研究工作的概述，必须能够准确地反映报告的内容和目的，文字清晰、易读，力求忠实于报告，并避免评述，其字数以 200~300 为宜。

3. 前言

这部分主要介绍实验的背景与目的，主要包括：①实验课题确定的过程；②实验的假说；③实验的目的及意义。

这部分与实验计划的内容基本相同，但是如果在实验实施的过程中对实验计划中的这部分内容有所改变，就要以改后的内容为准。

4. 介绍研究方法

(1)被试的选样方法与组织形式。
(2)实验变量的操作方法及辅助措施。
(3)无关变量的控制方法。
(4)因变量的观测方法。

5. 实验的结果与分析

(1)实验中得到的原始数据的描述统计结果。
(2)根据描述统计的结果，采用推断统计获得的结果。

结果部分所列的全部内容必须来自本实验，既不能任意修改、增删，也不要添加自己的主观见解。

6. 讨论与结论

(1)是否验证了假说？为什么？
(2)对实际教育教学有什么促进作用？
(3)有哪些意外的发现？

(4)有什么建议？

"结论"部分要特别注意以下几点：首先，结论要简短，不要长篇大论；其次，结论一定要以本实验的结果和分析为依据，不能夸大，也不能缩小，要确切、客观地反映出整个实验的收获。

7. 参考文献及附录

最后要把参考文献写明，以便查找。附录附在实验报告后。实验中一些重要的材料和统计图表，在实验报告中未能全部引用，如有必要，可列在附录中。

案例展示 1

高中学生化学学习方法指导的实验研究

一、引言

初入高中，由于化学课程内容的增多，难度的加深，再加之课程科目的增多，许多学生一下子很难适应高中化学的学习，课堂表现及学习效果都不理想。这种情况若不加以重视，学生往往会对化学的学习产生畏惧甚至厌倦感。为此，我们设法通过开展各种化学学习方法的指导，帮助学生学好化学，及时预防和消除学生对化学学习的疾患。纵观国内外有关学习方法的研究，在许多方面有待进一步探讨。本研究试图通过实验来探索学习方法的指导在学生化学学习上的有效性，同时探索高中生学习心理指导的途径。

二、实验方法

(1)被试济南某中学高一2班全体学生48人，对照班是高一1班全体学生48人。两个班实验前的情况基本相同。

(2)材料《学习适应性测试量表》(华东师范大学心理系编制)和《化学学习方法指导手册》(自编)。

(3)程序、方法。

实验开始于1998年9月，1999年6月基本结束。第一阶段工作主要是了解实验班和对照班在实验开始时的起点水平。我们使用《学习适应性测试量表》对两班学生进行了测试，同时也收集了两班第一学期期末的化学、物理和数学三科成绩，并对数据进行了统计分析。第二阶段工作，主要是给实验班开设学习指导课，每周一课时(45分钟)，持续一个学年。学习内容主要是以介绍有效的化学学习策略，提高学习效率，形成良好的学习习惯为中心进行编排的。具体包括以下六个单元(每个单元分若干课时)。

第一，化学与我。目的主要在于帮助学生了解化学与现代人类生活的密切关系，建立学习动机体系，产生学习动力。

第二，化学史与化学家。让学生了解化学的发展对人类文明的推动作用，化学家探索真理的艰辛历程，从化学家身上了解一个成功者所应具备的基本素质，并学习化学家的探究方法和科学精神。

第三，化学学习策略。包括听课策略、记笔记策略、预习与复习策略、自学策略等。这些有效的策略能有助于学生较好较快地适应高中的化学学习。

第四，学与做。让学生明白，化学是一门实践性极强的科学，一定要注意理论联系实际，经常注意把所学的知识应用于现实生活，在生活中学习化学，掌握必备的与化学有关的生活常识，并会处理一些生活中的化学问题。

第五，实验室活动。组织学生到实验室活动，尽早让他们接触和认识各种仪器，定期开放实验室，让学生设计自己感兴趣的实验去实验室进行探索活动，培养他们的创造精神，并不断激发学习兴趣。

第六，我的学习习惯。让高年级化学学得好的学生与实验班的学生交流学习方法，帮助他们形成良好的学习习惯和适宜的学习方法，帮助他们学会投入，增强信心，树立自己的学习目标。

全部的教学活动以师生讲座、实验室活动、学生收集材料进行课堂演示、学生小组活动、研讨等方式进行，力求生动活泼，形式多样，讲究实效。同时，在一年的教学活动中，还经常发放学生学习情况调查表，由学生自己填写，帮助学生对自己的学习习惯、学习方式等方面的内容进行自我监督。对照班的学生不开设学习方法指导课，不进行上述学习活动，其他课程与实验班完全一致。

第三阶段，再次使用《学习适应性测试量表》对两班学生进行测试，同时也收集了他们第二学期期末统考的化学成绩，并对这些数据及实验前的数据进行了统计分析。

三、结果与分析

1. 实验前两班总体情况的比较

实验前的测验和统计检验结果表明，两班学生在学习适应性方面，除了在"学习独立性和毅力"一个项目上有显著差异外（$P < 0.05$），其他项目及适应性总评分均无显著差异（$P > 0.10$）。而且，两班的主要科目的学习成绩也没有显著差异，这表明两班学生的适应性和学习成绩基本处于同一水平。

2. 实验后两班总体情况的比较

通过一年的"学习方法指导"学习，测验和统计检验结果表明（表1）实验班"学习技术"项目的水平明显高于对照班，差异极其显著（$P \leqslant 0.003$）。另外，在"学习态度"、"身心健康"和"学习适应性总评"三个项目上，实验班的水平也明显比对照班高（$P \leqslant 0.07$）。在其他几个项目上，两班均无显著差异。在学科学习成绩方面，除了化学成绩存在显著差异（$P \leqslant 0.05$）之外，两班学生的数学和物理成绩没有显著差异（具体情况略）。

表 1　实验后两班学生学习适应性情况的比较

		学习态度	听课方法	学习技术	家庭环境	学校环境	独立性和毅力	身心健康	学习适应总评
实验班总体	M	3.77	3.42	4.00	3.54	3.58	3.40	3.98	3.65
对照班总体	M	3.42	3.25	3.43	3.35	3.35	3.44	3.63	3.31
	P	0.06	0.36	0.003	0.31	0.32	0.79	0.07	0.045

3. 实验班实验前后适应性情况的比较

通过比较和检验实验班学生实验前、后两次测验的结果发现（表2），实验班的学生学习适应性有很大的发展变化。在"学习态度"、"学习技术"和"学习适应总评"三个项目上，全班后测结果明显好于前测结果（$P \leqslant 0.02$）。其中，女生在"学习态度"、"学习技术"两个项目上，后测结果明显好于前测结果（$P \leqslant 0.10$），男生在"学习态度"、"听课方法"、"学习技术"、"身心健康"和"学习适应总评"五个项目上，后测结果明显好于前测结果（$P \leqslant 0.10$）。

表2 实验班实验前后学习适应性情况的比较

		学习态度	听课方法	学习技术	家庭环境	学校环境	独立性和毅力	身心健康	学习适应总评
实验前全班	M	3.40	3.17	3.46	3.50	3.44	3.60	3.60	3.29
实验前全班	M	3.77	3.42	4.00	3.54	3.58	3.40	3.40	3.65
P		0.004	0.11	0.001	0.81	0.49	0.17	0.17	0.014
实验前女生	M	3.77	3.48	3.74	3.78	3.65	3.78	3.65	3.61
实验后女生	M	4.04	3..52	4.35	3.70	3.65	3.65	3.87	3.78
P		0.09	0.86	0.001	0.75	1.00	0.53	0.35	0.36
实验前男生	M	3.08	2.88	3.20	3.24	3.24	3.44	3.48	3.00
实验后男生	M	3.52	3.32	3.68	3.40	3.52	3.16	4.08	3.52
P		0.024	0.024	0.06	0.49	0.36	0.22	0.025	0.016

4. 对照班实验前后学习适应性情况的比较分析

从统计结果看，对照班学生实验前后的学习适应性情况没有发生显著变化(具体情况略)。

四、讨论

实验班和对照班测验结果的纵横比较表明，学习方法指导课的教学效果是有效的，能够提高学生的学习适应性。其有效性在男生身上表现得更为突出。可以说，在高一对学生进行学习态度、学习方法和学习技术等方面的指导是切实可行的，有助于培养学生的自学能力，使学生终身受益。

本实验还支持一种观点，即心理素质与学业成就之间是相互影响的。既有心理素质对学业成就的影响，也存在学业成就对心理素质的影响，应辩证地看待二者的关系。

由于实验时无法对两个班的学科教学进行严格地设计和控制，除了化学外，还不能就与化学成绩有关的数学及物理成绩的影响性质和程度做出充分的说明，这有待于进一步的研究。

案例展示2

培养大学生网络学习策略的实验研究

一、问题的提出

网络在中国的发展只有十几年的历史，伴随网络而出现的网络学习更是一个新鲜事物，通过网络这种媒介来进行学习的学习策略是什么样的，应该有哪些，大家还没有一个清晰的、完整的认识。相关资料显示，对于网络学习策略的研究处在两个方面：一方面是理论分析，根据国内外的网络学习状况进行初步的分析，并没有开展实验研究；另一方面是把在传统学习环境中所形成的有关学习策略的理论和进行过的研究再完全应用于网络环境中，这是现在存在的两种趋势。

本文拟针对内蒙古师范大学有过网络学习或正在进行网络学习的学生，进行网络学习策略的调查与实验研究，围绕下面几个问题，对网络学习策略进行初步的探讨，对学习者进行网络学习策略的训练，使学生掌握并应用网络学习策略，以提高网络学习水平。

二、研究方法

(一)被试

选取通过内蒙古师范大学网络学院"网上课堂"进行学习"多媒体课件制作"这门课程

的学生 120 人。这 120 个学生在性别和专业上的分布见表 1。

这 120 个学生中的男女比例和专业比例基本相当，采用分层随机取样法设置实验组和控制组，各为 32 人，其中每组中的男女人数均为 16 人，文理专业人数均为 16 人。

表 1　120 名学生在性别和专业上的分布

	男/人	女/人	合计
文	23	35	58
理	33	29	62
合计	56	64	

(二)具体研究方法与工具

主要采用问卷调查法和心理教育实验法，针对个别问题对学生进行开放式访谈。

采用自行编制的"大学生网络学习策略测验"。该测验是在参考国内部分高校网络学院网络学习情况调查表的情况下编写的，测验采用 5 级评分，由 18 道题组成，分成四个维度，包括信息选择策略(1~4 题)、信息收集策略(5~8 题)、计划策略(9~14 题)和反馈调节策略(15~18 题)四个部分。该测验主要用于对学生网络学习策略掌握情况的前测以及训练结束后对实验组和控制组的后测。

在心理教育实验中采用自编的《大学生网络学习策略训练方案》对学生进行训练。

(三)研究程序

1. 大学生网络学习策略情况调查

对在内蒙古师范大学网络学院"网上课堂"上学习"多媒体课件制作"这门课程的大学生使用"大学生网络学习策略测验"进行网络学习策略的测试，根据测验结果确认学习者在整体上、性别上和学科上学习策略水平的状况。

2. 学习策略心理教育实验

在确认学习者在整体上、性别上和学科上学习策略水平无差异的情况下，对实验组的学生进行学习策略的训练，而对控制组的学生不进行这方面的训练，仍然按照网络课堂中正常的教学程序开展教学。对于实验组的学生首先讲授在网络课堂中使用学习策略的意义，然后采用《大学生网络学习策略训练方案》进行学习策略的训练，并在训练过程中和学生进行有关学习策略的讨论，对个别学生进行适时的访谈。训练每周一次，为期两个月，训练结束时使用"大学生网络学习策略测验"进行后测，比较实验组与控制组在训练效果上的差异。

三、结果及分析讨论

(一)结果

1. 测验的信度和效度

以控制组在实验的前测和后测的学习策略掌握的水平为依据，经过分析整理，得出整个测验的重测系数为 0.887。

内容效度以学生在测验中 18 个项目的总分为效标，求得各分项目与总分相关系数均达显著水平($P<0.01$)，表明整个测验有着较好的内容效度。

2. 前测时学生的整体学习策略水平

为了了解被试掌握网络学习策略的水平以及性别差异和专业差异，我们对全体被试进行了"大学生网络学习策略测验"的问卷调查，他们的整体学习策略水平见表 2。

表 2　大学生整体学习策略水平原始分均数比较

	信息选择策略	信息收集策略	计划策略	反馈调节策略
原始分均数	9.485	9.792	12.800	9.852
最高可得分	20	20	30	20
百分数/%	47.29	48.96	42.67	49.13

3. 前测时学生网络学习策略水平

前测时学生网络学习策略水平的专业差异和性别差异在掌握大学生整体学习策略水平差异的情况下,对于他们的学习策略水平的专业差异和性别差异进行了分析,见表 3 和表 4。

表 3　文科与理科学生的网络学习策略水平的差异及显著性检验

		信息选择策略	信息收集策略	计划策略	反馈调节策略
理科	M	9.460	9.851	12.865	9.797
$N=62$	S	1.100	1.362	2.496	1.110
文科	M	9.647	9.843	12.451	9.745
$N=58$	S	1.055	1.332	2.640	0.997
	T	−0.016	−0.606	−0.341	0.352

表 4　男女生网络学习策略水平的差异及显著性检验

		信息选择策略	信息收集策略	计划策略	反馈调节策略
理科	M	9.319	9.754	13.058	9.884
$N=64$	S	0.947	1.398	2.623	1.157
文科	M	9.457	9.696	12.696	9.870
$N=56$	S	0.836	1.380	2.874	1.067
	T	−1.788	−0.354	1.250	0.689

4. 实验组与控制组训练效果的差异比较

1)信息选择策略训练效果

通过对实验组的信息选择策略训练之后,比较实验组和控制组的训练效果的差异及进行显著性检验,并对实验组内的男生和女生以及文科与理科学生的训练效果进行比较,结果见表 5～表 8。

表 5　实验组与控制组训练效果的差异比较

		信息选择策略	信息收集策略	计划策略	反馈调节策略
理科	M	10.188	10.563	13.219	10.063
$N=62$	S	0.859	0.716	1.128	0.669
文科	M	9.750	10.000	12.813	9.969
$N=58$	S	0.842	0.762	1.061	0.695
	T	2.057	3.044	1.484	0.550

表 6　实验组与控制组信息选择策略训练效果的差异比较

	N	M	SD	T	P
实验组	32	10.188	0.859	2.057	<0.05
控制组	32	9.750	0.842		

表 7　男女生选择策略训练效果的差异比较

	N	M	SD	T	P
女	16	10.125	1.025	−0.406	<0.05
男	16	10.250	0.683		

表 8　文理科学生选择策略训练效果的差异比较

	N	M	SD	T	P
文	16	9.750	0.683	−3.312	<0.01
理	16	10.625	0.806		

2)信息收集策略训练效果

通过对实验组的信息收集策略训练之后，比较实验组和控制组的训练效果的差异及进行显著性检验，并对实验组内的男生和女生以及文科与理科学生的训练效果进行比较，结果见表 9~表 11。

表 9　实验组与控制组信息收集策略训练效果的差异比较

	N	M	SD	T	P
实验组	32	10.563	0.716	3.044	<0.01
控制组	32	10.000	0.762		

表 10　男女生收集策略训练效果的差异比较

	N	M	SD	T	P
女	16	10.125	1.025	−0.406	>0.05
男	16	10.250	0.683		

表 11　文理科学生收集策略训练效果的差异比较

	N	M	SD	T	P
文	16	9.750	0.683	−3.312	<0.01
理	16	10.625	0.806		

3)计划策略训练效果

通过对实验组的计划策略训练之后，比较实验组和控制组的训练效果的差异及进行显著性检验，并对实验组内的男生和女生以及文科与理科学生的训练效果进行比较，结果见表 12~表 14。

表 12　实验组与控制组计划策略训练效果的差异比较

	N	M	SD	T	P
实验组	32	13.219	1.128	1.484	>0.05
控制组	32	12.813	1.061		

表 13 男女生计划策略训练效果的差异比较

	N	M	SD	T	P
女	16	13.250	1.183		
男	16	13.188	1.109	0.154	>0.05

表 14 文理科学生计划策略训练效果的差异比较

	N	M	SD	T	P
文	16	12.938	1.181		
理	16	13.500	1.033	−1.434	>0.05

4)反馈调节策略训练效果

通过对实验组的反馈调节策略训练之后，比较实验组和控制组的训练效果的差异及进行显著性检验，并对实验组内的男生和女生以及文科与理科学生的训练效果进行比较，结果见表15～表17。

表 15 实验组与控制组反馈调节策略训练效果的差异比较

	N	M	SD	T	P
实验组	32	10.063	0.669		
控制组	32	9.969	0.695	0.550	>0.05

表 16 男女生反馈调节策略训练效果的差异比较

	N	M	SD	T	P
女	16	10.188	0.655		
男	16	9.938	0.680	1.059	>0.05

表 17 文理科学生反馈调节策略训练效果的差异比较

	N	M	SD	T	P
文	16	9.938	0.680		
理	16	10.188	0.655	−1.059	>0.05

(二)分析及讨论

1. 大学生网络学习策略整体水平分析

对 120 名学生的网络学习策略水平进行调查后发现，学生的整体网络学习策略水平偏低，四个维度的学习策略的平均水平均达不到一半，最高的为反馈调节策略，达到49.13%，最低的为计划策略，达到42.67%，其中信息选择策略、信息收集策略和反馈调节策略这三种策略的水平较为接近，分别为 47.29%、48.96%和 49.13%。以上结果说明学生在通过网络这种新兴的学习媒体进行学习活动时所使用的学习策略的效率还是很低的，学生不能够有意识地通过使用适应网络学习的学习策略来达到提高学习效果的目的，在学习中，完全依靠教师的讲授，教师讲什么，自己做什么，基本上采用的仍然是传统学习环境中所使用的那些学习策略。这从一个侧面说明，学生把在传统课堂教学中的一部分学习策略迁移到了新的网络学习活动当中。以前的学习活动对当前的学习是有很大影响的，也说明传统课堂教学的一些方法对于网络学习同样是卓有成效的。同时也应该看到，学生偏低的学习策略水平也为通过学习策略的训练使学习策略水平获得提高成为可能，只要学生在教师的指导和帮助下，有意识、有目的地进行学习，建立起一套适应网络学习的学习策略是有可能的。

2. 信息选择学习策略和信息收集学习策略训练效果分析

实验组中的男生和女生的学习策略水平差异比较结果表明，男生和女生的学习策略平均水平分别为 10.250 和 10.125，女生稍低于男生。笔者认为这一现象产生的可能原因主要有以下两点：(1)在传统的课堂教学环境中，学生在教师的讲授下，逐渐掌握了一些信息选择策略和信息收集策略，而这些学习策略不可避免地会部分迁移到以网络为媒介的网络教学中。(2)笔者认为和训练时间的长短有关系，网络学习策略训练的时间总共两个月，每个月四次，共八次。在两个月的时间里完成对学生的四个维度的学习策略的训练，要求学生全部接受并且掌握，这是一个比较困难的过程。

实验组中的理科和文科学生的学习策略差异比较表明，理科学生和文科学生的学习策略平均水平分别为 10.625 和 9.750，理科学生高于文科学生，而且差异非常显著。笔者认为这种情况发生可能有以下两条主要原因：(1)出现这种差异和学生的文理科学习背景有关。理科学生长期受所学理科科目的影响，思维条理性强，讲究逻辑性，因此在网络学习环境中学习和应用网络学习策略实现学习目的的效果也就更好；而文科学生同样受到所学科目的影响，在长期的学习活动中所形成的思维更容易为网络环境中的声音、图形、图像所影响。(2)出现这种差异和所选择的学习科目有关。本研究所选择的科目是"多媒体课件制作"，这门课对于理科学生相对来讲更容易一些，如果本研究所选择的科目为一些纯粹的文字内容，需要的只是记住文字内容，也许文科学生会表现出更大的学习优势。

3. 计划学习策略和反馈调节学习策略训练效果分析

从训练效果上看，无论是性别差异，还是所学专业的差异均不显著。笔者认为有以下可能的原因：(1)受传统课堂教学的影响，学生已经养成了教师传授知识，学生接受知识，教师讲什么学生听什么的学习习惯，而面对网络学习这种以学生为学习的主体、教师成为一个助学者的新型的师生关系时，要求学生自己制订学习的计划和主动实现学习效果的反馈这种新的要求下，学生短时间内难以适应，仍然沿用了以前所形成的学习策略。(2)仍然和训练持续的时间有关。期望立竿见影是不太现实的，形成新的适应网络学习环境下的学习策略需要一个较长时间的培养过程，短短两个月的时间是不足以实现这种转变的。(3)学生信息选择策略和信息收集策略的学习制约了对计划学习策略和反馈调节学习策略的学习。

四、结论

本研究的结论如下：

(1)在未接受网络学习策略训练的情况下，大学生网络学习策略的整体水平偏低。

(2)经过为期两个月的网络学习策略训练后，实验组与控制组相比，在信息选择策略和信息收集策略两个方面表现出差异，尤其在信息收集策略方面差异非常显著；而在计划策略和反馈调节策略两个方面，差异均不显著。

(3)通过网络学习策略的训练，总结出以下几条针对网络学习的具体的学习策略：①在学习一个具体的学习内容前，先完整地看几遍这个学习内容的演示；②网上课堂的学生要提前进行预习，带着问题进入网络课堂；③使用多种搜索引擎寻找学习内容；④按照布尔逻辑语言规则输入关键词搜索所需学习内容；⑤向周围的同学询问与学习内容有关的站点；⑥使用收藏夹收藏所收集到的与学习内容相关的站点，为以后收集信息时做准备；⑦针对某个或某几个问题，教师要求学生扮演不同的角色，一段时间是信息的接受者，一段时间是信息的发布者，其他学生可以实时提出意见；⑧组成学习小组，鼓励学生在小组内部针对学习问题发表意见；⑨要求学生课后及时对学习内容进行复习，主要是操作练习，而且是集中在一段时间内来完成；⑩学生要有合理的管理时间的技能，不能指望在课程结束前一天登录学习完成学业，平时要养成自觉登录按时学习的习惯。

——张功. 2009. 电化教育研究, (1): 66-69

资料导读 1

教育实验研究法的历史发展

教育实验研究法本身经历了一个历史发展过程，考察这一过程，理清具体的发展脉络，目的在于进一步揭示教育实验研究方法的本质及基本特点。

一、教育实验历史发展的两条基本线索

科学实验萌芽于人类早期的生产活动中，后来逐渐分化出来，从 16 世纪开始成为独立的社会实践形式。伽利略第一个将实验作为研究自然科学的一种必要方法，弗·培根制订了实验方法论原则而被誉为"实验科学始祖"。他们创立的实验法论对近代科学的兴起和发展起了关键的作用，其原理所包含的基本思想在现代的科学实验观念中大致都保留下来。

教育研究从一般教育实践中的试验到 19 世纪末 20 世纪初科学的教育实验的形成和运用，前后大约二百年。教育实验的形成发展是与现代教育的产生发展密切联系的。

总体上分析，教育实验是从以下两条线索发展起来的。一条线索是受自然科学实验方法的影响，另一条线索是，教育实验从一般教育活动本身分化发展而来，并发展形成为当今教育实验的两种基本范型。

(1) 从自然科学实验经由心理学而引进教育领域，这就是物理学→生物学→实验生物学、实验心理学→实验教育学的发展过程。

科学实验法最早用于物理学的研究，后引入动物学、生理学和医学。以人作为研究对象则始于 19 世纪上半叶，首先是实验生物学研究的发展。德国生理学家约翰内斯·谬勒，对当时大量的生理实验研究进行收集、整理和总结，极力提倡在生理学中应用实验方法。不少生理学家用实验方法研究脑的机能。继 1861 年法国医生布罗卡采用临床法发现言语中枢后，科学家们又研究了脑的运动中枢，各种感觉中枢。特别是德国心理生物学家韦伯对感觉阈限的研究，德国费希纳提出心理物理学的三种基本方法，为定量的实验心理学的产生提供了条件。

作为实验心理学产生的根本标志，是德国生理学家、哲学家冯特于 1879 年在莱比锡大学创办了世界上第一个独立与生理实验室之外的心理实验室，正式采用实验方法研究心理学问题，从此，心理学才逐渐发展为一门独立的学科。与冯特同时代的，还有艾宾浩斯和 G·缪勒关于记忆问题的研究，屈尔佩对思维过程的实验研究。

实验研究方法通过实验生理学和实验心理学，以人作为研究对象并扩展到教育领域，在 20 世纪初形成对教育问题进行实验研究的一种潮流，从而产生了实验教育学派。实验教育学派是以自然科学方法为典范，经验主义为哲学理论基础，通过观察、统计、实验等方法研究教育行为，他们反对建立在感觉的内省基础上的古老教育学，其代表人物是德国的心理学家梅依曼和赖伊。1901 年梅依曼首次提出了"实验教育学"的名称，并进行了关于感觉(1902)、语言发展(1903)、智慧与意志(1907)、记忆(1908)和艺术欣赏(1914)实验。赖伊在他的主要著作《实验教育学》中提出，只有通过实验，有意识地简化要素条件下研究教育现象中各种复杂的因果关系，教育学才能成为一门科学。他们主张要在对儿童生理、心理进行实验研究的基础上来阐明教育和教学方法。其观点对教育研究产生了广泛的影响。1890 年 J. M. Rice 编制拼字测验、算术测验和语言测验，首次将实验法应用于学生拼字、算术和语言成就的研究；1902 年，吉德发明用活动照相法研究读法；1903 年美国桑代克对算术上各项学习能力的关系的研究；等等。其共同趋势是，试图把实验这种"精确的科学方法"运用于教育问题，对所收集的信息做"精确的定量处理"，从而使实验方法进入教育研究领域。

我们在对以上历史进行考察时，不能不涉及自然科学研究的数学方法，数理统计和心理测量等学科的发展对实验方法发展的深刻影响。

近代自然科学是沿两个脉络发展的，这就是实验方法和数学方法。数学方法的发展，最早可追溯到从笛卡尔到莱布尼兹时期的数学方法上的变革，从直观的几何思维向更抽象的代数思维过渡，数学作为进行演绎推理的方法论工具。而牛顿则创造性地把实验和数学结合，数学和逻辑结合，归纳和演绎结合，以其"哲学推理法则"的独创方式处理实验提供的经验材料，用数学——逻辑方法，在经验基础上建立"实验哲学"。

由于数学方法引入教育和心理学研究领域，法国的弗兰西斯·高尔顿始创心理测验。接着，1905 年"比奈-西蒙智力测验量表"的发表，在 20 世纪二三十年代形成了遍及欧美各国的"测验运动"，不仅有智力测验，而且有成就测验，倾向、兴趣的测量等，用数理统计和测量的方法对教育实验对象进行量的研究，当时在一定程度上达到盲目崇拜的地步。尽管使用上有一定偏颇，但它毕竟为教育实验的测定、数据处理与检验等提供了较为科学的一种工具。

正是实验与数学方法结合并运用于教育研究，从而形成了注重定量研究的教育实验基本研究方式。它的形成，有利于克服以往教育研究中的主观性和各种偏见，提高研究的客观性。

(2) 从一般教育活动的本身分化发展而形成的教育实验。

文艺复兴时期以后，受自然科学实验思想的影响，在人文主义思想指导下，瑞士教育家裴斯泰洛齐于 1774 年、1789 年两次创办孤儿学校，并进行教学制度、初等教育新方法的研究与实验；1840 年法国教育家福禄培尔创办幼稚园，还有罗素的皮肯希尔学校，蒙台梭利的幼儿之家，尼尔的萨沫希尔学校，等等。教育家们按照自己的设想和理论，长期从事教育实验活动。

在这一种类型的教育实验发展过程中，美国教育哲学家杜威与 1896～1904 年创办的芝加哥实验学校可称之为范型。他的实验是在实用主义教育理论指导下，按 1895 年拟订的"组织计划"进行的。杜威认为，传统教育严格强调形式训练和枯燥无味的练习，学生丧失了学习主动性，教育脱离社会、经济和生活现实。基于对旧教育、旧学校的批判，她着手对课程、教材和教法进行改革，并将学校作为社会生活的形式。例如，第一阶段，4～6 岁，使学校生活与家庭邻里的生活密切联系；第二阶段，9～11 岁，重点是获得读写算、操作能力；第三阶段，13～15 岁，进行中等教育，儿童掌握每门学科所使用的方法和工具，并在一定程度上进行专业化活动，如纺纱织布、烹饪、木工、农艺等。经过几年实验，于 1890～1903 年，对证明有效的课程、教材和教法进行修正提高。杜威进行的教育实验，立足于教育的现场情景，虽然没有像在实验室进行的对无关因素进行严格控制，但他体现了实验最重要特征，这就是对自变量的操作，有目的地变革现实，并力图探讨教育发展内在的因果关系。杜威通过事业验证的所谓"新进步主义教育理论"以及他的实验研究法，对后来教育理论及教育实验法的发展产生了极为深远的影响。

在当时这股教育实验的潮流中，主流是一批与杜威相类似的教育实验，如课程分科研究

（1907 年）、设计教学法（1911 年）、道尔顿制（1917 年）、文纳卡制（1920 年）。在中国，陶行知先生 1927 年在晓庄进行的乡村师范教育实验，晏阳初先生 1929 年在河北省定县进行的为时 7 年的平民教育运动实验，梁漱溟先生于 1931 年在山东省邹平进行的乡村教育改革实验等。一直到五六十年代美国心理学家斯金纳进行的程序教学实验，前苏联教育家赞科夫引入实验心理学方法和心理分析方法进行的教学与发展实验等。这些典型的教育实验，为教育、教学理论的发展提供了丰富生动的依据，同时形成了教育实验的另一种基本类型。

基于对教育实验历史发展过程的考察，我们做以下三点概括：

第一，正是通过两条基本线索的历史发展，形成了目前两种各具特点的教育实验的基本模式类型。一种是模仿自然科学，强调数学工具的运用，强调严格控制实验条件，将事实与价值分开以追求结论的客观性。另一种是选择教育自然环境，强调研究目的的应用性，对象的整体性以及定性的说明方法。两种基本模式各有其哲学的方法论基础，各有其局限性又各有其合理之处，因而在研究简单问题和复杂问题、微观问题和宏观问题上各有其有效性以及运用的范围和条件。

第二，无论是哪一种类型的教育实验，其共同的本质特征是变革，是创新，是为了探索教育现象、青少年儿童发展的内在的因果关系。

第三，近百年来教育实验研究方法的发展经历了一条艰苦曲折的道路。从模仿自然科学的实验进而寻求适合教育研究的实验方法特点，从注重定性到关注定量，再到定性与定量分析方法结合，从以实验室实验为主到以教育教学实际场景为主。这一切变革的中心点是探索科学教育实验具体表现形式，而这一点，正是现代教育发展的要求。

有的学者还从教育实验方法论发展角度进行了深入分析。认为教育实验在方法上的改革，主要是引进了"相对"的思维方法：在相对的意义上求纯化，求平衡，求稳定。是用"相对"补充了"绝对"，扩展了实验法的运用对象，使实验规范具有了更丰富多样的具体表现形式和更一般的价值。

二、当代教育实验研究方法发展的基本特点和趋势

在现代，随着世界教育改革的进行，教育实验的广泛开展，教育实验研究方法本身也在不断发展。从费歇尔提出随机化概念，到坎贝尔等人对实验设计中效度问题的研究，以及准实验设计得到的广泛应用，这一切表明，教育实验研究法进入了一个新的发展时期。

1. 日益重视哲学方法论对教育实验的理论指导

如果说过去是把实验贯彻事实仅仅当作事实来看待，极力排除理性的因素，那么现在则是克服传统的归纳主义观念的束缚，重视理论导引。

2. 重视研究教育理论与实践问题

以往的教育实验，尤其是在 20 世纪初，关注的目标是通过实验验证和发展某个教育理论或教育原则，是追求体系的完整。现代，不仅要检验某种教育理论思想观点，而且更主要关注于研究和解决当代教育所面临的一系列重大的问题，以培养现代社会所要求的合格人才。

3. 教育实验类型的多样性、丰富性

教育现象及其过程的复杂性，研究者的主观意识性，常常造成方法论上的困难。可是，也正是在这一点上，恰恰又为学者们提供了相对自由的从不同角度进行研究的选择权。在不同的学派理论指导下进行了不同类型、不同层次、不同水平的实验研究，从而丰富了教育实验的类型。

4. 教育实验技术手段的变革

在教育实验形成初期，技术手段凭借简陋的实验仪器和用具。到了现代，是以运用新的实验技术、在更高程度上与教育时间结合以及科学规范程序与艺术把握结合为主要特征。特别是，当代科技进入一个向高技术延伸的新阶段以及随之而来的对人本身主体发展的关注，信息科学、生命科学的发展，包括人体科学的研究，大脑机能的研究取得的新进展，对原有教育实验研究法提出了新的挑战。要求直接揭示人大脑活动的秘密，直接研究高级复杂的心理活动，从而探索使人生动活泼主动发展的可能性。而现代科学技术的发展，又提供了许多有利的研究条件和方法，特别是计算机应用，物理模拟，数学模拟，功能模拟，智能模拟，等等。研究方法上，一方面要求简化实验过程，揭示思维活动的微观机制；另一方面，要求放在现实生活和文化背景中，对实验过程的诸因素进行整体的、综合的考察，使结论更符合实际，从而揭示深层次的教育规律。

也正由于此，作为实验的研究者也发生了根本变化，从过去单个科学家的个体研究进入以群体为主的协作研究；从某一领域学者的专门研究到有关专家学者的从相关领域进行的交叉综合研究，发挥出前所未有的优势互补效应。特别是在我国，由于广大实践工作者的积极参与和充分发挥能动性、创造性，形成了由学者型的管理干部、教师和专家组成的教育实验研究队伍，充分发挥群体优势，从而促进了教育实验蓬勃发展。

——裴娣娜. 2000. 教育研究方法导论. 合肥: 安徽教育出版社，236-243

资料导读 2

运用实验方法研究化学教育

化学教育研究是探索化学教育规律，认识化学教育过程及其本质的实践活动。它是一个有目的、有计划地对化学教育的某些专门问题进行探索研究，收集材料，分析、概括、归纳、总结得出结论的过程。

长期以来，教育科研(包括化学教育)大都采用思辨的方法，即在经验或现象的基础上，进行思考分析，形成观念或教育思想。许多在第一线从事教学工作的化学教师，教学任务十分繁忙，又缺乏教育理论和科学方法的指导，往往在总结工作时，挑选其教学工作中满意之处，归纳几条，写成教学研究论文。这些对于推广先进经验，发展教育科学，是有积极作用的。但是，思辨方法有缺乏科学论证的弊端，因而有时获得的认识局限性很大，甚至是不科学的。随着科技的发展、社会的进步，自然科学的研究方法逐渐被引用到教育研究的领域中来。采用实验方法即运用观察、实验、测量、调查、统计等方法，使教育研究从经验总结的范畴中脱离出来，面貌焕然一新。

一、运用实验法研究化学教育的优点

实验法的主要特点是可以控制实验条件，突出所要研究的因素或因子，排除其他因素的干扰，从而较快而准确地探索出事物的因果关系，找到化学教育的规律。所以教育实验有以下优点：①可以观察到在自然条件下遇不到的情况，这就扩大了研究的范围；②可以控制条件，重复验证，排除经验的偶然性；③可以分离出某种特定的因子加以研究，从而比较容易观察到这一因子的效果；④便于测量，容易取得比较可靠的研究成果，所以大量的教育研究课题，只要研究者掌握一定的理论，提出了设想，并具备必要的客观条件，就应尽量采用实验法进行研究。

二、化学教育实验的基本方法和一般程序

1. 化学教育实验的基本方法

教育实验的基本方法有三种：①单组实验法。即向一个或一组研究对象施加一个或多个实验因子，测量其所引起的变化，以确定实验因子的效果。例如，以一个班级为一组研究对象，先后分别试验两种教学方法，比较效果确定哪一种方法好。单组实验要求一定的条件，否则效果不可靠。②等组实验法。即实验对象是情况基本相同或相等的几个组，分别施以不同的实验因子实验，比较实验效果，得出结论。例如，两种教学方法分别施于两个各方面条件基本相同的班级(实验班和对照班)进行实验，测定效果。等组实验法最重要的条件是必须组成各种因素均等的实验对象(组)。③循环实验法。也叫轮组实验法，即把各个实验因子轮换施于各实验组，然后根据各组所测的每一实验因子效果总和来决定该实验因子的结果。这样，既不受单组法要求条件严格的限制，又省去等组法均等分组的麻烦，减少了无关因子的影响，增多了实验因子的实验次数，因而提高了实验结果的正确性。

2. 化学教育实验的一般程序

我们以刘知新先生主编的《化学教学论》中列举的"调动全体学生积极性大面积提高化学教学质量——启发式程序教学实验"研究课题为例，概要说明教育实验的一般程序。

(1)提出问题和建议设想。当前，一般中学化学教学有一个较大的差生面，教学脱离学生实际，教法陈旧，学生对学习化学缺乏兴趣。"大面积提高化学教学质量"研究组分析认为，各种非智力因素所产生的消极作用时刻都在抑制和妨害着学生智能的发展，因此确定要贯彻教为主导、学为主体相结合原则，充分激发学生的学习动机，改进教学方法。试以启发式程序教学及其他适当教学方法的最佳配合。

(2)组织形式和实验设计。由各方面人员组成联合研究组。联合研究组可以发挥科研单位的理论指导、区教研室的组织发动、重点中学的骨干示范和普通中学的实践反馈功能。联合研究组每周开展一次至几次活动。内容是学习理论，集体备课(研究知识结构和认知结构的吻合，进行程序编制)，典型示范，公开研究课，测试命题组(除实践教师外的研究人员)活动，小结讨论，等等。该课题采取等组实验法，即选四所一般中学初三年级各一个班为实验组，并在一般中学和区重点中学选三所学校初三年级三个班级作为对照组。让实验组与对照组(控制组)之间其他条件尽量相似，同时让实验变量单独做有计划的变化，以测定该变量对实验结果的影响。为此实验班和对照班应用相同教材，教师水平相当，而且在实验之前给实验组和对照组进行等同测验，从各班平均成绩和标准差推断统计显著性差异，再确定一对学生程度对等的组。实验每章教学结束都进行统一测试，并进行显著性检验，最后，以高中入学市统考试的相关系数来检验前几章显著性检验的确切性。

(3)准备实验用具。实验中所需的化学实验设备、测验试题、问卷表格、统计测量等方法都应在实验前或实验过程中准备妥当。

(4)实验观察。在实验过程中要控制条件，调查研究，详细记录，在各阶段作准确的测验。例如，在研究实验过程中，采取全组共同听典型课(有时分组听课)共同讨论，以及做编制程序的详细研究和典型示范。

(5)分析资料，验证假设。在实验研究中，搜集了大量数据资料，为了验证建立的假设，常使用种种统计方法，使资料分类化、系统化和简要化。例如，用描述统计把原始数据资料(分数、问卷调查数据等)加以列表、图示化等；也用推断统计来检验事物之间的共变关系，以达到消除偶然因子、显示实验因子的作用。事物本身特征的判定，或事物间关系的判定，就是对最初所提出的假设的验证。

(6)反复实验,核对结论。一次实验的结果往往不能排除偶然性,经过反复实验,可以保证结论的客观性,剔除种种偶然因素。选择不同的实验对象或扩大实验对象范围,会更有助于发现问题。

上例是范围较大的比较典型的化学教育研究实验。对于一个化学教师在校内或个人进行的小范围的、内容较窄的单项实验,可以酌情删减上述程序。但是明确目的、设计实验,控制条件、认真实验,如实观察记录,取得丰富的资料、数据,科学地分析、归纳、概括出结论,并进一步验证等基本过程不可随意简化省略,否则不能称其为化学教育研究实验,所得结论也不一定科学,不一定有推广价值。

三、化学教育实验与化学科研实验的比较

(一)共同性

(1)功能相同。化学科研实验具有简化自然界中的化学现象,强化某一特性、重组某些反应条件、模拟某些化学现象的功能。化学教育过程中也可对教育现象中的某些因素加以控制,排除无关因素的影响,从而较准确地探索出教育现象间的因果关系。

(2)方法论一致。两种实验都要在一般方法论的指导下发挥其功能。处理具体问题的科学方法,如分析与抽象、归纳与概括,对两种实验都有重要意义。

(3)结构统一。两种实验结构均包括两个方面,即作为认识主体的实验者,作为实验客体的实验对象及作为主客体中介的实验手段。

(二)差异性

(1)实验主客体的差异。化学科研的主要对象是物质及其运动规律;而化学教育研究的主客体都是人,且相互影响。教育实验探索的是教育、教学过程的规律,虽然其本身是客观的,但它依赖于人,是人活动的规律。而人是有思维、意志和价值判断能力的,人能根据自己的意志确定自己的活动。因此主体和客体之间甚至与中介物之间会产生相互影响。同时,人处在社会关系中,无时无刻不在发生变化,除年龄、知识变化外,还包括受外界影响,使其观念、态度、行为也在变化,所以与社会的依存关系极不稳定。化学科学中,把石蕊加到酸里必定变红,它不会拒绝变色甚至故意变蓝。而在化学教育研究实验中,学生的行为和态度会受外界影响而改变,同一事物昨天肯定,夜间受到某种影响,今天则可能否定。

(2)实验情况的差异。教育规律是在现实的教育情景中发生发展的,不能像化学科学实验那样将教育现象放到特定的情景中去研究。例如,可在极其纯净的介质或环境中研究化学反应的规律,但不能让学生隔绝社会去研究教学规律。只有在一般的真实的教育情景中研究教育现象,所得到的结果才有普遍意义。

(3)实验伦理性上的差异。教育实验过程必须考虑实验的伦理性。我们不能把学生关在密闭的实验室里进行各种刺激,不能为了研究生理紊乱对学习的影响而破坏学生正常的生理功能,也不能为了研究在专制的教学环境下学生个性发展的状况而人为地创设一个专制环境让学生长期生活在其中。在实验过程面对的是正在成长和发展的学生,实验必须有利于学生身心的发展。

(4)实验条件的差异。化学教育实验与化学科研实验研究的性质和任务不同。一种手段或设备对某项科研实验可能是必需的;而实验手段对教育实验并不具有决定意义,而且实验水平的提高、教育规律的发现和教育理论的建立也不完全依赖于实验手段的改进与提高。另一方面,教育实验手段、工具等也不像自然科学实验那样完全物质化,而仍然具有人为性。如测绘量表的绘制和使用就带有实验者的个人因素，对结果的解释也具有人为性。对于教育实验，更重要的在于假说的确定和变量的控制。

(5)实验评价和推广的差异。教育实验的评价较复杂，要具体考虑实验的目的、意图和过程，考虑实验过程中主、客体的系列反应，不仅考虑与实验目的直接有关的指标，如学习成绩、智力发展、能力培养，还要考虑与之有关的学生的态度、情绪情感体验、个性品质发展等等。化学教育研究实验由于对象的特殊性、教育现象的复杂性和教学对象的差异性，给成果推广也带来一定困难和局限。

四、化学教育实验应注意的问题

我们认识两类科学实验的共同性目的在于，化学教育实验要借鉴化学科研实验的经验，提高教育研究水平，推动教育科学发展；认识差异性目的在于，化学教育实验在移植、借鉴化学科研实验过程中，必须认清自身特点，善于消化吸收，避免机械照搬，在研究过程中，对各种具体问题具体分析，灵活处理，创造性地克服和消除各种人为因素的影响，从而更好地为化学教育研究服务。下面是化学教育研究实验应注意的几个主要问题：

(1)化学教育实验是一种科学实验，要想达到预期的目的，必须严肃认真地对待。例如，要认真学习教育实验的有关理论和方法，慎重确定选题，明确实验目的，并根据实验目的确定实验因子、方法、对象等，制订好周密的实验计划，然后按计划进行实验工作，最后作出结论，写出实验报告。防止许多基本问题尚不明确，就冠以"实验"的帽子，而流于形式。

(2)坚持实事求是的科学态度。化学教育研究取得的成果要经受实践的检验，来不得半点虚假，必须尊重事实，认真观察，如实详细记录，以占有丰富的资料和完善的数据。不可按主观臆想的框框凑数，也不可按预定的结论凭感情取舍素材。

(3)重视参考和吸收前人的经验和教训。这就要认真查阅文献、调查研究；要学习和掌握现代教育学、心理学理论和科学方法，这样才能居高临下分析处理问题，得出有价值的结论。

(4)尽量排除实验客体不同以及学生受社会影响而发生的观念、态度、行为变化所造成的误差。还要防止实验者常常具有的非理性恐败心理，即认为搞教学改革实验，只能胜利、不能失败，急功近利、急于求成。因此，不敢提出与传统教育观念相悖的实验假说，不愿实施风险较大的改革，造成实验虽未失败，但其成果也无大的价值。

(5)化学教育实验应在自然的条件下进行，不可特殊关照。例如，给实验者配备好的仪器设备，选择优秀教师和素质好的学生参与实验，再加之对实验师生的激发、鼓励使其情绪高度亢奋，干劲倍增。而评估时又往往模糊归因，将上述优势所取得的效果均归为实验变量的效益，从而夸大了实验因子的功能，这种实验成果如果加以推广，内外效度会显著不同，甚至相反。为防止主观因素造成的误差，国外有人提出"盲法实验"，即让实验的主客体都不知道自己在进行实验。这是难以做到的。我们应该尽力做好思想工作，让实验师生明确目的和要求，端正态度，不要有思想包袱，不要人为地改变物质的和精神的状态使实验过程不正常和不自然。有时也可采取"半盲法实验"，即不让学生知道自己是实验对象，以消除客体受激亢奋的影响，获得较客观的实验数据和取得教育研究实验的成功。

——石胜利，许绍彭. 1995. 中学化学教学参考,(7): 3-6

第十章 化学教育研究结果的定量统计

第一节 定量统计的方法步骤与特征数值的计算分析

一、化学教育定量统计的方法步骤

对于在化学教育研究中所获得的原始数据资料、事实材料，除了进行定性分析，注意从总体上把握研究对象的质的属性以外，还需运用定量分析的方法对研究对象的质的属性进行数量分析，从而准确判定事物性质的变化。

定量分析使用数学分析的方法，对来自研究对象的经整理过的数据、文字、图形乃至声音进行分析。它试图通过算术或逻辑运算，抽取并推导出对于特定研究问题具有意义的数据，而后阐释数据的实际含义，进而揭示定量分析结果的教育价值。定量分析关心分析的可靠性和结果，注重普遍性，多采用纯形式化而又有意义的符号(如数字)来描述研究对象的发展变化。

马克思说过，一门科学只有在成功地应用数学时，才算达到了真正完善的地步。从这个意义上说，定量分析方法的使用为化学教育研究的成熟增色不少。但人们也应该充分注意到，没有定性分析基础的定量分析有可能产生方向性错误，而建立在定量分析基础之上的定性才能使分析得以深化。实际上，化学教育研究中的定性分析与定量分析相互交织补充，存在于整个研究的全过程。

与其他教育现象一样，化学教育现象的产生、发展与变化的原因是极其复杂的。这种情况决定了人们所收集的原始数据资料、事实材料几乎不可能精确地重现，而总是在一定范围内波动。这就是说，研究工作者在从大量的、可能是杂乱无章的数据资料寻找研究对象的特征和变化规律性时，面对着化学教育研究数据资料的两大显著特点——原始数据资料是随机的却又是具有统计规律性的。因此，本节重点介绍定量分析的统计方法。

化学教育定量研究的方法步骤如下。

1. 事先设计

(1)首先明确研究什么，从而准确地知道要统计什么、分析什么。

(2)分析要统计的对象能否和如何用统计方法表示其现象。

(3)确定统计范围，制订计划(包括抽样设计)，确定收集资料方式，如文献、测验、问卷调查等，定出时间表等。

(4)对测查工具的研究、分析，进行必要的试测、调整，最后确认测查工具。

2. 化学教育统计资料的收集

(1)制订资料收集方案，包括时间安排、人员组织和培训及其实施细则等。

(2)资料收集方案的实施及其监督。

3. 整理、处理收集到的资料

(1)资料进行归类、分组、写好编码手册。

(2)检查、核实资料的准确性，做上机前的准备。

(3)在计算机上进行数据处理。

4. 化学教育统计资料的分析研究

(1)根据科研方案所制订的目标、内容等对数据结果进行详尽的分析。

(2)分析、评价结果，提出问题及策略集合。

二、定量统计中特征数值的计算与分析

1. 定量统计中的基本概念

1)必然事件、随机事件

必然事件：某条件实现后一定发生或不发生的事件。例如，日夜交替；苹果自树上落下；碱遇酚酞变红；热水变凉等。

随机事件：某条件实现后不一定发生的事件。例如，在一定温度下，氢分子运动速率小于300m/s；在抽查某班10份化学考试卷时，发现其中一份是不及格的；任意抛掷硬币数字面朝上等。

2)总体、样本、容量

总体(或母体)：所考察对象的全体。总体可以是某省的化学中考试卷、全国的教师或某年级的学生等。

样本(或子样)：要从总体中得出结论而随机抽出的一部分。一般来说，总体非常庞大，全面研究困难较大。例如，由于经费、精力、时间等因素，不可能对某省的化学中考卷一份一份地进行考察和研究，这时可以采取抽样的方式，从某省的化学中考卷(总体)中随机抽出500份试卷(样本)加以研究。为了对随机抽出的样本进行研究，又将该样本分成若干个单元(称为个体)，如一份试卷作为一个单元，再根据样本(500份试卷)的特征来推论总体(某省化学中考卷)的特征。

样本是总体的一部分，样本所含的个体数目 n 称为样本容量。

总体与样本的关系如何？以一副扑克牌来加以说明。前提是我们从未接触过扑克牌。

随机从一副扑克牌(总体)内抽出一张(样本)，梅花9(有9个黑色的三叶草图案)。根据已有的样本信息，对总体做出的可能推断：①这副牌全是梅花9；②这副牌有不同的编号且与三叶草的个数吻合。显然，离正确答案较远，原因是总体不均一，它不是一杯糖水，而是一堆杂货，所抽取的样本容量太小，不具代表性。

随机抽出6张，组成新的样本：黑桃K、6；红桃K、7；梅花3、9。这时，n 较大，信息量较多[≥2种颜色(红、黑二色)；≥3种花色(黑桃、红桃、梅花)；牌有图案、有数字；不同花色可重复图案]。根据已有的样本信息，对总体做出的可能推断：①可能有第4种花色的存在(为了牌的对称)；②没有抽到的第4种花色可能是红颜色的；③由于图案可重复，数字也可能重复。

随机抽出17张，重新组成新的样本：黑桃K、8、6；红桃K、10、8、7、2；梅花9、5、4、3；方块9、7、6、2、A。此时，n 更大，且印证了前面的判断。现可确信：①一副牌有两

种颜色；②一副牌有四种花色；③数字从 2～10 连续编号，1＝A；④图案少，可能价值较高；⑤同一花色没有重复数字，因此不会有重复牌。根据已有的样本信息，对总体做出的可能推断：①一副牌按图案记号：4 种花色，其中，2 种红色，2 种黑色；②每一花色中，牌的编号：A、2、3、4、5、6、7、8、9、10、K；≥11 张。因此，一副牌总数≥44 张。

这就是样本与总体的关系。随机事件的规律性要非常多次的观测或实验才能发现，即样本容量 n 要大。然而，实际工作中对随机事件的观测只能做有限次，统计学要解决的正是这个矛盾。统计学的中心任务就是统计推断，即通过对事物局部有限次的观测，获悉统计特性以推断事物整体的统计特性。

3）抽样方法

抽样所抽取的样本一定要有代表性，要能够代表总体，否则就成了盲人摸象。因此，统计学对取样的要求是随机性（个体间相互独立，抽取机会均等）的。

随机抽样：总体中每一个体被抽选的机会是同等的，并且某个体被抽到后，不会影响其他的个体，即个体彼此之间的选择是独立的。

例 10-1　化学系有 580 名学生（总体），要抽取 50 名学生做代表（样本），调查化学系学生的家庭生活情况，应如何选取？

解　①580 名学生依次编号；②随机从随机号码表的任一位置开始，朝任一方向（向上、向下、向左、向右）抽取所需的 50 个数码（或计算机产生）；②编号与数码相应的个体便组成了样本。

分层抽样：当总体可以按照某种特征分成若干组（层）时，如大学生按年级可分为四个年级，此时采取分层抽样，将总体分为一、二、三、四年级四个层，然后从各层（年级）中随机抽出所需的样本数。每层所抽取的个体数可以按各层大小比例，也可以不按比例抽取，要依据具体情况而定。例如，某校有初中生 400 人，初一年级 160 人，初二、初三年级均为 120 人，采用分层抽样法抽取 20%的学生参加某项调查。首先按年级分成三层，然后在各层内按比例随机抽样。初一到初三年级学生数在总学生数中所占比例分别为 4/10、3/10、3/10，因此从各年级抽取的人数，初一年级为 32 人，初二、初三年级均为 24 人。

采用分层抽样注意分层要恰当，层与层之间有明显区别，层内个体间差异较小。这种分层的随机样本往往比简单随机抽样更能反映总体情况。

整群抽样：由总体中随机抽出一个或几个群作为样本。例如，学生以班为一群体，抽样时经常抽取若干个班为样本，这就是整群抽样。这种方式抽样较省时、省力，但抽样误差较大，样本的代表性较差。因为群体中每个个体情况可能差不多，即不能很好地反映总体，而群体间也可能有所不同。因此，整体抽样前，要很好地了解被研究对象，总体按某一特性分成若干群后，这些群是否差异不大，每个群是否能较好地反映出总体内部的差异情况，否则整群抽样的结果就会产生较大的误差。

总之，在进行研究时，可以采用不同的抽样方法或同时使用若干种抽样方法使样本对总体的代表性要强，同时要省时、省力、省钱。

2. 特征数值的计算与分析

1）集中量数

人们从统计分组以后的次数分布表中不难看出，大部分数据都趋向于中间的某一点。集中量数就是代表大量数据典型水平或集中趋势的统计量数。

常用的集中量数有算术平均数、加权平均数、几何平均数、中位数等。算术平均数常简称为均数或均值,是所有观察数据的总和除以总次数所得之商。常用 M 或 $\bar{X}$ 表示样本平均数,μ 表示总体均数。它的缺点是易受数据中极端数值的影响。

加权平均数是不同权重数据的平均数,而几何平均数则是 N 个原始数据的数值连乘积的 N 次方根。当一个数列的后一个数据是以前一个数据为基础成比例增长时,要用几何平均数求其平均增长率。

中数(或称为中位数):把观测值按大小顺序排列,处于中央位置的数就是中数,用 M_d 表示。n 为奇数,中央位置的数就一个;n 为偶数,中央位置的数有两个,取它们的平均值。对于整体数据呈偏态分布,用中位数来衡量集中趋势具有优越性。另外,它易确定。例如,求放射性元素原子蜕变所需的平均时间,若要等到所有原子蜕变完毕,这不太可能,需无限长的时间。因此,物理学家用半衰期来衡量放射性同位素的衰变速度,就是利用中位数易确定的优点,其缺点是计算不方便。

2)差异量数

差异量数是表示一组数据离散程度的统计量数。差异量数越大,表示数据分布的范围越广,越不整齐;差异量数越小,表示数据分布越集中,变动范围越小。常用的差异量指标有平均差、标准差、变异系数等。

平均差是指每一个数据与该组数据的中位数(或算术平均数)离差的绝对值的算术平均数,通常用 MD 表示。

$$MD = \sum |\chi - M_d| / N \quad \text{或} \quad MD = \sum |\chi - M| / N$$

标准差是最常用的差异量数,它是以均数为依据求得的,在数值上等于离差平方和平均后的方根:$S = \sqrt{\sum (X - M)^2 / N}$。常用 S 表示样本标准差,σ 表示总体标准差。标准差的数值越大,该样本中数据参差不齐的程度越大,数据分布的范围越广,均数 M 的代表性就越小;反之则反。标准差的平方称为方差,也是一个很重要的差异量指标。标准差和方差都易受该组数据中极端数值的影响。

变异系数是指标准差与算术平均数的百分数,常用 CV 表示:$CV = 100 \times S/M$。变异系数没有具体测量单位,适用于数据单位不同或虽然单位相同但集中量数相差较大的不同组数据的比较。

3)相关量数

在教育和实际生活中,经常会遇到一些相互之间有关联的变量。例如,有的学生化学成绩好,他们的生物成绩也不错;书的价格高,买的人也少;等等。透过这些现象似乎可以看到事物之间的某种关系。当一个变量增加(或减少),另一个变量也随着增加(或减少)时,这两个变量的关系称为简相关。例如,学生在一定年龄阶段内身高与体重的关系,身高增加,体重也随着增加。如果一个变量同时与两个以上的变量相关,这种相关称为复相关。例如,学校的教育水平与教师本人的教育水平和学生自身的素质及学校的设备等都有关系。分析事物之间有什么样的相互关系,这些关系达到什么程度,可用相关系数这一统计量来表示。

当对数据进行相关分析时,要注意因果关系和关联关系的不同解释。有因果关系的变量肯定相关,反过来不一定,有相关关系的变量不一定存在因果关系。例如,父母对子女的教育态度好，子女的个性心理品质就会不错，这是因果关系。而化学成绩和生物成绩之间是有关联的，但不是因果关系。

正相关的两个变量，当一个变量增加（或减少），另一个变量也随着增加（或减少）时，其相关是正相关。负相关的两个变量，当一个变量增加另一个变量反而减少，或当一个变量减少另一个变量反而增加时，其相关是负相关。零相关的两个变量，当一个变量增加（或减少）时，另一个变量不发生变化或变化无规律，其相关是零相关。

相关系数用 r 来表示（用相关系数表示两变量间联系的强度）。数值为 $-1 \leqslant r \leqslant 1$。$r=1$，完全正相关，$r=-1$ 完全负相关，$r=0$，完全无相关。前两种情况在教育现象中很少见。r 的数值大表示相关程度高，r 的数值小表示相关程度低（注意：r 与样本容量有极大的关系，n 小，偶然机会多，就会有假象出现）。

最常用的是积差相关系数，又称"积矩相关"或"皮尔逊"相关系数，适用于等距变量的一种最基本的线性相关关系。公式为

$$r = \frac{\sum\left[(X - M_X)(Y - M_Y)\right]}{NS_X S_Y}$$

式中，X、Y 为成对的元素数据；M_X、M_Y 分别为两列数据的均值；S_X、S_Y 分别为两列数据的标准差；N 为成对的数据个数（样本容量）。积差相关系数适用于来自正态总体的两连续变量。

值得注意的是，样本的选取对相关系数的大小存在影响，在具体解释前要对相关系数做统计检验：相关系数只意味着变量变化的一致性程度，不意味因果关系；相关系数只是指示数字，不是具有等同度量单位的量。

4）Z 分数及转换分数

化学教育研究中的原始数据可以转换为以研究对象的群体平均水平为参照标准的相对数值，如 Z 分数及建立在 Z 分数基础之上的 T 分数等。

Z 分数的计算公式为

$$Z = (X - \mu) / \sigma$$

式中，X 为原始数据的值；μ 为研究对象所组成群体的平均值；σ 为该群体的标准差。

Z 分数是标准分数的一种，标准分数以标准差为单位，是一个相对统计值，没有实际单位。当原始数据大于平均数时，标准分数为正数；当原始数据小于平均数时，标准分数为负数；当原始数据等于平均数时，标准分数为零。

在高考招生和日常评判学生成绩好坏的过程中，往往是把各科成绩加起来算总分或进一步算总平均分，然后排名次或决定录取与否，这种做法有不合理的成分。因为各科考试题目难易程度不相同，评分标准也不相同，所以各科的分值不等，同是 1 分，在各科成绩中的价值也有所不同。因此，如果把各原始分数变成标准分数后再相加求和就比较科学。因为标准分数的单位是绝对相等的。无论各科的平均数和标准差有什么不同，化成标准分数后就成为平均数为 0、标准差为 1 的标准形式。这样通过标准分数的大小就可以知道某一分数在整体分数中的位置，从而可以比较。

由于 Z 分数既有小数又有负数，使用起来不太方便，因此人们在化学教育研究中常使用以 Z 分数为基础的转换分数。从 Z 分数转换为 T 分数的公式为 $T = KZ + C$，其含义是把 Z 扩大 K 倍再移到 C 这个中心位置上来。T 分数的均数为 C，标准差为 K。大规模的化学教育研究中 K 值可取至 100，C 取 500，小样本研究中可根据研究需要而定。

　　Z分数及转换后的分数都没有实际单位,它的作用之一是表明原始数据在群体中的位置。因此，人们在化学教育研究中可用它来及时分析研究对象的学习质量波动情况，以做出正确的判断并采取措施。

第二节　定量统计的推断和检验

一、推断总体

　　人们在化学教育研究中进行定量分析时，对研究样本进行的上述特征数值的计算和分析还只是一种数量化的描述。如果试图从重点研究的局部上推断对应总体的情况，解释所研究的样本之间的差异，研究变量之间的依存关系，则这种进一步的定量分析只能依赖于进行科学的推断、检验和预测。

　　在大多数的定量分析中，人们是根据研究样本的情况对总体做出解释和评价的，这就涉及从研究样本的特征数值(参数)估计总体参数。在对总体参数做出估计时，研究样本的统计量与总体的相应参数接近的程度越大，说明研究样本的统计量对于总体参数的代表性就越好，从而研究做出的结论的可靠性越高。显然，正确掌握总体参数的推断估计方法，将会提高研究结果的可靠性。

　　从研究样本的参数估计推断总体参数可以使用点估计的方法。所谓点估计，也就是用从总体随机抽取样本统计量(如均数 M、标准差 S)作为总体对应参数(如 μ、σ)的估计值。

　　由于进行点估计时误差的大小及可靠程度无从知道，而且根据不同的样本可以估计出不同的总体参数值，因此在定量分析中多使用区间估计的方法：用数轴上的一段距离来表示总体参数可能落入的范围。实际的定量分析中是用样本统计量确定一个区间，使该区间以一定的概率(置信水平)套住总体的相应参数。这个区间实质上是一个概率区间：区间越小，概率越大，结论的可靠程度就越高。这样的区间称为置信区间，其端点称为置信限，两置信限(两个端点)之间的距离称为信距。

　　对于总体均数 μ，在样本容量较大时($N>30$)，可以使用样本标准差 S 代替未知的总体标准差 σ 去估计总体均数 μ。总体均数 μ 的置信水平为 $1\sim\alpha$ 的置信区间为($M+Z_\alpha S/\sqrt{N}$，$M-Z_\alpha S/\sqrt{N}$)；上、下置信限分别为 $M+Z_\alpha S/\sqrt{N}$、$M-Z_\alpha S/\sqrt{N}$；信距为 $2Z_\alpha S/\sqrt{N}$。式中的 α 称为置信度(或显著性水平)，是进行定量分析的研究者设定的，多取 0.05 或 0.01；Z_α 则是标准正态分布中与 α 对应的临界值；M 和 S 分别是研究样本的均数和标准差。

　　对于总体标准差 σ 的区间估计是用样本统计量 S_{N-1} 进行的：$S_{N-1}^2 = (X-M)^2/(N-1)$。当样本容量 $N>30$ 时，总体标准差 σ 的置信度为 α 的置信区间为($S_{N-1}+Z_\alpha S_{N-1}/\sqrt{2N}$，$S_{N-1}-Z_\alpha S_{N-1}/\sqrt{2N}$)。

　　区间估计是和正态分布理论紧密联系在一起的。自然界和社会领域中的许多变量属连续型随机变量，这些变量在随机因素的影响下能取种种不同的数值。人们不能准确地预言变量的取值，但其值落在某一区间可能性的大小(概率)是确定的，它的分布可以用正态分布(意为"正常状态下的分布")曲线函数加以描述。教育科学研究中经常涉及的学生学业成绩、人的能力等也具有"两头大，中间小，左右对称"这种正态分布的特性。在正态分布中，不同的标准差包括不同的区间。按照正态分布的概率，在平均数左右各一个标准差的范围内包含

68.26%的观察值，95.44%的观察值落入平均数左右各两个标准差的区间内；一次研究中，观察值落入区间 $\mu \pm 1.96\sigma$ 的概率为95%，落入区间 $\mu \pm 2.58\sigma$ 的概率为99%（图10-1）。

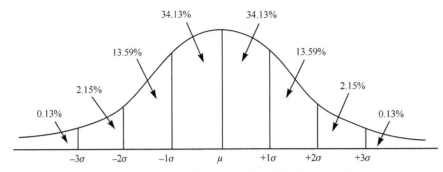

图 10-1　正态分布曲线下不同标准差中的面积比例

二、检验差异

人们在对化学教育研究的结果进行定量分析时，常会遇到两个研究样本参数之间存在差异的情况。究竟这种差异源于样本各自所代表的总体呢？还是研究过程中抽样造成随机误差引起的呢？要做出合理的解释和鉴别，有赖于差异的检验。

1. 统计检验

怎样判定两个研究样本参数之间的差异产生的原因呢？这要看对于参数之间差异进行统计检验的结果如何。如果检验结果属于差异显著，就意味着两个统计量来自两个总体，标志着两个总体之间确有差异；如果检验结果属于差异不显著，就意味着两个统计量可能来源于一个总体或是两个没有差异的总体，两个统计量之间的差异是由抽样误差造成的。统计检验就是利用两个统计量之间的差异来检验其总体参数是否有差异。它主要回答这种差异是由偶然因素（如抽样引起的随机误差）引起的，还是由实验因素（如教育实验导致的条件误差）引起的，并以此来解释、鉴定差异。

统计检验（又称假设检验）是根据随机抽样结果，在一定的可靠程度上对原假设做出拒绝还是承认结论的过程。决定的做出取决于统计量的数值与假设的总体参数是否有显著差异。检验推理过程实质上是具有概率性质的逻辑反证过程，其主要步骤为：①做出原假设 H_0，承认总体与原假设相同；②根据样本计算一个统计量，求出统计量的分布；③选定一个"小概率（一般为 0.05 或 0.01，视具体情况而定）并确定拒绝原假设 H_0 的区间；④做出结论。

这里做出结论的依据是"小概率事件在一次实验中实际上不可能发生"的原理。如果原假设 H_0 正确，一般情况下，该统计量的值不应落入拒绝区间。如果落入了拒绝区间，就有理由怀疑原假设 H_0 是错的，这时的结论是"拒绝 H_0"；反之，如果未落入拒绝区间，此时没有怀疑 H_0 的理由，这时的结论是"不得不接受 H_0"。可见，上述过程中，提出原假设的 H_0 目的不在于坚持其正确性，而只是提供一个计算判断的起始点，随时准备予以拒绝。

例 10-2　某市的部分中学生曾根据上级安排试用按照新的教学大纲编写的初中化学教材。为了对新编教材的效果进行检查，在使用一年之后，测试了使用新编教材的学生。随机抽取 40 名学生的考试平均分 M=67.5 分，若使用旧教材的全体考生均分 μ=62.2 分，σ =14.8 分，试分析初中化学试用教材是否不同于旧教材。

解　(1)提出虚无假设。

H_0：$\mu_1 = \mu$，试用教材和旧教材没有显著差异。

理解为使用试用教材的"样本"是来自使用旧教材的"总体"。相应的备择假设(又称研究假设)则为

H_1：$\mu_1 \neq \mu$，试用教材和旧教材有显著差异。

(2)选定显著性水平α，查相应的分布表。

选取$\alpha = 0.05$(一般α取0.10、0.05、0.01)，此时可查正态分布表，得$Z_\alpha = Z_{0.05} = 1.96$。

(3)确定该种显著性水平之下的拒绝区间或接受区间。

$$\mu - Z_\alpha \sigma / \sqrt{N} = 62.2 - 1.96 \times 14.8 / \sqrt{40} = 57.6$$

$$\mu + Z_\alpha \sigma / \sqrt{N} = 62.2 + 1.96 \times 14.8 / \sqrt{40} = 66.8$$

故在$\alpha = 0.05$之下的H_0接受域为[57.6，66.8]。

(4)对H_0做出判断或解释，做出结论。

将统计量和接受域的临界值比较，$M = 67.5 > \mu + Z_\alpha \sigma / \sqrt{N} = 66.8$，故拒绝$H_0$，接受$H_1$"试用教材和旧教材有显著的差异"。

结论："初中化学试用教材显著不同于旧教材"。

值得注意的是，选定的小概率不同时，拒绝区间的大小不同，也就是说接受还是拒绝原假设H_0与α的选定有较为密切的关系。此外，小概率事件不是100%的不可能发生，只不过发生的概率很小。因此，统计检验结论的做出要冒一定的错误风险。如果原来的假设H_0是真的，但却被人们拒绝了，这时选定的小概率的α就是拒绝原假设H_0时所犯的"弃真"错误(I类错误)的概率；而如果为假时，人们接受了它，这时就会犯"取伪"的错误(II类错误)。

化学教育研究常用的统计检验方法有Z检验，它用正态分布理论来推论差异发生的概率，应用于大的研究样本；t检验，它以t分布的理论来推论误差发生的概率，从而判断两个研究样本均数差异是否显著，适用于$N < 30$的小样本。此外，还有适用于计数资料的χ^2检验，适用于多个均数差异全盘检验的F检验(在方差分析的基础上)及符号检验等非参数检验方法，可参考专门的教育统计著作。

2. 研究样本均数差异的显著性

研究样本均数差异的显著性的目的是由样本平均数的差异推断样本均数各自代表的总体均数是否相等。在实际的化学教学改革实验中，多用来进行"对照实验"结果的评价。进行两个样本均数差异显著性检验时，一般情况下，其根据是样本均数之差($\bar{D} = M_1 - M_2$)的分布为正态，原假设H_0为两样本对应的总体均数相等(无差异)。当用一次实验的数据计算出的样本均数之差$\bar{D}$的数值较大，而出现小概率事件时，就有了从实际可能性上否定原假设H_0的理由，进而可说明两个研究样本平均数的差异是由它们所来自的总体平均水平不同而引起的，否则表明样本平均数的差异由抽样误差所致。样本均数差异显著性检验过程和假设检验类似：提出预案假设H_0；计算样本均数之差和样本均数之差的标准误差；选定小概率，确定拒绝原假设H_0的区间；做出结论。

例10-3　在某次全国统一考试之后，在甲市抽取了153名考生的样本，其均分为57.41分，该市标准差为5.77分；在乙市抽取的样本容量N为686，均分为55.95分，乙市标准差为5.17分。甲、乙两市的考生在这次全国统一考试中的均分是否有显著差异(取0.01的置信度，假设考生的成绩呈正态分布)？

解 (1)提出假设。

虚无假设：甲、乙两市考生来自同一整体，即 H_0 为 $\mu_1 = \mu_2$；备择假设：甲、乙两市考生来自同一整体，即 H_1 为 $\mu_1 \neq \mu_2$。

(2)样本均数之差 $\bar{D} = M_1 - M_2 = 57.41 - 55.95 = 1.46$。

(3)均数之差的标准误差(standard error)：

$$\mathrm{SE}_{\bar{D}} = \sqrt{\frac{S_1^2}{N_1} + \frac{S_2^2}{N_2}} = \sqrt{\frac{5.77^2}{153} + \frac{5.17^2}{686}} = 0.507$$

(4)计算 Z 值：

$$Z = \left[(M_1 - M_2) - (\mu_1 - \mu_2)\right] / \mathrm{SE}_{\bar{D}} = (\bar{D} - 0) / \mathrm{SE}_{\bar{D}} = 1.46 / 0.507 = 2.88$$

(5)查表 $\alpha = 0.01$ 时，$Z_\alpha = 2.58 < 2.88 = Z$。

(6)结论：不得不拒绝虚无假设，承认研究假设。甲市和乙市的考生不是来自同一整体，均分存在显著差异。

样本情况不同时，具体检验计算方法不同。较常见的情况是总体方差已知，或虽然总体方差未知但样本容量足够大，此时用的是 Z 检验。

检验多个样本的均数差异可以使用方差分析基础上的 F 检验。

方差分析又称为"变异数分析"，可用来定量分析化学教育研究中多个实验集体平均数之间的差异。方差分析是基于这样的认识，当样本与样本之间差异相对较大时，样本内差异则显得相对较小。样本与样本之间差异(称为组间差异)是由实验条件不同引起的，属于条件误差；样本内差异(称为组内差异)则是由实验条件之外的各种随机因素引起的，属于随机误差。显然，组间差异对组内差异的比值越大，则代表各组平均水平的均数之间的差异就越明显，这时条件误差产生的影响比随机误差的影响大得多，当然造成条件误差的教学实验效果就更明显。通过对组间差异与组内差异比值的分析来推断几个相应的研究样本平均数差异的显著性，这就是方差分析的逻辑；而通过这种分析进而说明教学实验中有无条件误差的存在，则是方差分析的目的。

由于方差能够反映实验数据参差不齐而导致的差异，方差的分子是实验数据与均数之差的平方和，因此实际工作中，先将总的离均差平方和(SS)分解为组间平方和(SS$_b$)和组内平方和(SS$_w$)，再分别除以对应的自由度(df)，得到组间均方(MS$_b$)和组内均方(MS$_w$)，检验统计量 $F = \mathrm{MS}_b / \mathrm{MS}_w$，最后查 F 值表，按选定的小概率 α 做出结论。

定量分析应注意的问题如下。

化学教育研究中定量分析的统计及检验主要尝试从数据处理和定量分析来揭示化学教育规律，应该说是一种有效的学术活动，对于人们懂得怎样才能使教学更加有效有着潜在的价值。但是，定量分析只是供人们选用的方法中的一种，不是所有的研究都必须使用定量分析方法。当然定量分析也不可能解决化学教育研究中面临的全部各种值得研究的问题。从当前国内化学教育研究中定量分析方法的使用现状来看，人们应该注意防止误用，因此有些基本问题需要加以注意。

(1)在相关分析中，从样本容量有限的数据出发得到的相关系数不一定能反映在更广泛的范围内有关变量之间的确切关系。此外，相关不是因果关系，一个变量的变化不一定是另一个变量变化的原因或结果。

(2)在有关研究样本参数差异是否显著的检验中,判定两个或多个研究样本之间差异是否显著是容易做到的。但是,准确鉴别应对这种差异的产生负责的独立交量是否就是研究假设中所假设的那一个而不是另外的人们尚未了解的随机变量则是很困难的事情。因此,人们在进行不同的化学教学过程或使用不同的教学技术之前,先仔细、全面地比较被选中参与有关研究过程的样本是非常重要的。

(3)即使差异显著,也可能几乎或根本就不具备教育价值而没有重要性。例如,某省的高考分数报告使用了转换分数,$T=100Z+500$(学生分数多在 100～900)。此时,某个县 1250 名考生的均分为 693,另一个县 800 名考生均分为 690。这两个均数差异经检验是显著的。但人们也很容易想到,900 分标度中 3 分差异显著,肯定不可能由此得出结论说两个县的高中化学教学情况显著不同。

(4)课后作业及课外科技活动实践、校外调查等产生的差异是无法定量检验的,但参与的经历是学生发展个性、培养能力所必需的,也是人们所希望的,这些可能是使研究对象在以后的工作、学习中产生重大差异的根本原因。因此,定量分析要与定性分析相结合,对这方面予以适当的关注。

案例展示 1

高中生化学学习兴趣的测量

兴趣是个体积极探究某种事物或进行某种活动,并在其中产生积极情绪体验的心理倾向。学习兴趣是指学生对学习活动产生的心理上的爱好和追求的倾向,是推动学习活动的内部动机。学习兴趣能有效地强化学习动力,调动学习积极性——"兴趣是最好的老师"。因此,学习兴趣及其培养问题历来受到教育工作者的广泛关注,成为教学理论和实践的一个重要而永恒的研究课题。

化学学习兴趣是影响化学学习的重要因素。它与化学学习成绩的相关性如何,是颇有理论意义和现实意义的研究课题。以往的研究多是描述性的,根据心理学的一般结论和教学经验来讨论兴趣对化学学习的重要意义;有人尝试定量研究化学学习兴趣与化学学习成绩的相关性,但因未建立测量化学学习兴趣水平的量表,研究的效度和信度不高。要比较不同学生群体(如重点中学学生与非重点中学学生、男生与女生、不同年级学生)之间的化学学习兴趣水平的差异,也需要进行化学学习兴趣水平的测量;要对影响学生化学学习兴趣水平差异的原因进行细致、系统、科学的研究,同样需要进行化学学习兴趣水平的测量。总之,为了使化学学习兴趣及其培养的研究更具科学性和现实针对性,首先必须研究建立一个测量化学学习兴趣水平的量表判断学生学习化学的兴趣水平,然后以此量化工具为基础进一步研究其他问题。在此,交流本人在这方面的尝试:高中生化学学习兴趣水平测量量表的研究。

1. 量表的产生

首先在本人执教的一个班级,请学生就下列问题作出书面回答:你对化学感兴趣吗? 如果感兴趣,请列举最能说明你感兴趣的学习行为和心理、情绪体验感受若干条;如你不感兴趣,请你列举最能说明你不感兴趣的学习行为和心理感受若干条。然后汇编、改造学生所列出的各项学习行为和心里感觉,并加以适当补充,设计成量表初稿;在本人执教的另一个班级和他人执教的另一平行班进行测试,并把统计结果与学生平时学习表现及化学学习成绩综合考虑,对量表进行修改、完善。

2. 量表的内容

下面有 35 个陈述句，描述了学生学习化学时可能的典型行为和，心理感受，请受试者做出是否符合自己实际情况的回答(√表示符合，×表示不符合)。

(1)上化学课时，我常希望快些下课。

(2)课下我喜欢翻阅化学老师还未讲到的内容，自学老师不讲或讲得很少的内容。

(3)如果课前得知化学课不上了，我会感到高兴。

(4)化学课上我常积极思考老师提出的问题。

(5)课下我很少主动复习化学。

(6)我不喜欢老师把某些化学知识点加深加宽。

(7)我在每次考试中都能发挥出最高水平。

(8)我听课从来不走神。

(9)我有时会对化学学习产生畏难情绪。

(10)我经常用学到的化学知识解释生活中的一些现象。

(11)我希望老师不布置化学作业。

(12)我经常就化学问题请教老师或与同学讨论。

(13)我很乐意攻克较难的化学问题。

(14)我喜欢搞清化学概念之间的区别和联系。

(15)我们化学老师上的每一堂课都是非常成功的。

(16)填报高考志愿时，我想报考与化学相关的专业。

(17)当学生实验中的实验现象与老师讲的不同时，我常会重复做实验，并分析其中原因。

(18)老师说的话，我都照办。

(19)我喜欢所学的每一门功课。

(20)每堂化学课的时间总好像比其他课短。

(21)我觉得每周开设的化学课太少，心里盼着上化学课。

(22)我希望老师就某些化学问题讲得深一些。

(23)我经常阅读化学课外书籍。

(24)化学课上我的思维特别活跃，注意力格外集中。

(25)当学了一个新的化学规律时，我很想亲自动手做实验验证一下。

(26)我喜欢观察奇妙的化学实验现象。

(27)我有时也讲假话。

(28)我觉得化学知识零碎、难记、不想学。

(29)我有时会把今天的事留到明天去做。

(30)做化学实验，我多数情况下是当"观众"或"助手"。

(31)我喜欢教过我的每一位老师。

(32)我喜欢听每一位老师的课。

(33)化学课上，我经常走神或打瞌睡。

(34)我经常自己找一些化学习题做。

(35)我觉得化学知识在生活中没啥用途。

上述量表包括兴趣水平量表和效度量表。其中第 7、8、9、15、18、19、27、29、31、32 题为效度量表，描述的是一般人难免的或难以做到的情形。第 7、8、18、19、31、32 题打"√"各得1分，第9、27、29题打"×"各得1分，如果所得总分不小于5分，说明被试回答不真实，则视为废卷，不参入统计分析。除上述10题之外的25题为兴趣水平量表，第2、4、10、12、13、14、16、17、20、21、22、23、24、26、34题打"√"各得4分，第1、3、5、6、11、25、28、30、33、35题打"×"每题得4分，25题所得分之和即为兴趣水平得分(用M表示)，若$M \geqslant 80$则为化学学习兴趣浓；若$60 \leqslant M \leqslant 80$，则为感兴趣；若$M \leqslant 60$，则为不感兴趣。

3. 试测结果统计分析

(1)调查试测对象：应城一中和应城蒲阳中学的高一、高二、高三年级各一个班，共367人，其中女生102人，男生265人。

(2)统计结果与简要分析(表1~表4)。

表1　基本情况和原始统计结果

学校		应城一中(重点中学)			蒲阳中学(非重点中学)		
年级		高一	高二	高三	高一	高二	高三
受试人数		69	61	64	60	59	54
废卷		18	10	8	19	11	6
有效卷	男	38	32	42	29	32	35
	女	13	19	14	12	16	13
兴趣平均值		67.1	61.3	58.6	62.4	59.7	50.1
兴趣水平分级(人数)	兴趣浓	10	8	8	9	5	3
	感兴趣	36	34	35	24	30	26
	不感兴趣	5	9	13	8	13	19

从上表数据可见：废卷较多，占受试总人数的19.6%，且随着年级升高，有效率升高。说明效度量表中有些陈述句迷惑性太大，学生理解有些困难，需要进一步改进。总有效率达80.4%，说明该量表所测得的兴趣水平有一般性，能反映高中生化学学习的兴趣水平的实际。

表2　重点中学与非重点中学的比较

项目	平均值	标准值	兴趣水平分级人数占总人数的百分比		
			兴趣浓	感兴趣	不感兴趣
重点中学	62.22	4.06	16.4%	66.5%	17.1%
非重点中学	57.14	3.18	12.4%	58.4%	29.2%
显著性检验	$Z=1.101<1.64$ $P>0.05$	$Z=0.721<1.64$ $P>0.05$			

由上表可见：重点中学学生化学学习兴趣的平均水平高于非重点中学，且重点中学学生化学学习兴趣水平的离散程度也高于非重点中学，但显著性检验的结果表明重点中学与非重点中学间的这种差异并不显著。兴趣水平分级人数占总人数的百分比数据表明大多数学生学化学是有兴趣的。

表 3　男生与女生的兴趣比较

项目	平均值	标准值	兴趣水平分级人数占总人数的百分比		
			兴趣浓	感兴趣	不感兴趣
男生	63.3	4.13	18.2%	62.1%	19.7%
女生	62.0	3.42	9.2%	68.9%	21.9%
显著性检验	$Z=1.203<1.64$ $P>0.05$	$Z=0.256<1.64$ $P>0.05$			

由上表可见：男生学习化学的兴趣水平高于女生，且离散程度也略高于女生，但差异不显著，这也是化学工作者中男女比例比较合理的原因。

表 4　不同年级的比较

项目	平均值	标准值	兴趣水平分级人数占总人数的百分比		
			兴趣浓	感兴趣	不感兴趣
高一	65.0	3.16	27.7%	65.2%	14.1%
高二	60.5	6.22	13.1%	64.6%	28.3%
高三	54.7	8.63	10.6%	58.7%	30.8%
显著性检验 （高一和高三）	$Z=1.426<1.64$ $P>0.05$	$Z=0.789<1.64$ $P>0.05$			

由上表可见：高中生化学学习兴趣的平均水平是随年级的升高逐渐降低，而离散程度逐渐增大，说明学习兴趣的两极分化随年级升高而增大，即一部分学生随化学知识增多，对该学科认识的深化，在认知内驱力作用下兴趣渐浓；另一部分学生则因认知内驱力渐小加之学习成绩不如意而兴趣下降。

4. 几点讨论

(1)化学学习兴趣的量化研究，关键是建立一个信度和效度较高的量表。笔者的初步尝试还有待深入，量表的进一步完善需在试用中进一步吸收各方面的建议补充和调整。通过实测效标组和对照组，进一步做效度检验。

(2)兴趣水平的量化分级，缺乏可靠的常模作参考，要通过增大样本数量及多年跟踪研究以建立起地域性乃至全国性的常模。

(3)化学学习成绩与学习兴趣水平的相关性在高考压力和现行就业体制下很难真实地反映出来，这也使兴趣水平的量化研究困难化。

——徐承先. 1997. 化学教育, (7)：14-17

案例展示 2

统计结果的正确分析

在《高中生化学学习兴趣的测量》(1997 年第 7 期《化学教育》)一文中，该文作者运用了统计学的显著性检验方法，但最后所下的结论与其检验的结果并不相符，笔者就此提出一些问题与作者商讨，以便达到正确使用统计学分析方法，进一步提高论文质量的目的。

该文作者在文章中对不同中学、不同性别、不同年级的高中生学习化学兴趣的水平及离散程度做了显著性检验，其结果均是 $P>0.05$，从统计学的角度来说，无论是重点与非重点、男与女或不同年级的高中生学习化学兴趣的水平及离散程度，并没有什么差异，但该文作者的分析结论并非如此，现摘录该文中表 4 如下：

表 4　不同年级的比较

项目	平均值	标准值	兴趣水平分级人数占总人数的百分比		
			兴趣浓	感兴趣	不感兴趣
高一	65.0	3.16	27.7%	65.2%	14.1%
高二	60.5	6.22	13.1%	64.6%	28.3%
高三	54.7	8.65	10.6%	58.7%	30.8%
显著性检验 (高一和高三)	$Z=1.426<1.64$ $P>0.05$	$Z=0.789<1.64$ $P>0.05$			

该文作者的结论：高中生化学学习兴趣的平均水平是随年级的升高逐渐降低，而离散程度逐渐增大，说明学习兴趣的两极分化随年级升高而增大，即……

显然，该文作者下这种结论是不妥当的。显著性检验的结果均是 $P>0.05$，已说明了不同年级的高中生(高一和高三)学习化学兴趣的平均水平和离散程度，并不存在显著性差异，之所以不同年级的平均值及标准差不同，仅仅是由于抽样误差所致；该文作者虽做了显著性检验，但并未按检验的结果进行推断分析，还是依据表内的数据下结论，在这里，显著性检验失去了它的使用价值，实际上相当于未做显著性检验。

应当指出，该文中出现的这方面的错误还是比较常见的。有的作者并不真正了解进行显著性检验的目的何在，即使选择了显著性检验，如何正确分析其结果，也是较为困难的。显著性检验的目的主要是推断均数之间的差异是由抽样误差所致，还是我们所研究的因素所致。$P>0.05$ 时，一段认为差异是抽样误差所致，即差异无显著性意义；若 $P<0.05$ 则差异由抽样误差引起的可能性很小，可认为是由我们所研究的因素所致。

在实际工作中，大部分都是进行抽样调查，既然是抽样调查，必定存在着抽样误差。因此，当我们在进行抽样调查时，对所获得的结果不能仅凭表面数据下结论，否则，很容易得出错误结论。

——罗成慧，王丹鹭. 1998. 化学教育，(9)：48

资料导读

社会科学统计软件包 SPSS 使用介绍

统计软件包是由一系列统计程序组成的，并有一定的操作规程。目前，商业化的统计软件包在计算机统计分析中的应用日益广泛。

统计软件包具有一定的数据分析能力，包括描述性统计、统计显著性检验的功能，各种数据修正或选择功能及进行各种多元分析的功能。人们在输入所有原始数据后，可以用一定的指令让软件包完成所要求的数据统计分析；计算结束后，再用特定的指令退出程序。

社会科学统计软件包(SPSS)是教育与心理研究中最常用的商业化统计软件包，它的使用主要分两步：建立数据文件或数据库，执行数据分析。SPSS 基本操作主要是输入数据和变量转换。

SPSS 中的数据文件结构是二维的，纵列为研究变量，横行为被研究的个体或被试。这种结构要求所有的数据均需以数字编码的形式给出名义测度(测度是指在测量中被量化的程度)变量如性别，男性编码定为 1，女性编码定为 2；序次测度变量如受教育程度，文盲半文盲为

1，小学为2，初中为3，高中为4，大学为5；等距测度变量如摄氏温度；比率测度变量如热力学温度。建立数据文件时要求在同一列中对每一个被研究的个体或被试做出对应于变量的编码。

下面以 SPSS for Windows 为例简单介绍 SPSS 基本操作(详细的内容可咨询 SPSS 窗口中的 Help)。

1. 输入数据

首先启动 SPSSWIN。

1)定义变量

定义变量名：在 SPSS 工作数据窗口(标题为 Newdata)中，将光标放置在第一列中，在菜单栏选择 Data，Define Variable；在 Variable Name 栏中键入变量名。

定义变量类型：将光标放在需定义变量类型的列中，点击 Type 键(窗口按钮)，然后选择，点击 Continue 钮返回。此步可直接跳过。

定义变量标签：点击 Labels 按钮，在 Variable Labels 栏中键入说明标签(有汉字平台时，可键入汉字作为变量标签。)

定义变量值标签：在 Value Label 窗口中的 Value 栏和 Value Label 栏中操作。此步操作的目的是要告诉计算机，已经输入数据的变量属于何种测度(名义/序次/等距/比率)变量。完成后点击 Continue 钮返回。

定义列格式：点击 Column Format 键，在 Text Alignment 栏中选择所要求的对齐方式：数字型变量设为右对齐(Right)，文字型变量设为居中(Centre)或左对齐(Left)；点击 Continue 钮返回。

某一个指定变量所有设置完成后，点击 OK 键表示完成。如需修改变量设置，按同样的方法进行操作并加以修改。所有变量的定义，都使用同样的方法。

2)录入和存储变量的数据

在相应变量名下的各列键入变量数据。回车将转到第二行。按相应箭头键可移动光标位置，进行新数据录入或数据修改。至于漏失数据的情况(被研究的个体或被试未填答案或未作反应)，可以空格作为漏失数据，也可用一显然为假的符号或数字如一负数来表示。数据录入完成后在用户指定子目录下存为 SPSS 的系统文件。其操作方法：点击 File，Save as，在 Save File as Type 栏目中选择 "SPSS(*.sav)" 类型，在 File Name 栏目键入文件名××××，选择一个子目录，如 C: \user 下，最后点击 OK 钮执行。

还可通过直接读取已有的 ASCⓇ数据文件而输入数据。此时，在 SPSS 主窗口中点击 File，Read ASCⓇ Data。在该窗口中选择 Drive 和 Subdirectory 及 ASCⓇ文件类型(*.dat)后点击 OK 钮；选择 File 中的文件；然后点击 Define。在 Define 窗口的 Name 栏中键入第一个输入变量名，在 Start Column 栏中键入该变量数据的首列所在列序数，在 End Column 栏中键入该变量数据的末列所在列序数，点击 Add。然后，用同样方法定义所有变量，完成后点击 OK 钮，SPSS 即可将数据输入其数据窗口，再将其存成系统文件，操作方法同上。

若需打开已经存储的 SPSS 系统文件，点击 File，Open，Data(或其他类型 SPSS 系统文件如 SPSS Syntax 或 Output)，然后选择所在子目录和文件名，点击 OK 即可。

2. 变量转换

有三种方式可实现变量转换。

(1)计算赋值，根据已有变量的值计算出相应变量。

操作：在 SPSS 主菜单中连续选择 Transform, Compute。在 Target Variable 栏中，键入新变量名，点击 Functions 栏，光标便移入该栏。然后，选择函数类型，点击向上箭头该函数即出现于上方 Numeric Expression 栏目中。选择该函数括号中的？号，在 Type & Label 栏中点击原来的变量名使之反白，再点击左侧箭头键便可以将其变量名取代？号。完成后点击 OK 钮。

如果是直接给一个新变量简单计算赋值，也可选择右栏中的算术符号形成算式。

(2)条件计算赋值，对符合条件的个体或被试计算某一个变量值。

如原变量 Dstr 的编码值为 1 表示城区，为 2 表示郊县。若以 Dstr=1 为条件选择符合条件的研究个体，给其虚拟变量 FV 赋新值 1。

操作：在 Compute 窗口，在 Target Variable 栏中，键入新变量名 FV。将光标移入 Numeric Expression 栏，然后点击该栏下的 1 键。完成计算语句后，点击 If 键打开条件窗口，选择 Include if case satisfies condition，再选择左侧栏目中的 Area，点击向右箭头键使其置于条件公式窗口，然后键入"=1"。定义完条件后，点击 Continue 键回到 Compute 窗口，再点击 OK 键即可。

(3)重新编码，用重新编码的方式建立虚拟变量。

若以 Edu=3(表示受教育程度为初中)为条件，选择符合该条件的研究个体，给其虚拟变量 BE 赋新值 1。

在 SPSS 中选择：Transform, Recode, Into Different Variable。在左栏中选择变量 edu，点击向右箭头键，移至 Numeric Variable→ output Variable 栏中。在 Output Variable Name 栏中键入 BE，点击 Change 键。再点击 Old and New 键，在左边 Old Value 栏中键入 3，在右边 New Value 的 Value 栏内键入 1，点击 Add 键，完成此条件赋值语句。在右栏中选择 All Other Values，在右边 New Value 的 Value 栏内键入 0，点击 Add 键，完成另一条件赋值语句。点击 Continue，OK，便完成虚拟变量 BE 的建立。

在建立起数据文件后，就可以利用 SPSS 执行数据分析了(包括相应的显著性检验和统计检验)，SPSS 统计软件包提供了多种多元分析功能。

从主菜单上选择 Statistics、Regression、Linear 进入 Linear Regression 窗口进行多元线性回归分析。

选择 Statistics、Data Reduction、Factor 等，即打开了因素分析的对话框。

选择 Statistics、Classify、Hierarchical Cluster(层次聚类)或 K-Means Cluster(迭代聚类)，便可进行聚类分析。

……

由于涉及较为繁难的多元分析原理，此处不再详细地继续列出，有兴趣和需要的同志可参看有关 SPSS 软件的使用和操作手册及多元分析的专门书籍。与其他统计软件包一样，SPSS 也具备描述性统计功能，在执行数据分析时可直接输出有关变量的描述统计结果(Descriptive Statistics)。

除 SPSS 外，使用较多的还有统计分析系统(Statistical Analysis System)。在运用这些软件包之前，必须认真阅读手册，搞清软件包的版本和功能，以便结合研究目的明确统计分析要求。此外还必须明确，计算机本身只是一个统计分析的工具，它并不能告诉研究者何种检验适宜，如何解释结果及特定研究分析方法是否有缺陷、数据是否客观可靠等问题。有效的计算机统计分析前提是严格的实验设计、准确可靠的数据测量、适当的统计分析方法和必要的理论基础，防止"垃圾进，垃圾出"现象。

第十一章　化学教育研究成果

第一节　化学教育研究成果的表达形式

一、学术论文

《科学技术报告、学位论文和学术论文的编写格式》(GB 7713—87)对学术论文的定义是："学术论文是某一学术课题在实验性、理论性或观测性上具有新的科学研究成果或创新见解和知识的科学记录；或是某种已知原理应用于实际中取得新进展的科学总结，用以提供学术会议上宣读、交流或讨论；或在学术刊物上发表；或作其他用途的书面文件"。学术论文应提供新的科技信息，其内容应有所发现、有所发明、有所创造、有所前进，而不是重复、模仿、抄袭前人的工作。据此，作为一种科研活动，化学教育研究同样明显地具有学术性、创造性和应用性的特征。化学教育研究论文应是描述化学教育研究成果的文章，是学术研究的结晶，而不是一般的"收获体会"。理解化学教育研究论文可以从两点来把握：化学教育研究论文是探讨问题、进行化学教育研究的手段，是描述化学教育研究成果、进行学术交流的工具。

学术论文是为公布研究成果，强调文章的学术性和应用价值。因此，叙述大多是开门见山，直切主题，把论题的背景等以注解或参考文献的方式列出。学术论文要经过对具体材料的归纳提炼，形成自己的观点并对观点做充分的论证，有自己的见解或理论升华，可不对研究过程做详细的叙述，只给出计算或实验的主要过程和结果即可。

二、学位论文

GB 7713—87 对学位论文的定义是："学位论文是表明作者从事科学研究取得创造性的结果或有了新的见解，并以此为内容撰写而成、作为提出申请授予相应的学位时评审用的学术论文"。学位论文分为学士学位论文、硕士学位论文和博士学位论文三种。在此，仅介绍学士学位论文和硕士学位论文。

1. 学士学位论文

学士学位论文又称毕业论文，比较强调论文的系统性，一般要介绍论题的研究历史和现状、研究方法等；对论文中的一些具体计算或实验过程都有较详细的叙述，借此说明大学本科毕业生的知识程度和研究能力，表明作者确实掌握了本学科的基础理论、专门知识和基本技能，具有从事科学研究工作或担负专门技术工作的初步能力。

毕业论文所选课题多是基础性的。毕业论文要求学生系统阐述某些有一定理论意义和实际意义的具体问题，论点突出，论据充足即可。至于学术性、创造性不做过高要求，但论文体制要完整，字数一般要求 5000 字左右。学士学位论文的选题可从以下几方面考虑。

(1)可选择具有创新意义的研究内容为题(通过实验和调查研究发现一些新的规律和结果，对一些定理、命题给出新的证明、解释，这类选题难度较大)。

（2）可在前人研究的基础上，从发展、提高的角度选题（对已发表的论文或教科书上的一些绪论、结果做一些订正、改进、推广、深化和提高等工作）。

（3）采用"移植"方法选题（运用不同学科的理论、研究思想，解决另一学科的相关问题）。

（4）进行不同学术观点的讨论作为论文的选题。

（5）用所学知识解决实际问题作为论文的选题。

（6）对有关学科、领域或研究专题等进行综述、评述作为论文选题。

2. 硕士学位论文

硕士学位论文是硕士研究生在学位课程结束后，在导师指导下独立完成的化学教育研究的总结性作业。一般来说，硕士阶段主要是进行化学教育研究中专题研究、实验调查研究、论文撰写训练，重点学习如何开展化学教育研究，重在专业研究方法。硕士学位论文的撰写过程实际是在导师指导下进行系统化学教育研究而得到全面训练和提高的过程。与学士学位论文相比，硕士学位论文对学术性、创造性有一定的要求，对所研究的化学教育课题有一定的学术见解，表明该硕士研究生具有从事科研工作的能力。

硕士学位论文的各部分书写有较严格的要求。

题目：要求简明、恰当，中英文题目一致，中文 20 字以内为宜。

前言：包括学位论文的主要信息和本研究领域的前沿动态、研究目的、研究方法、研究成果和最终结论，其重点是作者的创新性成果和结论，字数在 7000 字左右。

摘要：内容和前言基本相同，但更简明、精辟，可独立使用，也可以引用和作为推广介绍，字数在 500 字左右（含 3～5 个关键词），中英文摘要要相互对应。

正文：一般包括综述、理论分析、数据资料和事实材料的研究分析、研究结果与讨论、结论及推广应用的可能性等，正文要求 20000～30000 字。

参考文献和注释：注释列在所在页下方，参考文献则按文中出现的顺序列出；文献期刊的著录应根据国家标准 GB/T 7714—2015。

附录：（略）

致谢：（略）

国务院学位委员会于 1996 年通过决议设置教育硕士专业学位，并于 1997 年开始招生试点工作。2000 年，国内第一批教育硕士（学科教学·化学）经过三年的专业学习和论文研究，通过硕士论文答辩，获得教育硕士学位。

国务院学位委员会指出："教育硕士专业学位是具有特定教育职业背景的专业性学位，主要培养面向基础教育教学和管理工作需要的高层次人才。教育硕士与现行的教育学硕士在学位上处于同一层次，但规格不同，各有侧重。"

教育硕士专业学位论文是教育硕士专业学位教育的重要组成部分，其目的是培养学员进一步掌握和综合运用所学理论和知识，提高其从事基础教育教学工作能力及教育科学研究能力。教育硕士专业学位论文可参考以下标准。

（1）论文选题应是对我国基础教育事业发展、改革与管理有一定价值的题目。

（2）论文必须做到理论联系实际。论文要运用现代教育基本理论和学科教学或教育管理的基本理论、基本观点结合所学专业对基础教育改革与中小学教学、教育管理中的问题进行分析、研究并提出解决策略或方法。

(3)论文形式可以是基础教育学科教学或管理的专题研究;可以是高质量的调查研究报告;也可以是基础教育学科教学或管理的实验报告、典型诊断报告等。

(4)论文撰写必须在较扎实的专业理论基础之上进行,应广泛并有针对性地吸收国内外关于所研究题目的研究成果,参考文献一般不少于20篇。

(5)论文应做到体例结构规范,方法科学、合理,观点明确,阐述准确、清晰,并有一定的创造性。论文格式应符合文体要求。论文字数一般不少于10000字。

化学教育研究中的学位论文主要指硕士学位论文[课程与教学论(化学)]和教育硕士专业学位论文(学科教学·化学)。

概括起来,教育硕士专业学位论文定位应体现教育硕士的职业性和实践性,即在一定教育教学理论指导下的应用型研究。应紧密结合中学化学教育领域的实际,具有针对性、现实意义和应用价值;应有一定的技术难度和工作量;应有一定的理论基础、见解和应用价值;应能体现作者综合运用基础理论、科学方法、专业知识和技术手段发现问题、调查研究和解决问题的能力。

三、科学技术报告

GB 7713—87对科学技术报告的定义是:"科学技术报告是描述一项科学技术研究的结果或进展或一项技术研制试验和评价的结果;或是论述某项科学技术问题的现状和发展的文件"。科学技术报告是为了呈送科学技术工作主管机构或科学基金会等组织或主持研究的人等。科学技术报告中一般应该提供系统的或按工作进程的充分信息,可以包括正反两方面的结果和经验,以便有关人员和读者判断和评价,以及对报告中的结论和建议提出修正意见。依据科学技术报告的定义,教育研究报告就是描述一个教育问题、一项教育现象,或方法研究的结果或进展,或一项教育技术试验和评价的结果,或是论述某项教育理论或技术的现状和发展的文件。化学教育研究报告是学科教育研究报告,属于教育研究报告范畴,其含义不言而喻。化学教育研究报告按时间序列分类有可行性研究报告、开题报告、进度报告、结题报告等;按研究方法分类有实验报告、调查报告等。

科学技术报告是实验、考察、调查结果的如实记录,侧重于报告科研工作的过程、方法和说明有关情况。其内容要比论文详细,包括整个研究工作的主要进程,如课题的由来、所采用的方法、获得的结果和对结果的分析处理等内容,当然也要阐明研究者的观点。不论结果如何,是经验或教训都可以写入报告。科学技术报告中的实验报告有两种:一种是理工科大学生为验证某定理或结论进行实验而撰写的实验报告,其实验步骤和方法是事先拟订的,是重复前人的实验;另一种是创新型实验报告,它是研究者自己设计的,从过程到结果都是新的实验,要求有所发现、发明和创造。与学术论文相比,科学技术报告的侧重点是介绍科研过程中的新发现,不要求在理论上进行细致的论证,但要求说明准确,言之有序。但不是全部科研工作及其实验过程和观察结果都要写出或可以写出学术论文。

第二节　化学教育研究论文的撰写

一、化学教育研究论文撰写的基本要求

实际工作中，化学教育科研工作者往往把关于论文撰写的构思穿插在其整个研究过程中，在研究的后期，论文的雏形就有了。一般来说，论文撰写包括：①确定论文的用途，如是向期刊投稿还是学位论文；②拟订论文提纲，在确定论文结构的基础上考虑是按逻辑关系还是按时空顺序组织材料；③完成初稿，尽量快速完成以保证论文思路的清晰和连贯；④修改定稿，包括内容、结构、语言三个方面的修改，修改中如能请到同行中意见不同的"冤家"来阅读和评价则能更容易地发现问题或错误。

作为一种科学研究活动，化学教育研究同样明显地具有学术性、科学性、创造性和应用性等特征。在撰写化学教育研究论文时应充分考虑依据这些特征，因而提出以下基本要求。

(1)力求创新。没有创造，科学就不能发展。化学教育科学研究的创造性体现在研究者提出新的理论观点、解决新的问题、使用新的研究方法上。作为成果报告形式之一的论文应该将科研的这种创新精神呈现给读者，使其能领略到一些新的东西，如从新的理论高度去探索、引申和扩展前人的理论，提出新的方案，深化前人的研究课题，做出新的预测等"补别人所不足"；或是发现别人未曾涉足的新问题，提出具有理论意义和实践价值的新观点和新结论等，"道前人所未道，发前人所未发"。总之，创新是衡量化学教育研究论文基本价值和水平的主要标准。

(2)强化理论。出于历史的原因，国内在相当长的一段时期，化学教育研究文章多是关于化学或化学教育现象的描述、说明或解释，还没有达到揭示化学教育现象本质的层次和高度，这与学科建设的现状有关。这里强化理论的含义是加强化学教育研究论文的研究色彩。化学教育研究论文和教学经验总结虽然不是毫无联系，但起码是有明确不同的。经验总结只是对于经验、材料的一般阐述与概括，事后总结心得体会，反映的多是个性、个别现象，事前无目的，依靠的是自然的、自发的积累，比较具体。而科研论文是对有意识得来的原始资料进行加工，经过"论"和"证"的过程得到的理性认识，虽然比较抽象，但能很好地反映事物的本质和普遍规律。

强化理论的另一层含义是，化学教育研究是一种学科教育研究，属于教育科学范畴，其论文的理论色彩只能来自教育教学理论、心理学理论与化学教育教学实际的有机结合。这种结合对于前者只是应用，但对于后者却极具价值，其生存和发展有赖于有机结合的深入。其实，在化学教育研究及论文中单纯强化化学学科色彩，不仅是不正确的，也是没有出路的。中学教育教学中所涉及的多是化学学科的经典部分，即使挖掘到大学在基础化学(如现今奥赛那样)的深度，对化学学科仍无新意可言。

(3)注重实证。总的来说，学科教育研究属于应用研究，这是由于它的研究课题多来自学科教育教学实践，其研究结果直接或间接地为学科教育服务。因此，作为化学教育研究的表述形式的论文要注意不能局限于表述自己的观点，不能用表面上深奥难懂的新名词和专业术语代替科学的论证。论据要充分、典型、新颖。要高度重视事实材料的论证作用，只有将在课堂和课外教育教学活动中经观察、调查、访谈、测验、实验等手段获得的事实材料如原始

数据资料、文献参考材料相结合，再通过分析、归纳和综合、推理和判断得出的见解和结论，才具有作为科学研究结果的说服力和更高层次的指导意义。

注重实证还需要注意化学教育研究论文的观点和作为证据的实际材料的一致性，要求注意选择事实材料。不加选择鉴别，集纳式铺陈举例，写不出好论文。选材要注意围绕主要问题选取真实准确、符合客观实际、又尽可能新颖生动的材料或精确可靠的实验观察数据作为论据来说明问题、证实结论。

评述：力求创新是教育研究本身的要求，而注重实证对于有经验的广大化学教师却不是问题，问题往往出现在理论基础的表达。因此，学习一些常见的教育学、心理学、建构主义学习理论、科学探究理论等方面的基础知识或基本表述是很有必要的，它可以使依据课题具有理论色彩，也使研究课题更有"气质"。

论文稿件之忌

(1)没有参考文献。

(2)没有核心问题。

(3)没有明确观点。

(4)浮于表面、泛泛而谈。

(5)存在科学性、常识性错误。

(6)格式凌乱，不符合期刊要求。

(7)图片不清楚、不规范、不能整体复制。

(8)内容与以往论文重复。

(9)不适合期刊的定位和读者群。

(10)内容陈旧，无新意。

(11)不符合教育改革和课程改革的主流。

(12)个人经验和教学案例的简单总结，缺乏特色和分析，借鉴和推广价值不大。

(13)泛泛地介绍和罗列，缺乏案例支撑和理性分析，没有说服力。

(14)知识介绍科普化，缺乏必要化学信息。

(15)东拼西凑，缺乏自身逻辑和明确主题。

(16)实验现象解释存在科学性错误，或证据不足、太片面或绝对。

(17)信息技术的介绍过多，与化学教学整合不够，或缺乏应用实例。

(18)研究设计存在缺陷：研究对象、研究方案、研究方法、数据分析、结论等。

(19)存在抄袭、剽窃、一稿多投等学术不端行为。

化学教育硕士论文撰写要求

1. 论文定位

体现教育硕士的职业性和实践性，即在一定教育教学理论指导下的应用型研究。应紧密结合中学化学教育领域的实际，具有针对性、现实意义和应用价值；应有一定的技术难度和工作量。应有一定的理论基础、见解和应用价值。应能体现作者综合运用基础理论、科学方法、专业知识和技术手段发现问题、调查研究和解决问题的能力。

2. 论文类型

调研报告；案例分析；校本课程开发；教材分析；教学案例设计与实施(应用)；等等。

3. 选题范畴

在化学新课程的框架下，结合教学实践进行选题：课程标准的研究；课程目标(三维目标的研究)；课程内容(教材研究)；课程实施(教学模式、方法、策略等的研究)；学生学业评价(量性评价、质性评价等的研究)；学生(学习方法、学习兴趣等的研究)；教师(专业成长、学科教学知识等的研究)；现代教育技术[计算机辅助学习(CAL)，计算机辅助教学(CAI)]；课程资源(校本资源的开发与利用)；现代学习理论等在化学教学中的应用研究；等等。以上是选题的范畴，论文题目需具体、明确。

4. 选题要求

人无我有、人有我新、人新我特；小题大做、小题深做。

5. 论文撰写框架

论文题目；诚信与知识产权声明；中英文摘要与关键词；目录；问题提出(背景、问题提出的缘由、研究的目的)；研究综述(国内外相关研究现状)；核心概念界定(要下操作性定义，即具有可操作性和可检测性)；研究的理论基础(相关的教育心理学理论等)；研究方案(框架)设计；方案实施；效果与结论；反思与展望；参考文献；附录；致谢。

6. 方案设计

研究的目的：Why；研究的内容：What；研究的方法：How(问卷调查、课堂观察、访谈、实验对比、文本分析等)；实施主体：Who；实施时间：When；实施地点：Where。

7. 论文写作要求

概念清晰；结构合理；层次分明；文理通顺；版式规范。

8. 撰写论文的几个阶段

选题；开题(需要填写相关表格，并提交到 Mis 系统)；研究(需保证工作量)；撰写论文。

二、化学教育研究论文的基本结构

1. 题名的写作(题目)

(1)题名不宜偏大，论文不宜求大求全、泛泛而谈。

(2)题名所涵盖的内容与论文具体内容吻合。

(3)题名要精练。中文题名不宜超过 20 个字。例如，《针对(关于)……的研究(调查……)》中的"针对(关于)"就可以删去。

(4)要恰当、简明地表达出论文的中心内容，使读者理解到论文的主题思想、主要观点和主要结论。

(5)不好拟定题名时，可以加上副题名。

2. 作者署名及单位

(1)是拥有著作权的声明；是对文章内容负责的承诺；便于读者和作者联系。

(2)作者应该是文章的主要创作者和主要贡献者，应该对文章内容有答辩能力，也是文章出现抄袭、剽窃、造假等学术不端行为的直接责任者，第一作者或通讯联系人为第一责任者。

(3)以投稿时的作者信息为准，不允许随意增减作者或者改变作者排序。

(4)作者单位应该用准确的全称，并提供城市、邮编等有效通信信息。

3. 论文的摘要

(1)应具有独立性和自明性，即读者不需要阅读全文，便能获得必要的信息。

(2)根据内容需要，字数一般为 100～300 字，力求严谨、简明、确切。

(3)摘要写作质量的高低直接影响读者是否阅读全文和论文被利用的情况，尤其是在网络时代。

(4)不要出现已经成为常识的内容，如开展探究学习是化学新课程的要求，合作学习是新课程倡导的主要学习方式之一，情感态度价值观目标是新课程提出的三维教学目标之一，等等。

(5)摘要内容不要与正文中的引言内容重复。

(6)不要对论文做诠释和评价，尤其是自我评价，如有重要参考价值、有重要指导意义和实践价值。

(7)不必用"本文、作者、笔者、我们"等作为主语。

(8)一般不要使用数学公式和化学结构式，不用插图和表格。

(9)不要引用和标注文献。

4. 论文的关键词

(1)表达论文主题概念和中心内容的词或词组，要具有专指性、明确性。

(2)每篇论文应选取 3～8 个词作为关键词。

(3)对论文进行主题分析，搞清主题概念和中心内容；尽可能从题名、摘要、层次标题和重要段落中抽出能表达论文主题概念的词或词组。

(4)作用：表达论文主题内容，利于情报检索。

(5)不要使用泛指词，如理论、应用、探索、目的、特点、问题、方法、发展、分析、实践、反思、调查、分析、研究、改革、策略、学生、教师等。

5. 中图分类号、文献标识码、文章编号

1)中图分类号

中图分类号采用《中国图书馆分类法》(第四版)进行分类。标识中图分类号的目的：一是从期刊文献的学科属性实现族性检索；二是为科技论文的分类统计创造条件。基本大类的分类代码：A 马克思主义、列宁主义、毛泽东思想；B 哲学；C 社会科学总论；D 政治、法律；E 军事；F 经济；G 文化、科学、教育、体育；H 语言、文字；I 文学；J 艺术；K 历史、地理；N 自然科学总论；O 数理科学与化学；P 天文学、地球科学；Q 生物科学；R 医药、卫生；S 农业科学；T 工业技术；U 交通运输；V 航空、航天；X 环境科学、劳动保护科学(安全科学)；Z 综合性图书。

2)文献标识码

为便于文献的统计和期刊评价，确定文献的检索范围，提高检索结果的适用性，每篇论文应标识一个文献标识码。共有 5 种类型要标文献标识码：A 为理论与应用研究学术论文(包括综述报告)；B 为实用性技术成果报告(科技)、理论学习与社会实践总结(社科)；C 为业务指导与技术管理性文章(包括领导讲话、特约评论等)；D 为一般动态性信息(通讯、报道、会议活动、专访等)；E 为文件、资料(包括历史资料、统计资料、机构、人物、书刊、知识介绍等)。

3）文章编号

请作者留下空白，该部分由编辑部负责填写。文章编号由期刊的国际标准刊号、出版年、期号及文章的篇首页码和页数等 5 段共 20 位数字组成，其结构为 XXXX-XXXX（YYYY）NN-PPPP-CC，其中，XXXX-XXXX 为文章所在期刊的国际标准刊号，YYYY 为文章所在期刊的出版年，NN 为文章所在期刊的期号（当实际期号为一位数字时需在前面加 0 补齐，如第 1 期为 01），PPPP 为文章首页所在期刊页码（当实际页码不足 4 位数时需在前面加 0 补齐，如第 27 页为 0027），CC 为文章页数（当实际页数不足两位数时需在前面加 0 补齐，如 2 页为 02，转页不计），"-" 为连字符。

6. 论文的引言

（1）提出文中研究的问题，引导读者阅读和理解全文。

（2）介绍论文的写作背景和目的、前人所做研究工作的概况、目前研究的热点和存在的问题、本研究与前人工作的关系、作者工作的意义、本研究的理论依据。

（3）不要与摘要内容雷同，也不要是摘要的注释；要与最后的结论部分呼应，但不应雷同；不要介绍开题的过程和课题来源等。

（4）开门见山，不绕圈子；言简意赅，突出重点（不要过多叙述学界熟知或常识性内容）；尊重科学，实事求是（切忌使用首次发现、填补空白、很高的学术价值；抛砖引玉、水平有限）。

常见的引言写作方式和内容如下：

（1）通过文献分析提出问题。例如，化学迷思概念越来越受到国内学者的重视，其研究主要集中在概念转变和有效教学策略，主要涉及化学反应速率、化学平衡和电解质等。化合物与混合物是一对兼顾物质的宏观与微观属性的概念……

（2）通过实践反思提出问题。例如，课堂教学评价量表为听评课提供了科学依据，对改进教师的教学行为和提高教学质量起到了促进作用。但是，从近几年课堂教学评价量表的使用情况来看，主要存在评价指标过多、评价内容空泛、评价缺乏针对性和导向性、量化评价偏多等问题；主要考虑读者需要知道什么，才能重视下文的研究内容。

7. 论文的正文

（1）对学术论文、学位论文而言，正文内容主要包括研究对象、研究方法、定律、仪器设备、计算和统计方法、形成的论点及导出的结论等。

作者应在正文中提出自己的论点，运用丰富的材料，展开充分、严密的论述，证实或推翻某一观点，或对获得的成果进行详细论述，科学地阐述自己的思想、观点、主张和见解。论文的重要学术信息及创新性要在正文中予以全面阐述。要写好论文，首先要有丰富的资料、数据；然后要有概念、判断、推理和证明；最后要形成观点，有作者独到的见解，要做到用观点统率材料，用材料阐明观点，做到观点和材料的高度统一。

（2）对实验研究报告而言，正文主要由实验（或研究）方法、结果讨论两部分组成。

实验（或研究）方法：方法是科研报告的主体部分。在这里要向读者交代实验所采用的方法和大体的研究程序，使读者能了解研究的整个过程。它的作用举足轻重。如果这部分的内容能给人以方法科学的印象，将会给读者留下其结果可靠的感觉，因而能明显增加报告的可信度。这部分内容主要有：①怎样选择实验的对象，即被试的选择方法，说明是在什么范围内用什么方法抽取被试的，样本的随机程度及其代表性如何，被试的人数是多少；②说明实验的组织形式，采用的是单组、等组还是轮组实验等，分组的依据是什么，介绍基础测定的内容、方法和评定标准；③说明实验变量和如何对其进行实验处理；④说明控制了哪些无关因子，是采用什么方法加以控制的；⑤说明评定实验结果的指标是哪些，怎样进行测定，测定的方法，评定的程序和标准，以及测试的时间间隔怎样；⑥说明实验操作的基本步骤，如果这一部分内容较多，或附有设计图纸、量表、测验题等，应以附录的形式附在后面，研究方法可按研究过程的进展逐一介绍，在介绍中如果涉及一些专业性概念或术语，则应注意用词的准确性。

结果与讨论：结果与讨论是研究报告的中心部分，它要反映研究所得的结果和作者对这些结果的讨论或解释。结果是指通过实验测试和调查研究所得出的结论，以及统计处理的意见。讨论是将结果进行概括，从中提炼出规律性的认识。一般可以就以下几个问题展开讨论：①研究工作的理论意义和可能有的实用价值；②说明研究的准确性和可靠性，阐明结论的科学性体现在什么地方；③阐述研究结论与假设的符合程度，分析其原因；④对研究结果做理论上的分析和讨论；⑤提出本课题研究所遗留的问题，或者需要进一步深入探讨的问题及可能的研究途径。

(3)对教育调查报告而言，正文主要由调查内容和方法、研究结果与分析、讨论和建议等组成。

调查内容和方法：主要介绍调查的内容、过程及采用的方法和工具，如调查的时间、地点、参加调查的人员、调查的项目、调查的概况、结果和总评价等。调查方法要写明是普遍调查还是非普遍调查(重点调查、典型调查、抽样调查)，是随机取样、机械取样，还是分层取样；调查方式是开调查会还是访问或问卷等，以使人相信调查的科学性、真实性，体现调查报告的价值。

研究结果与分析：这部分要把调查来的大量材料进行分析整理，归纳出若干项目，分条叙述，在写作上要有先后次序、主次分明、详略得当。做到数据确凿、事例典型、材料可靠、观点明确。而且尽可能用数据来说明、分析，如能将数据整理成图、表的形式则更为直观，可以增强说服力，使人一目了然。

讨论和建议：在对研究结果进行分析后，还有必要进行更深入的讨论，如对研究结果的理论分析，对研究方法的科学性与局限性、研究成果的可靠程度与适用范围等进一步阐述。最后，亮出自己的观点，提出建设性的意见。

8. 结论

结论又称结束语。它是整个课题研究的总判断、总评价，是学术论文、学位论文正文的逻辑发展和最终结论。结论集中表达作者的研究成果、反映作者总的观点和主张，在全文中起画龙点睛的作用。这部分应写得简洁、精辟。有时这一部分也可省略，前面的研究结果与分析、讨论和建议其实就代表了研究者的结论。

9. 致谢

一项科学研究往往不是一个人或几个人的力量能完成的，因此作者应向对课题研究和论文写作给予过指导、帮助审阅、修改和提供文献资料的部门、专家及有关人士表示谢意。致谢的文字要简洁、恰当，实事求是。

10. 论文的参考文献

参考文献的著录问题

(1) 不标引或标引位置不准确。

(2) 著录项目书写不规范，顺序混乱。

(3) 不清楚参考文献的著录项目，缺项。

(4) 出现错误，如作者名、文章题名等。

▲按正文中引用的文献出现的先后顺序用阿拉伯数字连续编码，并将序号置于方括号中。

▲同一处引用多篇文献时，将各篇文献的序号在方括号中全部列出，各序号间用"，"。

▲遇连续序号，可标注起讫号"-"；例如，XXXXXXXXX[1,3,4-6]。

▲同一文献被引用多次，只编 1 个号，引文页码放在"[　]"外，文献表中不再重复著录页码。例如，XXXXX[1]3-8，XXXXXXX[1]56-58，XXXXXXXXXX[1]90-91。

▲个人著者采用姓在前名在后的形式，欧美著者的名可以用缩写字母，缩写名后省略缩写点。例如，朱玉军或 Einstein A（Albert）。

▲作者不超过 3 个时，全部照录。超过 3 个时，只著录前 3 个责任者，其后加"，等"，外文用"，et al"，et al 不必用斜体。

示例 1：张三，李四，王五，等.

示例 2：Yelland R L，Jones S C，Easton K S，et al.

▲除"译"外，不必著录作者的责任。例如，著、主编、编著、编写、编等。

▲多卷（册）书（刊）的著录。

示例 1：北京师范大学学北京师范大学学报：自然科学版

示例 2：普通高中课程标准实验教科书：化学 1

示例 3：中国科学：化学

示例 4：中国大百科全书：化学卷

▲版本的著录：第 1 版不著录，其他版本说明需著录。版本用阿拉伯数字、序数缩写形式或其他标志表示。

示例 1：3 版

示例 2：修订版

示例 3：5th ed.

示例 4：Rev ed.（Revised edition）

示例 5：1980 ed.

▲出版地的著录：著录出版者所在地的城市名称，而不是省份名称；文献中载有多个出版地，只著录第一个或处于显要位置的出版地。

▲普通图书

[1] 刘知新. 化学教学论[M]. 3 版. 北京：高等教育出版社，2004：35-40

[2] 尼葛洛庞帝. 数字化生存[M]. 胡泳，范海燕，译. 海口：海南出版社，1996：45-50

▲论文集

[1] 辛希孟. 信息技术与信息服务国际研讨会论文集：A 集[C]. 北京：中国社会科学出版

社，1994：36-38

▲学位论文

[1] 江家发. 中国近代化学溯源与体制化演进[D]. 芜湖：安徽师范大学博士学位论文，2009：15

▲期刊中析出的文献

[1] 张丽，胡久华，吴迎春，等. 发挥核心概念"平衡常数"教学功能的化学平衡复习教学研究[J]. 化学教育，2014，35(5)：20-24

注：若没有卷号，则著录为："2014(5)"；合期，则著录为："2014(1/2)"

▲图书或论文集里析出的文献

[1] 白书农. 植物开花研究[M]∥李承森. 植物科学进展. 北京：高等教育出版社，1998：146-163

[2] 张小菊，王祖浩. 化学课堂教学情境评价研究[C]∥中国教育学会化学教学专业委员会. 第九届全国化学课程与教学论学术年会论文集. 2012：1

▲报纸文献

[1] 冯冬红，李济英. 会提问，最具创造力的品质[N]. 中国教育报，2005-03-25(6)

注："(6)"为版次。

▲网络文献

[1] 萧钰. 出版业信息化迈入快车道[EB/OL].. (2001-12-19)[2002-04-15].. http：∥www..creader..com/news/ 200112190019.htm

注："(2001-12-19)"为文献的更新或修改日期，"[2002-04-15]"为引用日期，"[EB/OL]"为文献标志代码，"EB"电子公告，"OL"联机网络。

▲报告文献

[1] 刘永增. 解读教师人生：关于教师自身和谐发展的思考[R]. 北京：中国教育学会，2006：34-35

▲标准文献

[1] 中华人民共和国教育部. 普通高中化学课程标准(实验)[S]. 北京：人民教育出版社，2003：8

▲专利文献

[1] 姜锡洲. 一种温热外敷药制备方案：中国，88105607.. 3[P].. 1989 -07-26

[1] 专利申请者或所有者. 专利题名：专利国别，专利号[文献类型标志]. 公告日期或公开日期

11. 英文摘要

为了扩大国际交流，我国的大多数学术期刊(尤其是 ISSN 级专业期刊)都要求附有英文摘要，将其置于参考文献之后，个别置于中文关键词之后、正文之前。英文摘要要求有英文题目、作者姓名(包括工作单位、单位所在地和邮政编码)、摘要和关键词四个部分。英文摘要不宜超过250个实词，内容应与中文摘要一致。为了国际交流，还应标注与中文对应的英文关键词。

12. 附录

附录是学术论文的补充项目，并非每篇论文必备。一般对论文有重要说明价值的材料，

写入正文又可能损害正文的精炼性、条理性、逻辑性的材料可收录为附录。

以上是学术论文完整的通用规范格式。当然，这主要是针对长篇论文而言的。篇幅较短的论文有些项目可以精简或合并，基本上写成前言、正文、结论这种"老三段"的模式。

第三节　学位论文答辩

一、论文答辩的目的和意义

对于研究生来说，学位论文答辩的初级目的是毕业，以获得国家和社会认可的硕士或博士学位，为此前一个阶段的学习、科研进行总结。

(1)学位论文答辩是考查研究生综合能力的过程。它不仅考查研究生的知识结构、基础理论、专业知识，也考查研究生的研究能力、表达能力和应变能力等。

(2)学位论文答辩是增长知识、交流信息的过程。在答辩过程中，答辩专家会对论文中的某些问题阐述自己的观点或提供有价值的信息，研究生可以从中获得新的知识。同时，学位论文中的独创性见解及研究生在答辩中提供的最新资料也会使答辩专家及师生得到启迪。

(3)学位论文答辩是展示勇气、雄心和才能的过程。在研究生即将跨出校门、走向社会的关键时刻，学位论文答辩为研究生提供了一个全面展示自己的极其难得的机会。

(4)学位论文答辩是学生向有关专家学习、请求指导的过程。答辩委员会一般由具有丰富经验和高专业水平的专家组成，通过他们的提问和指点，有利于答辩者进一步深化对研究内容的认识、促进研究水平的提高。参与答辩的专家具有不同的学术背景、研究方向和学术环境，所有在场的学生可以向专家咨询相关的知识和问题，专家特有的个性和独到的见解将使学生受益匪浅。

二、论文答辩的过程和方法

1. 准备学位论文答辩报告

(1)思想准备。研究生要明确目的、端正态度、树立信心，克服怯场心理，消除紧张情绪，保持良好的心理状态。要做到自信，就需要答辩者对自己的论文从内容到形式、从局部到整体有充分的理解和多方面的准备。这样就能心情放松、表述自然流畅，对提出的各种疑问应付自如。

(2)学位论文答辩报告的内容。目前，研究生论文答辩一般采用 PPT 进行汇报，其内容主要包括以下几部分：①论文答辩报告目录，能够帮助其理清思路；②选题的背景、目的和意义，即选题的原则和依据；③课题的国内外研究进展，主要指出存在的问题；④论文的基本内容及主要方法，论点要正确，论据要准确充分，论证要符合逻辑；⑤结论和对自己完成任务的评价，要实事求是，既不自我夸张，也不自我贬低；⑥今后进一步工作的展望，介绍研究工作的可持续性；⑦本人在学习期间发表的论文目录，展示已取得的成绩；⑧致谢，包括要致谢的人员、协作单位等。

(3)撰写答辩报告的要点。答辩报告要围绕上述内容，具体体现以下要点：突出选题的重要性和意义；强调论文的创新之处和贡献；重点说明自己所做的具体工作、解决方案和研究结果。

(4)答辩前的具体准备工作。准备好答辩的内容。答辩前要梳理出清晰的思路，这就要求熟悉论文的全文，尤其是主体部分和结论部分的内容，明确论文的基本观点和主要依据，弄懂弄通主要概念的确切含义及课题的解决方案。准备多媒体 PPT。根据论文的内容，准备一些可能被问到的问题，考虑详细、全面，不打无准备之仗。要进行试讲。答辩前要进行多次试讲练习，可以对自己讲，也可以对同学和导师讲，请导师和同学当评委，根据提出的意见进行修改、补充和完善。调整好心态。要有良好的心理准备，树立信心，不害怕，不轻视，放下包袱，轻装上阵。在充分的物质准备的基础上，要以愉快和自豪的心情进行答辩。

(5)精心准备 PPT 文件。做好幻灯片是研究生答辩成功的一个重要环节。要做到：主题鲜明，一目了然；精选文字，突出重点；适当美化视觉效果，加深印象；做被提问的准备。文字不能太多，切忌大段抄写，要用简练的语言概括论文核心内容，提倡多用关键词(keywords)；充分利用图形、表格和曲线，以达到图文并茂的效果。图优于表，表优于文字；文字、图表的"出现方式"可适当选用动画，动静结合，增加吸引力；坚持"单线串联"、"只进不退"的原则，避免前后页面的反复切换；适当使用颜色增强对比度，但也不可过于花哨，一般不要超过 3 种；统一各级标题和正文的字体、字号和行间距等，使版面内容协调且有层次感；根据规定的答辩时间，控制幻灯片的页数，按每分钟 1 页左右来准备，做到张弛有度；版面设计尽量美观，文字、图表在幻灯片内要比例适宜，不可过于靠上、靠下或靠边。

(6)物质准备。主要准备参加答辩会所需携带的用品，如硕士论文样本(至少每位专家一份，自己一份)、主要参考资料、答辩提纲、用于记录提问的笔和笔记本，以及相关内容的幻灯片和激光笔等。

2. 掌握学位论文答辩报告技巧

(1)脱稿汇报：研究生论文答辩不等于宣读论文，整个过程既不能表现在背诵内容的层面上，更不能表现在宣读内容的层面上。研究生必须对论文的全部内容了如指掌，抓住要点进行概括性的、简明扼要的、生动的阐述，重点突出自己所做的工作和取得的成果。经过多次反复练习，以达到脱稿汇报的效果。

(2)突出重点：在答辩过程中要突出重点，包括课题的背景、自己的工作、"前提"和结论。要注意变速翻页，重点内容页面稍作停顿，以便让大家看清楚。非重点内容页面可快速翻过，忌讲大段公式。

(3)紧扣主题：同时进行答辩的研究生往往不止一人，答辩专家不可能对每一篇毕业论文内容有全面的了解。因此，在整个论文答辩过程中能否围绕主题进行，能否扣题就显得非常重要。如果能自始至终地以论文题目为中心展开论述就会使专家思维明朗，对毕业论文给予肯定。

(4)线索清晰：研究生在答辩的过程中，要思路清晰，前后过渡自然，先讲串联词，再翻幻灯片。

(5)使用伏笔：巧妙运用伏笔，使报告结构严密、紧凑，可勾起专家和师生的好奇心。例如，"关于这个问题，我们要在后面一章进行详细介绍"，设计问题陷阱，引起大家的密切关注。

(6)声音洪亮：答辩过程中要声音洪亮，语气肯定，使在场的所有人都能听到。同时可以增强胆量，使自己更富激情、富于感染力。

(7)语速适中：研究生在进行论文答辩时说话速度往往越来越快，以致答辩专家和其他师生听不清楚，影响毕业答辩成绩。故答辩者一定要注意在答辩过程中的话语速度，要有急有缓，有轻有重。

(8)目光移动：论文答辩时应注意时常注视答辩专家及会场上的老师和同学，用目光与听众进行心灵交流，使听众对论题产生兴趣，使大家的思路跟着答辩人的思路走。

(9)体态辅助：论文答辩虽然以口语为主，但适当的体态辅助会使答辩效果更好。手势语言是体态语言的主要部分，恰当运用会显得自信、有力。

(10)时间控制：硕士学位论文答辩时间一般为20～30分钟，博士学位论文答辩时间一般为40～50分钟，但应按每个单位具体的时间规定而定。对论文答辩要有时间控制，宁少勿多。这样显得有准备，容易给答辩专家一个良好的印象。

(11)人称使用：在学位论文答辩过程中必然涉及人称使用问题，建议尽量多用第一人称"我"、"我们"，能用"我"时不用"我们"，这样会给专家们一个好的印象——答辩人确实做了不少工作。

3. 回答提问时要注意的问题

研究生宣讲完学位论文后就要进入答辩提问环节。为了提高回答的质量和效果，研究生在进行论文答辩前就需要思考以下一些方面的问题：对选题意义的提问；对重要观点及概念的提问；对论文创新点的提问；对论文细节的提问；对论文数据来源的提问；对论文薄弱环节的提问；对自己所做具体工作的提问；对与课题相关的扩展性问题的提问。针对以上问题，为了取得良好的答辩效果，在回答时需要注意以下几个细节。

(1)听问题一定要注意力集中，没听清时要再问一遍，以免答非所问，把本来能回答的问题答错。

(2)不要急于回答，要经过思考后再回答，这样可使回答更有条理、更加深入和全面。

(3)要认真领会专家的题意，针对问题的核心回答，宁少勿多。语言要简练，不要含混不清、模棱两可，不要过多地使用"大概"、"可能"、"也许"等词语。

(4)有些问题不会回答是正常的，不一定影响评语。有时候专家看答辩者论文做得好，可能会问几个难度较大的问题，看答辩者是否有所考虑并与之进行深入交流，所以答辩者答不上来也是可能的，只需如实说明情况即可，不要不懂装懂，以免出现不必要的错误。

(5)尊重答辩专家，不要过分争辩。当自己的观点与答辩专家的观点相左时，既要尊重答辩专家，又要让答辩专家接受自己的观点，要学会运用各种辩论的技巧，而不要过分争辩。

4. 其他事项

要有自信心。克服紧张、不安、焦躁的情绪，相信自己一定可以顺利通过答辩。自卑的心理会使答辩大失水准，甚至由于胆怯而不能正常表达自己的想法，无法体现真实的能力和水平。

要有饱满的热情。要面带微笑，充分调动自己的积极性，把最佳的精神状态展示给大家。

要讲文明礼貌。开始时要向专家和同学问好，答辩结束时要道谢，体现出良好的修养。无论是听答辩专家提问题，还是回答问题都要做到礼貌应对。

要注意仪态和风度。答辩者要仪容整洁、举止大方。如果能在最初的一两分钟内以良好的仪态和风度体现出良好的形象，就有了一个好的开端。

成功的答辩是自信和技巧的结合，扎实的专业知识和细致的答辩准备工作是成功的前提。使用一些答辩技巧可以充分展示整理研究材料、展示研究成果的能力，让别人知道自己所做的工作。要想取得良好的效果，就必须对答辩的目的、答辩报告的内容、答辩报告技巧、可能遇到的提问及解决方法进行深入剖析。做好这些工作，答辩者就一定会获得优异的成绩，顺利通过学位论文答辩。

案例展示

论科学假设能力的结构与培养

许应华[1,2]，徐学福[1]

（1. 西南大学教育学院，重庆北碚 400715；2. 重庆师范大学化学学院，重庆 401331）

摘要：溯因推理是科学假设产生的唯一逻辑操作，且具有显性的思维流程。科学假设能力是由科学假设能力的内容、操作、产品、品质和监控等组成的多要素、多侧面、多联系的有机整体。科学假设能力的培养必须以科学假设能力结构的内在环境为前提，创设良好外环境。同时，引导学生完善科学假设能力的内容，掌握科学假设产生的思维过程，学会评价科学假设能力产品的合理性。

关键词：溯因推理；科学假设；科学假设能力；结构模型

中图分类号：G 633.7　文献标识码：A

文章编号：1000-0186（2012）04-0086-06

科学假设指人们根据已有的科学理论、科学知识对新的科学事实和未知的规律所做的假定性阐释与说明。培养学生的科学假设能力是理科教育的重要目标。然而，当前教学实践表明，人们只重视假设的检验，如设计实验、数据处理等，而对学生假设能力的培养并不关注。因为部分人认为提出假设依靠的是灵感和直觉，是不能被教的。这是由于人们还未发现科学假设产生的逻辑机制以致设计不出有效的教学模式和策略。

国内学者文庆城、罗星凯等从科学假设的数量、质量、对所提出假设的解释等几个方面来探讨科学假设能力的结构及其培养[1][2]。国内其他学者认为应从"加强'双基教学'、尊重学生所提出的假设、加强假设方法的教学"等方面来培养学生的假设能力[3][4]。国外学者奎因（Quinn）、劳森（Lawson）等[5][6]分别从假设质量的判断和假设论证方式来探讨学生科学假设能力的培养。这些研究或仅关注科学假设自身的含义和质量评价标准，未注意科学假设能力的其他维度；或属于自身的教学经验，理论基础薄弱。要完整了解科学假设能力结构，制定科学假设能力培养的合理策略，还必须从科学家提出假设的逻辑机制去探讨。

一、科学假设产生的逻辑机制

科学家究竟是如何提出科学假设的？经验主义者认为，科学发现是个归纳的过程，所谓的科学假设也就是由归纳而产生。现代科学哲学研究表明，我们不可能从事实归纳出任何假设，因为如果没有假设的指导，人们就不知收集哪些事实。换言之，即使是归纳也是以假设为前提。演绎也不能产生任何假设，因为演绎推理是从一般推知个别，如果前提为真，其结论也为真，即演绎推理并不会产生新的命题。因此，科学假设既不是通过归纳，也不是依靠演绎推理产生，而是科学家发明出来的。除直觉、顿悟等非理性因素外，科学假设的发明过程是否遵循一定的逻辑机制？目前科学哲学界的共识是，提出假设具有一定的逻辑模式，皮尔斯提出的溯因推理是产生科学假设的唯一逻辑操作。溯因推理是由结果推出原因的一种推理方式，它的触发条件是事实与预期不符，如新事实、异常事实的出现。溯因推理的目的就是要形成假设以解释这些事实。其逻辑形式可用如下模式表示：

一个令人吃惊的现象 A 被观察(推理的前提和诱因)。

找到一个假设 H(省略了另外的前提——已有的知识和理论)，它能作为 A 的原因并解释它，使 A 变成不吃惊。

因此有充足的理由去推敲 H，使它成为可能的假设[7]。

其中，H 与 A 之间在认知上存在着相似关系。由此可见，溯因推理的逻辑起点是已有的事实、知识和理论，结论具有或然性的逆向推理方式。皮尔斯认为，要从事实过渡到假设，溯因推理重要的认知特征是相似性[8]。其中，模型推理和类比推理在假设溯因中扮演了重要的角色。

二、科学家提出假设的具体思维过程

从有待解释的事实开始，分析它们，然后发明出科学假设，溯因推理产生科学假设的具体思维过程是什么呢？以下用卢瑟福发现原子结构模型来说明。

意外的现象被观察：卢瑟福和他的助手做粒子散射实验时发现，大多数粒子可以照直透过金箔，偏转很小的角度，但有小量粒子产生很大偏转，极少数粒子竟被反弹回来。这些现象可以概括为：原子里面大多数应该是空虚的，而中间有个体积很小、密度很大的原子核。

从已有的经验知识和理论中寻找相似的现象：太阳系中太阳的质量占 99.87%，而体积却占太阳系的很少一部分，这些与原子结构相似。太阳与行星之间遵守万有引力定律，而原子核和电子之间的电吸引力遵循库仑定律，这两个定律的数学关系式也基本相似。

借相似现象的因果解释提出假设：原子的行星结构模型假设的提出。

根据上述案例，我们可以想象，卢瑟福在面临迷惑的问题时，必定在已有的认知结构中思考了多种相似经验现象，然后选择最合适的一种作为问题的假设提出。科学史上，类似的科学发现比比皆是，如麦克斯韦的光的电磁理论是把光与电磁波进行比较而做出的发现，伽利略发现木星的卫星过程也是不断地用所掌握的恒星和卫星的知识与观察到的证据做对比。由此可知，从意外现象到假设之间存在一条可以逾越的鸿沟，那就是从已有知识和理论中寻找相似的经验现象或理论，并借用其中的因果解释而提出假设。科学假设提出的整个溯因过程可用以下图形(见图 1)来描述：

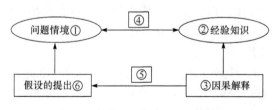

图 1　科学假设产生的溯因模型

其具体思维步骤为：(1)科学假设的产生过程从分析问题，探讨其中的因果关系开始；(2)推理者在已有的知识结构中寻找与当前问题情境相似的经验现象；(3)探讨各种相似经验现象的因果解释；(4)把各种经验现象与当前的问题情境进行比较；(5)借用经验现象的因果解释提出假设；(6)选择合理的科学假设。图中"←→"表示问题情境和经验现象间的对比。由此可见，假设产生的溯因推理程序看似简单，其实包含复杂思维过程，如探索、比较、综合、选择等思维操作。由于人类任何新知识都是在原有知识基础上的创造，我们就不能把上述环节狭隘地理解为类比推理过程，如寻找相似经验这个环节除类比推理外还包括利用已有知识创造性想象出与问题情境相似的结构模型，如凯库勒的苯分子结构的发现。其中，非理性思维的灵感、直觉等也发挥重要的作用。

三、科学假设能力的含义及结构

（一）科学假设能力的含义

由科学假设产生的逻辑思维过程可知，要提出科学假设，推理者必须同时具备两个条件：一是具备丰富的经验性、陈述性知识；二是具有溯因推理能力。而要选出合理的科学假设，推理者还应知道假设质量的判断标准和具有一定的溯因论证能力。由此可见，科学假设能力是集科学事实知识、方法知识、溯因推理能力等因素为一体的一种综合能力。我们对科学假设能力界定为，面对令人迷惑的自然现象，推理者充分运用已有的知识经验，顺利提出符合质量标准假设的个性心理特征。它具有以下四个特点。

（1）科学假设能力是一种特殊的能力，是一般假设能力和科学学科的有机结合。它又随假设思维的发展而发展，是一般假设能力的发展和科学教育的结晶。

（2）科学假设能力有显性的逻辑操作机制，是可以培养的。科学假设能力体现在其活动的各个环节中，并在活动中得到发展。

（3）科学知识、已有经验是科学假设能力的前提，但缺乏溯因推理能力，不懂科学假设能力基本操作，科学假设能力也无从谈起。因此，科学假设能力是科学知识和溯因推理能力的有机结合。

（4）科学假设过程也是科学思维不断地调整、监控、反思和评价的过程。

（二）科学假设能力的构成要素

吉尔福特认为，智力结构是由操作、内容、产品所构成的三维度空间结构。虽然该三维结构模型能较全面地反映智力的基本成分，但科学假设能力也有自身的特点，比如在假设过程中始终离不开思维的调整和监控以及思维品质的作用。这些都是在智力基本要素基础上发展起来的高级思维能力要素。因此，我们认为，科学假设能力的构成要素主要有以下五点。

1. 科学假设能力的内容

科学假设能力的内容是指提出和评价假设所依据的科学知识、经验等，是假设产生的前提条件和原始动力。缺乏对问题本质的理解，没有足够的知识储备及不能准确提取相应知识，人们很难提出合理的科学假设。因此，科学假设能力的内容包括对科学问题的理解，科学常识、规律、概念的掌握和运用、生活经验等因子。

2. 科学假设能力的操作

科学假设产生遵循一定的逻辑机制，也有具体的思维流程和方法。科学假设能力的内容、品质和监控等要素都要通过操作要素体现，因此，操作是科学假设能力的核心要素。此要素因子有 5 个，即分析问题本质、寻找与问题现象相似的经验知识、对比问题情境和各种经验现象、借用经验现象的科学解释提出假设、选择合理的假设。

3. 科学假设能力的产品

产品是指科学假设能力的结果。其判断标准是科学假设的质量水平。波普尔、亨佩尔等从简单性、可以检验、强大的预见功能、经验和理论支持等方面来判断假设的质量[9]。据此，产品要素包含的因子为：基于经验、可以检验、预见性和简单性。

4. 科学假设能力的品质

科学假设能力的品质是在假设过程中形成和发展的，它反映了科学假设能力产品的质量，是衡量个体科学假设能力发展水平的重要指标。主要包括深刻性、灵活性、批判性、独创性和敏捷性共5个因子。

5. 科学假设能力的自我监控

科学假设的自我监控就是在提出、评价、选择假设的过程中自我监督和控制。其表现为：明确解决问题方向，了解提出假设思维的过程；懂得假设产生常用的推理方法；能够排除外界的干扰，使思维集中到问题的假设上；能够不断地调整思维的方法和方向，及时发现经验现象和问题间的差异等。

(三)科学假设能力的结构模型

要建构科学假设能力的结构模型，应以科学哲学和青少年假设思维发展理论、系统科学原理、知识和方法与能力关系理论为依据。综合上述论述，且能力必须在具体的活动中得以体现，我们认为，科学假设能力是以操作为核心要素，科学假设能力的内容、品质、监控、产品4个要素分别位于四个顶角，这5个要素所构成的相互联系、相互作用的一个有机的整体。科学假设能力结构可用以下示意图(见图2)表示。

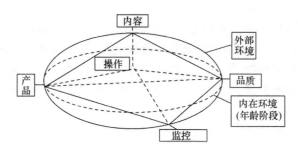

图2 科学假设能力的结构模型

该模型具有以下三个特点。第一，整体性。科学假设能力是一个多要素、多侧面、多联系的有机整体。其中，内容、操作和产品是科学假设能力的基本要素，操作又是基本要素的核心。品质和监控是在科学假设能力基本要素基础上发展的。科学假设能力的内容、操作和产品这3个基本要素是科学假设能力的品质和监控发展的前提和基础，同时，科学假设能力的品质和监控又使提出的假设更具科学性、多样化、合理化。第二，层次性和动态性。由于学生的科学假设能力与年龄相关。皮亚杰认为，儿童要到形式运算期(11岁以上)才能形成对科学现象的假设检验能力，而劳森认为，形式运算期的儿童只能依据可感知的因果关系提出假设，要根据不可感知的理论成分创造出科学假设，必须到后形式运算期(约18岁以后)。因此，科学假设能力有一定的层次性。它又是动态的，将随着学生年龄、科学知识和经验、推理能力的增长而得到发展。同时，外在环境，如鼓励创新的宽松教育环境有利于科学假设能力的发展。所以，它是层次性和动态性的统一体。第三，自调性。该结构模型内5个要素构成了科学假设能力的内核，年龄阶段是科学假设能力的内在环境。在内外环境的共同作用下，这5个要素为达到平衡，能产生依靠其内部规律而进行的自我调节。

四、学生科学假设能力的培养

(一)以科学假设能力的内在环境为教学前提，同时创设良好的外在环境，使学生科学假设能力螺旋式发展。

年龄阶段是科学假设能力的内在环境，它使科学假设能力具有一定的层次性，是内因；教学环境和教学策略是科学假设能力培养的外在环境，是外因。皮亚杰、劳森等研究表明，很小的儿童就具有假设思维能力。前运算阶段和具体运算期的儿童能使用表象和词语来表征假设推理，但他们的词语或其他象征符号还不能代表抽象的概念，只能在不脱离实物和实际情景的场合应用。形式操作期或因果阶段(大约 11 至 12 岁以后)儿童不仅能够运用语言表达假设推理，而且能脱离直观表象对假设进行因果论证，即这阶段的儿童已经能够控制变量，但只能依据可感知的因果关系提出假设。后形式运算期或理论期(大约 18 岁以后)的学生提出的假设将包括不可感知的理论成分。因此，教学设计必须根据上述分类，不断创设"最近发展区"，同时营造民主宽松的环境，使学生科学假设能力螺旋式发展。针对学前和小学阶段的学生，应引导他们在具体的实物操作中提出猜想，科学假设只涉及简单的变量关系。初中学生也要以直观的自然现象引发他们提出假设，引导他们用科学语言论证假设中的变量关系，针对不可观察的因素尽量用可观察的实物来比喻，如用水流、水压来比喻电流和电压。高中及以上的学生可以涉及理论假设，除让他们用可观察到的经验来解释问题外，还必须引导他们用微观、符号模型、科学理论来解释宏观自然现象。

(二)加强科学解释教学，使学生形成结构化知识，增强提取知识的能力，从而完善科学假设能力的内容。

谈到科学假设能力的培养，人们首先想到的是应加强基础知识的教学，因为基础知识是科学假设产生的原材料。但学生不能提出合理的假设，往往并不是学生缺乏相应的基础知识，而是不能准确地提取相关知识[10]。因此，笔者认为，科学假设能力的内容不仅包含基础知识，还应包括学生对科学问题的理解及具有结构化知识。也就是说，知识在头脑中杂乱无章地堆积是不能被提取的重要原因。

形成结构化知识的方式是使不同知识间互相关联。对科学问题的解释是帮助学生形成结构化知识，完善科学假设能力内容的教学策略之一。学生要能对科学问题提出合理的解释，一是必须理解科学问题；二是需把不同的知识与科学问题进行关联；三是要准确提取相关知识。科学研究的实质是对科学问题的解释活动，只不过有些科学解释是成功的解释，无须验证，而有些科学解释还有待证实，假设就是有待证实的科学解释。如将水加入盛有 H_2O_2 固体的试管中，待形成溶液，滴加少量酚酞试液，溶液先变红，半分钟内褪为无色，为何？成功的科学解释：酚酞变红是因为生成了 $NaOH$；有待验证科学解释(假设)：酚酞褪色可能是生成的 H_2O_2 的作用，也可能是溶液中 $NaOH$ 浓度过大。这两类科学解释都有利于学生形成结构化知识，增强分析问题和提取知识的能力。

(三)加强科学假设思维过程训练，掌握科学假设能力的操作，是培养学生科学假设能力的关键。

科学假设能力必须在假设活动中进行培养。学生不能提出合理的假设，关键原因是学生不知怎么做、从何着手，即不理解科学假设能力的基本操作。这归咎于当前的探究教学存在简单化、程序化的弊病，忽视了学生假设形成的思维过程及围绕假设进行的系列论证活动。假设是学生表达观点、交流和自由创造的活动，忽视了学生的假设活动就等于扭曲了真实的科学探究。建构主义认为，学习是学习者在原有的经验基础上主动建构知识的过程。教师的作用是提供适宜的问题情境引导学生提出观点，鉴定学生的观点，让学生探讨自己观点的合理性，提供刺激使学生发展、修正或改变自己的观点。我们可以把建构主义理论与科学假设产生的逻辑机制结合起来进行教学设计。

[案例 1]"质量守恒定律"探究教学设计。

教师引入一些化学反应图片来创设问题情境，同时提出"我们是否可以像拉瓦锡一样从量的角度来探讨化学反应"的问题。

引导学生提出核心问题：反应后生成的物质质量总和与参加化学反应的物质质量总和存在什么关系。

引导学生用头脑风暴法寻找经验现象：如蜡烛燃烧、铁生锈、铁与硫酸铜溶液反应等。

要求学生对经验现象作出科学解释。如蜡烛燃烧质量减少，原因是生成了水和二氧化碳等物质排放在空气中；铁生锈质量增加是因为铁吸收了空气中的氧气和水。如学生的解释不正确，教师可以引导学生用所学的知识、实验等各种方法纠正。

把经验现象和核心问题进行比较。如蜡烛燃烧参与化学反应的物质是蜡烛和氧气，生成的物质是水和二氧化碳。铁生锈参与化学反应的物质是铁、水和氧气，生成的物质是铁锈。

借用经验现象的因果解释提出假设，选择合理的假设。学生可能提出"质量增加、减少、不变"三种假设。选择合理科学假设的标准是这个假设既要包含核心问题所指示的变量关系，又要符合经验现象的科学解释。通过对经验现象和核心问题的比较分析，师生可以发现前 2 种假设不符合这个标准。以铁生锈为例，"质量增加"的假设就没有考虑参加化学反应的物质还有氧气和水这 2 个变量，因此，"质量不变"的假设最符合此标准，即参加化学反应的三种物质质量总和很可能等于生成铁锈的质量。我们选择"质量不变"作为最合理的假设。

最后，师生共同设计白磷燃烧、铁与硫酸铜溶液反应的实验进行验证。

大家可以发现，我们常见探究教学设计与上述案例有重大区别。常见探究教学设计也要求学生提出"质量增加、减少和不变"三种假设，但这些假设只是摆设，教师在这个环节并没有认真去追究学生为何提出这些假设，如何纠正学生不合理的假设和存在的模糊观念，而是放在实验设计环节中去探讨这些问题。换言之，当前的探究教学设计忽视了学生产生假设的环节。因此，必须把科学假设思维过程融入探究教学中，使学生掌握科学假设能力的操作，从而体现探究的真实性。

(四)提高监控意识，学会评价科学假设能力产品的合理性。

科学假设的提出是一个伴随着思维不断地监控、调整、评价和选择的过程，这个过程使学生克服了思维的盲目性，保证了假设结果的科学性和合理性。引导学生对所提出的假设进行评价是提高监控意识的途径。通过评价，学生可以发现假设思维过程中的缺陷，从而在不断反思中提高自己的科学假设能力。评价主体可以采用个人自评和集体评价相结合。评价内容为：假设与问题相关性，证据和理论的符合程度，提出的假设是否与已有的知识经验相冲突，是否可以检验，假设的预见度如何。

溯因论证是评价假设合理性的重要方式。它是一种弱的假设检验方式，用于至少保证所提的假设能解释令人迷惑的现象及由此得出推论的可检验性。这种论证方式基本操作程序：如果这个假设合理，而且也观察到证据，并且这些证据与已有的知识经验相符合(如不符合，则该假设直接被否认)，然后，由此假设可以得到一些可以检验的推论，因此，该假设是合理的。

[案例 2]教师提供"把点燃的蜡烛用一个倒扣的玻璃杯罩住，然后压入水中。蜡烛熄灭之后，为何杯子里的水面上升？"问题情境，要求学生对所提出的假设进行溯因论证。某生的假设：玻璃杯中的氧气被消耗。溯因论证如下：如果是"玻璃杯中的氧气被消耗"的假设，且观察到玻璃杯中气体减少的证据，已有理论是气体减少导致压强变小而水面上升。然后，

由此假设可以推测，即使在玻璃杯中放两根、三根或更多点燃的蜡烛，玻璃杯中水上升的高度应一致，该推论可以检验，所以此假设是合理的。

最后，还必须加强学生科学假设能力品质的培养，并把它作为科学假设能力培养的突破口，前文已经对品质的培养有所论述，这里就不再一一探讨。

参考文献：

[1] 文庆城，许应华. 中学生化学猜想与假设能力的评价初探[J]. 化学教学，2005，(1-2)：44-46.

[2] 罗筑华，罗星凯. 中学生科学假设质量评价量表的制定[J]. 教育科学，2008，(3)：83-87.

[3] 郭富祥. 在物理教学中培养学生的假设思维[J]. 物理教学探讨，2002，(4)：8-11.

[4] 戴振华. 如何让学生作好假设[J]. 上海教育科研，2004，(6)：23-25.

[5] Quinn M E,George K D.Teaching hypothesis formation[J]. Science Education, 1975, 59(3)：289-298.

[6] Lawson A E.The nature and development hypothetic-predictive argumentation with implications for science teaching[J]. International Journal of Science Education, 2003, 25(11)：1387-1408.

[7] N.R. 汉森. 发现的模式[M]. 北京:中国广播出版社, 1988: 97.

[8] 徐慈华，李恒威. 溯因推理与科学隐喻[J]. 哲学研究，2009，(7)：94-99.

[9] 卡尔·波普尔. 猜想与反驳[M]. 上海：上海译文出版社, 2005.

[10] 许应华. 高中生提出假设的质量水平的调查研究[J]. 上海教育科研，2007,(7)：45-47.

——许应华，徐学福. 2012. 课程·教材·教法，(4)：86-91

资料导读 1

西南大学专业学位硕士论文规范与评价标准(试行)

随着研究生教育结构的调整,专业学位种类的增加和规模的扩大,加强对专业学位论文的质量管理已迫在眉睫。为了坚持学位标准,统一专业学位论文基本要求,保证专业学位研究生培养质量,根据专业学位设置的目标定位和特点，特制订我校专业学位硕士论文规范与评价标准。

一、论文质量要求

学位论文是作者从事科学研究或应用实践取得创造性的成果或有了新的见解，并以此为内容撰写而成的、作为提出申请授予相应学位的学术论文(书面文件)。学位论文是研究生培养质量的集中体现。由于专业学位不同于学术学位,它更强调的是复合型应用人才的培养,所以,专业学位硕士论文在质量要求上更着重以下几个方面:

(1)专业学位硕士论文选题应紧密结合本行业领域实际、具有明确的现实性、针对性和应用价值。

(2)专业学位硕士论文研究应有一定的技术难度、先进性和工作量。

(3)专业学位硕士论文内容要有一定的理论深度、独立见解和应用价值。

(4)专业学位硕士论文要能充分体现作者综合运用基础理论、科学方法、专业知识和技术手段发现问题、调查研究和解决问题的能力。

(5)论文写作要求概念清晰、结构合理、层次分明、文理通顺，版式规范。

二、论文基本类型

由于专业学位的培养目标定位和职业背景决定了专业学位的应用性、实践性特点，因此，专业学位硕士论文的形式与学术性学位论文的要求有所不同。其形式可灵活多样，应根据专业学位及其领域的类别、学位论文选题的性质确定其学位论文的类型。专业学位硕士论文类型主要归纳为下面三大类：

(1)研究论文。

(2)调研报告、实验报告、规划设计等。

(3)案例分析报告、项目评估报告等。

三、论文格式要求

研究论文、调研报告、案例分析报告等都有固定的范式，不应强求一致。但是，学位论文是对研究生期间学习成果的大检阅，是衡量研究生培养质量的重要标志。因此，作为学位论文而言，必须遵循学位论文的基本要求。无论何种类型的专业学位硕士论文，其基本结构和内容一般应包含下面 10 个部分：

(1)论文题目。

(2)诚信与知识产权声明。

(3)中英文摘要与关键词。

(4)目录。

(5)前言或引言(含选题的依据与意义、国内外文献资料综述——规划与设计论文要求略低)。

(6)论文正文(含研究内容、方案设计、实验调查、分析说明等)。

(7)结论与讨论(或后记)。

(8)参考文献。

(9)必要的附录。

(10) 致谢。

研究论文、调研报告、案例分析报告三种主要类型的专业学位硕士论文形式如下。

1. 研究论文格式要求

研究论文的组成依次为：论文封面；原创性及版权说明；符号或缩略词注释；论文目录；中外文摘要；引言；研究设计(材料与方法)；结果与分析；结论与讨论；参考文献；附录；致谢；攻读学位期间发表的学术论文目录。

(1)论文封面：按学校的统一要求印制，版式从研究生部网页下载。分类号采用《中国图书资料分类法》进行标注。

(2)论文题目：题目应概括整个论文最主要的内容，恰当、简明、引人注目，字数控制在汉字 25 个字以内。

(3)诚信与知识产权声明：签署《关于学位论文原创性和使用授权的声明》，具体格式和内容从学校研究生部网页上下载。要求每本论文必不可缺，并有亲笔手写体签名。

(4)摘要：专业学位硕士论文摘要的字数在 1000～2000 字，应说明工作的目的、研究方法、结果和最终结论。要突出本论文的创造性成果或新的见解，语言力求精练。为便于文献检索，应在本页下方另起一行注明本文的关键词(3～5 个)。英文摘要内容与中文同，不超过 300 个实词，上方应有英文题目。第二行写研究生姓名；第三行写导师姓名，格式为 Directed by …，最下方一行为关键词，应与中文对应。

(5)目录：应是论文的提纲，也是论文组成部分的小标题。目录中只列到三级提纲。自然科学研究论文按国标要求标识，如 1、1.1、1.1.1；人文社科类按中文习惯标识，如一、（一）、1.。

（6）前言：在论文正文前，应阐述本课题研究的目的、意义、对本研究国内外研究现状有针对性的简要综合评述和本论文所要解决的问题等。

（7）正文：是学位论文的核心部分。写作内容可因研究课题性质而不同，一般包括：该研究方向国内外研究进展；研究方法和设计方法；研究结果及讨论或设计项目结果。硕士学位论文字数一般不少于 30000 字；管理科学类硕士学位论文一般在 50000 字左右。引言和正文凡是引用文献的，应在引用句后括号内标明该引文的作者及该文发表的年代。

（8）结论与讨论：结论是最终的、总体的结论，不是正文中各段小结的简单重复，应该明确、精练、完整、准确。应认真阐述自己的研究工作在本领域中的地位和作用，自己的新见解的意义。讨论中应提出建议、研究设想、仪器设备改进意见、尚待解决的问题等。

（9）参考文献：只列作者阅读过、在正文中被引用过、正式发表的文献资料，全文应统一，不能混用，可按西南大学学报格式，包括作者、题目、来源（出版期刊名称、年份、卷数、期数和页数，书籍需注明出版单位和年份），外文文献应列出原名。中外文文献分开，中文按著者姓氏拼音顺序列出、英文按字母顺序列出，中文在前，外文在后。

（10）致谢：字数不宜超过 300 字。致谢对象限于在学术方面和论文工作中有较重要帮助的人士。

2. 调研报告格式要求

1）标题要求

标题可以有两种写法。一种是规范化的标题格式，基本格式为"××关于××××的调查报告"。另一种是自由式标题，包括陈述式、提问式和正副题结合使用三种。

2）列出调查的主要内容

调查时间；调查地点；调查对象；调查方法；调查人；调查分工；（以小组形式调查的要求，小组人数不得超过 3 人）

3）报告正文

正文一般分前言、主体、结尾三部分。

（1）前言。有几种写法：第一种是写明调查的起因或目的、时间和地点、对象或范围、经过与方法，以及人员组成等调查本身的情况，从中引出中心问题或基本结论来；第二种是写明调查对象的历史背景、大致发展经过、现实状况、主要成绩、突出问题等基本情况，进而提出中心问题或主要观点来；第三种是开门见山，直接概括出调查的结果，如肯定做法、指出问题、提示影响、说明中心内容等。前言起到画龙点睛的作用，要精练概括，直切主题。

（2）主体。这是调查报告最主要的部分，这部分详述调查研究的基本情况、做法、经验，以及从分析调查研究材料中所得出的各种具体认识、观点和基本结论。

（3）结尾。结尾的写法也比较多，可以提出解决问题的方法、对策或下一步改进工作的建议；或总结全文的主要观点，进一步深化主题；或提出问题，引发人们的进一步思考；或展望前景，发出鼓舞和号召。

3. 案例分析格式要求

1）基本要求

（1）长度限制：约 20000 汉字（包括图标中的文字）。在结尾处标明分析报告的字数。

（2）参阅资料：运用课程阅读材料中的概念和思想进行分析，此时需要标明主要作者和页码。

(3)参阅的案例材料：即案例提供的事实和数据，如案例第 3 页或案例表 1 等。

(4)封面二：封面二上列出案例的名称、小组编号和小组成员。小组成员的名字不要出现在分析报告的其他任何地方。

2)内容和结构

案例分析报告由 5 部分组成：标题、摘要、问题分析、解决方案、附加图表。

(1)摘要：概述你所识别出来的目标、遇到的问题和提出的解决方案。

(2)问题分析：在这部分论证两件事情，一是论证你提出的目标，提出的其他可能目标应当具有可信度，不要提出一些无关紧要或明显不值得一提的目标。二是论证你所识别出来的障碍或问题。说明这一障碍或问题对于实现你所预定的目标最为关键，而为什么其他障碍或问题对于目标实现相对没这么重要。

(3)解决问题方案分析：在这部分，描述并论证你提出的解决方案或方法；描述方案内容；提出所解决方案的逻辑理由；识别反对方案的有力论点；针对可能的主要反驳论点给予反击。

(4)附加图表：名称；基于该图或表所列支持论点而得出的理论；所列事实性信息来源；该图所依据的假设及该假设为说明合理或能够成立。

四、论文排版及打印要求

(一)论文前置部分的主要内容和编排次序

(1)论文封面：须严格按照研究生部网页上样本的格式制作。封面采用 120 克浅红色皮纹纸，校徽为蓝色。

(2)诚信与知识产权声明。

(3)中英文摘要：中文摘要 1000～2000 字，英文摘要和中文摘要内容一致，关键词 3～5 个。中文摘要和英文摘要均为独立页码，用罗马字标识。

(4)目录："目录"二字(小二号黑体)居中，"目录"二字中间用四个字符空格分开，空两行依次为中、英文摘要，一、二、三级(章、节、小节)标题及开始页码。一级(章)标题用小四号宋体打印，二、三级(节、小节)标题用五号宋体打印。一、二、三级标题依次缩进排列。行距 20 磅。

(5)术语、缩略语等列表(如果必要)：独立页码排列。

(二)论文正文

论文排版统一按 word 格式 A4 纸编排，除前置部分外，双面打印。

正文内容字体：宋体；字号：小 4 号；字符间距：标准；行距：20 磅。

章节标题：黑体字并加黑；一级标题为小 3 号字，二级标题为 4 号字，其余标题为小 4 号字。一级标题居中，其余标题左对齐。一级标题要另起一页，其余标题只需上空一行。

页眉："西南大学××(专业学位类别名称)硕士学位论文"，小 5 号宋体。

页码：置于页面下方中间位置。从正文开始到参考文献结束用阿拉伯数字。

(三)论文尾部的主要内容和编排次序

(1)参考资料目录：按著者姓氏拼音顺序或英文字母顺序列出，中文在前，外文在后。5 号宋体，行距 20 磅。

格式：[序号]作者，论文题目(或书名)，刊名(或出版社)，卷、期，起止页码，出版年.

(2)附录：内容用 5 号宋体，行距 20 磅。

(3)致谢：小 4 号宋体，行距 20 磅。

(四)论文装订顺序

装订顺序依次为：封面、原创性声明、中文摘要(含关键词)、英文摘要(含关键词)、目次页、主要符号和缩略词注释表、前言(引言)、正文、结论讨论、参考文献、附录、致谢。

五、论文评价体系和评分标准

基于专业学位培养目标定位、专业硕士学位论文质量基本要求和专业学位鲜明的职业背景等特点，在全面的质量观指导下，专业学位硕士论文评价应重在实践性和应用价值方面。将各类专业学位硕士论文基本评价体系概括为六大组成部分，其评分操作可采用等级制或百分制，具体标准如下，见表1。

表1　专业学位硕士论文评价标准及评分表

编号：　　　论文题目：

评价要素及权重	评分参考标准及分数				得分
	优秀(90~100)	良好(76~89)	及格(60~75)	不及格(0~59)	
选题的针对性(A)15%	针对相关行业领域中存在的关键问题	针对相关行业领域中存在的一般问题	是相关行业领域中存在的问题	不是相关行业领域中存在的问题	
解决实际问题的能力(B)25%	很好地掌握所要研究问题的现状，综合运用科学理论、方法和技术手段解决了所研究的问题，结论或结果分析符合科学要求	较好地掌握所要研究问题的现状，综合运用科学理论、方法和技术手段解决了所研究的问题，结论或结果分析符合科学要求	了解所要研究问题的现状，能综合运用科学理论、方法和技术手段去解决所研究的问题，结论或结果分析的科学性较差	不了解所要研究问题的现状，不能运用科学理论、方法和技术手段去解决所研究的问题，结论或结果分析不科学。	
工作的难易和工作量(C)15%	工作复杂，难度大，工作量大	工作较复杂，难度较大，工作量较大	工作有一定的难度，有一定的工作量	工作难度不大，工作量不足	
工作的先进性和实用性(D)15%	结论或结果分析有新思想、新方法、新进展，具有先进性和实用性	结论或结果分析有一些新思想、新方法、新进展，有一定的先进性和实用性	结论或结果分析在先进性和实用性上一般	结论或结果分析没有先进性和实用性	
结果的效益性(E)20%	工作的结果创造了较大的经济、社会效益，或具有相当的潜在应用价值	工作的结果创造了一定的经济、社会效益，或具有一定的潜在应用价值	工作的结果有经济、社会效益	工作的结果无经济、社会效益	
表达的清晰性(F)10%	论文写作规范，文笔流畅，条理清晰，逻辑性强	论文写作规范，文笔较好，条理和逻辑性较强	论文写作虽规范，但文笔、条理和逻辑性较差	论文写作不规范，文笔、条理和逻辑性都差	
评分结果	论文总分=0.15A+0.25B+0.15C+0.15D+0.20E+0.10F				

资料导读 2

教育硕士论文撰写中存在的问题及思考

随着各师范院校教育硕士招生规模的不断扩大，教育硕士的质量问题逐渐受到关注，其中教育硕士的学位论文作为研究生培养的重要标志，直接体现出教育硕士的科研能力和创新能力。现就教育硕士论文撰写时存在的主要问题进行探讨，并提出相应的建议。

一、研究目的不明确

为什么要做这个课题，课题研究的目的是什么，这是每个教育硕士在论文开头必须回答的问题。明确的研究目的，有利于调查问卷的设置和核心内容框架的构建，并设法寻找多种实证依据，来推出研究的结论。但在不少教育硕士的论文中，对课题的提出(为什么要做这个课题)的论述目的不明确，导致研究依据缺乏。如《农村初中化学课堂有效性教学设计研究——以"物质构成的奥秘"为例》，先对有效教学概念进行界定，然后提出提高农村初中化学课堂有效性的教学设计的实证研究，从教学目标、过程、评价等方面进行设计，收集数据来说明研究情况。实际上，这一课题的研究主要涉及以下问题：为什么针对农村初中？为什么以"物质构成的奥秘"来研究？别人对这个内容研究进展如何？如何才能做到有效？从哪些方面说明有效？弄清楚以上问题后，就会很清楚论文研究的目的应该是在调查农村初中的"物质构成的奥秘"的实际教学情况的基础上，分析"构成物质的奥秘"的知识特点，再结合农村中学学生的实际和调查发现的问题，提出有效教学的基本方法、模式等，再进行实证研究，通过收集分析各种数据来说明教学设计的有效性。

教育硕士论文课题的提出，"往往是在阅读、研究有关领域的文献中，或在教育教学实践过程中，受到一点启发，产生联想，从而形成一个初步的研究假设"。无论是哪种情况，一般都要有研究的现实依据(切入点)及研究的最终目的。即在充分调研和检索文献的基础上，进行研究的现状分析，总结出别人对这个课题做了哪些工作，还有什么问题有待进一步研究解决(课题的切入点)，你打算如何做(详细说明往哪几个方面去做)，这样做的目的是什么，想得到什么样的结论。也就是说，把目的与问题、方法和结果相结合，层层递进，让读者能清晰地知道论文所要做的具体工作。

二、理论基础太随意

"教育科学理论对课题起到定向、规范、选择和解释的作用"，是开展研究的理论依据和出发点。在教育硕士论文中，一般都有研究的理论基础，但在对理论基础进行论述时，很多作者喜欢把当前教育界比较热门的建构主义学习理论、多元智能理论、意义学习理论等作为其研究的理论基础，却极少去考量这些理论与其研究内容的匹配度。因此容易出现(1)理论基础太多。一般1篇论文大概有3~4个主要理论内容就可以了，但有的论文中出现了六七个，甚至更多的理论基础，理论太多，论述内容容易泛化。如《高中文科化学教育中的人文精神培养》的理论基础是人文精神的哲学依据、建构主义理论、人本主义理论、素质教育理论、新课程标准理论、STS教育理论、多元智能理论、因材施教理论。从论文的内容来看，该论文主要阐述了通过挖掘教材中的人文精神的素材，加强小组合作，增强课外实践活动等方式，来提高学生的学习兴趣和化学学习的热情，这些内容和建构主义，素质教育等理论相关性不大，选用人文精神的哲学依据、人本主义理论和STS教育理论、因材施教理论作为研究的理论基础即可。(2)理论内容与研究课题结合不够。不少教育硕士在理论阐述时，只是把理论内容的一些观点罗列出来，而没能很好地结合课题研究的具体内容来分析理论的指导意义，启发性不强。如《高一新生化学课程学习动机的外因与内因分析》的理论基础是强化理论、自我效能感理论、需要层次理论、成就动机理论、归因理论。对5个理论的撰写，只是写出每一个理论的代表人，一些简单的理论观点，如对强化理论的撰写为"强化理论，以行为主义心理学家桑代克、斯金纳等为代表。他们认为人类的一切行为都是由刺激-反应构成。刺激和反应之间不存在任何中间过程和中介力量，那么行为动力只能到行为外部去寻找，因此，把人类行为的动力归为强化。但是这一理论的局限是过分强调引起学习行为的外部力量，而忽视甚至否定人的学习行为的自觉性和主动性"。而没有很好地分析出强化理论的核心内容与学习动机的具体结合点，显得理论基础太牵强，支撑效果不好。

对于理论基础的撰写，要注意以下3个问题：(1)要适合，即在选择理论时，要吃透理论的核心内容，详细分析该理论是否适合所研究的内容；(2)要对所选择的理论内容进行归纳、概括，用其核心的内容为论文服务；(3)要分析出理论对所研究内容的指导意义，即要阐述理论的哪些观点与所研究的哪些内容相结合，对研究具有怎样的启发或启示。

三、核心内容不突出

本部分内容是论文的核心框架，是精华部分，也是指导后面实践研究的基础和方法，是教育硕士必须花大量时间和精力去构思的。从他们所写的内容分析发现，在撰写这部分内容时，很多作者抓不到要点，无法把课题的核心内容挖掘、凝练出来。如《以实验为基础的初中化学教学设计研究》对核心内容论述时，整整用了 44 页篇幅来讨论教学设计原则、教学目标设计、教学背景分析、教学情境设计等内容，这些内容中，大部分是引用别人的观点来分析(引用了 16 个别人的观点，占了大约 18 页)，且大部分内容与化学内容无关，与化学实验教学更不相连。从这篇论文的内容来看，重点应该是探讨以实验为基础的初中化学设计的基本策略或方法。另外，有些教育硕士论文对归纳出来的教学策略、原则和方法，针对性、可操作性不强，论文的前后逻辑性不好，说服力不强。如笔者自审过的《初中化学课堂有效教学方略的探究》论文中提出了 4 种有效教学策略为：制定有效教学目标的策略、有效教学设计的策略、课堂有效教学的策略、学生有效学习的策略。所提的策略比较宽泛，联系初中的化学知识非常少，针对初中化学课堂教学实际不够，可操作性不强。

在撰写核心内容时，要结合自己研究的内容，构思好内容的框架，从整体上理清思路，然后在别人研究的基础上，结合自身的实际情况，多阅读，多交流，多动笔，努力把研究的内容凝练成几个特点、几条原则、几点方法(策略)，或归纳出整体的操作流程等，以指导后面的实践研究。例如，《化学三重表征教学模式的理论建构》归纳出化学三重表征教学模式的特点：教学策略的多样性、灵活性；学生学习的参与性、主动性；知识描述的多重性、全面性；能力提升的逐渐性、综合性，构建了化学三重表征教学模式的基本程序(流程图)和教学策略等，并紧密结合化学教学的具体内容来分析，可操作性强。

四、案例撰写缺分析

为了说明论文的核心内容是如何落实到具体的教学过程中，硕士论文都会在实证研究部分加上课堂实录或相应的教学案例，也可以说，通过教学案例的设置，来体现课题研究的核心思想。但往往在这部分内容论述时，不少教育硕士为了凑够字数，随意放上 2~3 个平时上课的教案，有的干脆抄录别人的好的教案，很少考虑加上案例的目的是什么，与所研究的核心内容是否相关。其实，好的课堂实录或案例能很好地落实论文的总的指导思想，真实地反映论文核心部分所提出的教学原则、方法(策略)或操作模式，因此，在撰写时要用心构思。首先，在案例选取上，最好选择不同知识类型的案例，如化学的元素化合物教学、概念教学、理论教学、实验教学等，在各种知识类型的教学中都能清楚地体现出前面所构思的论文的核心思想。选好案例内容后，要根据前面所设计好的操作思想(思路)内容，用心撰写案例。其次，为了让别人更清楚案例设计的意图，要加上案例分析，也就是联系前面的核心内容，具体说明案例设计的目的，也可以加上案例实施时的课堂气氛及学生和教师的真实反应，以作为研究效果的一个佐证材料。

五、研究结论少依据

论文的研究结论是开展大量工作后得到的预期结果，也是论文阅读、答辩时最想知道的结果。这个结果可以在论文摘要和论文的研究结论部分呈现出来。但研究论文的结论必须有充足的证据来说明，这点，在不少教育硕士论文中，会出现证据不足的现象。如《高一新生化学课程学习动机的外因与内因分析》的第 1 部分，只是简单说明了化学学习动机的重要作用，并没有学生学习动机的现状调查数据(横向调研)，也没有相关文献分析(纵向调研)，课题提出缺乏依据。在论文的第 2 部分，举例说明不同学者从不同角度对学习动机进行分类，但没有说明本研究对动机如何分类，不利于后面对学生学习动机调查问题的设置和策略的针对性提出。第 3 部分，只是对学生学习动机做一个调查了解，只有数据但没有对相关数据进行分析，得出高一学生化学学习动力不足的成因，太牵强。第 4 部分只是对调查问卷 22 个问题中的 7 个进行选项分值设定、整理，得出学生化学学习成绩和学习动机有显著相关性结论，数据不足，应该对所有调查问卷的数据都进行归纳、分析。第 5 部分，实践研究后，只是对前后测成绩、各分数段人数及男女生成绩进行数据统计分析，仅用成绩的变化推导得出结论，却没有针对动机的具体因素(兴趣、毅力、自信心等)进行调查统计分析，结论说服力不强。

此外，很多教育硕士论文没有对自己所研究的结论进行明确地阐述，研究的结论基本是泛泛而谈，读者很难看出其具体的研究结论是什么。如《初中化学课堂中对学生科学探究能力培养的研究》论文在调查西安市初中阶段课程中科学探究教学现状的基础上，提出了 4 个培养科学探究能力的策略，但没有很好地针对调查存在的问题进行分析，也没有用所构建的培养策略进行实证研究，只是用一个探究式教学案例来说明研究的基本情况，证据不足，且在论文的摘要部分和最后部分都没有说明研究的最终结论。

研究结论的撰写首先要总结概括说明前面实施了哪些措施后(也就是哪些自变量)，通过调查数据，访谈的具体情况等，从定量、定性角度来概括说明学生的学习成绩、兴趣、能力、观念、思维方式等方面的变化，然后根据论文的研究目的，归纳出论文总体研究情况，凸显研究结论，起到画龙点睛的作用。

除了上述主要问题，教育硕士的论文还存在论文格式、文字表达、文献采用或引用不规范，论文摘要缺乏凝练，调查问卷针对性不强，调查数据不充足(论据不足)，或没有进行相应的实践研究等问题。

六、几点建议

要写好教育硕士的毕业论文，平时必须进行相应的训练，特别是要做好以下几点。

1. 多方求证，明确目的

对于课题的选择，一般是针对中学教学现实中存在的问题，也可以是在阅读文献中发现的问题，或者是导师给出的研究课题。不管课题怎么选定，都要花大量的时间和精力去广泛查阅有关资料，思考做这个课题的目的是什么? 怎么做? 从哪些方面收集数据? 在自己对课题研究有了一定认识后，在学科组做开题论证会，汇报自己的研究思路、内容和方法，以及预期的研究成果，广泛听取导师和其他教师、同学的意见和建议后，完善研究思路，明确研究目的，才能做到有的放矢。

2. 结合实际，吃透理论

由于现在的研究生学习目的不太明确，且学习时间减短(教育硕士为 2 年)，对教育教学理论的学习，只是知道大概的观点，根本没理解理论的本质意义，无法把所学习的理论应用到实际教学中来，论文撰写时不懂把理论内容和所研究的内容结合起来进行分析研究。所以，在导师上课或和研究生开课题组会时，多进行相关理论的研讨，让研究生在基本弄清楚理论观点的基础上，结合学科的具体内容，多用具体的教学案例来分析，教会学生把理论与教学实际结合起来，通过理论在具体内容中的应用，强化对理论的理解，从而达到灵活运用理论的目的。

3. 不断训练，凸显核心内容

对于论文的核心内容，要花比较多的时间和精力去训练。可以有目的地选择一些优秀的教学论文或硕士论文，让研究生仔细阅读，把核心内容单独提炼出来，然后讨论、分析，使他们明确核心内容与研究主题的相关性，总结出核心内容的撰写方法，并从中领悟一些撰写的技巧。在此基础上，给出一些研究的论文题目，让研究生大量查阅资料，尝试着自己写出相应的核心内容，然后通过研究生组会，共同学习、讨论，充分发表自己的见解，再经过导师的指点，在不断训练过程中，逐步领会对课题核心内容的撰写方法。

4. 明确前后内容的相关性，充实证据

作为教育研究，论文中所论述的每一个论点都必须为研究的结论服务，要有充足的实验研究或实践研究的证据来支撑，这样的论文才是有据可依。对于教育硕士论文，可以从下面几个方面充实论文的依据：(1)论题的提出要有详实的相关的文献资料分析，说明本课题是前人研究的空白处，或者是教学现实中存在的问题。即要有一定的事实依据。(2)理论内容与分析要与课题研究内容相结合，为论文提供理论依据。(3)调查研究要有具体数据分析说明教学实际存在的问题，为研究策略、原则等的提出提供现实依据。(4)核心内容的提出，要根据前面的文献资料、调查存在的问题，结合具体的学科内容来阐述，提供操作依据。(5)实验(实践)研究要结合研究目的，通过前后测调查问卷数据的比较、访谈、学生的成长记录等多方面收集依据，分析得出研究的结论。

——许燕红. 2015. 化学教育, (6)：63-66

第十二章　化学教师专业发展

第一节　化学教师专业维度和专业化要求

一、化学教师的专业维度

1. 化学教师的专业知识

苏霍姆林斯基说过："教师的知识越深，视野越宽广，各方面的科学知识越宽厚，他就在更大程度上不仅是一名教师，而且是一位教育者。"对于知识，不同的学者有不同的理解。1986年，舒尔曼(Schulman)对教师的知识分类进行了研究，并提出了 7 种类型的知识，即一般教学知识、关于学生的知识、学科知识、教学内容知识、其他内容知识、关于课程的知识及教育目标的知识。我国学者认为，能胜任教育教学的教师，其合理的知识结构应具备三方面的知识：学科知识(也称为本体性知识)、条件性知识和实践性知识。

学科知识方面，要求教师既要熟悉、深刻理解所教学科的知识，知晓知识的由来、组织、与其他学科的联系及在现实情境中的应用，还要具备向学生传授学科知识的专门知识，了解学生的学习需要、学习困难，注意培养学生提出问题和解决问题的能力。

条件性知识，即教育教学中所运用的教育学与心理学的知识，包括学生发展、课堂互动、个体差异、教学评价、教学方法与策略、教学计划与目标等。掌握条件性知识有助于教师认识教育活动的规律，也有助于教师采取行之有效的策略对教育进行灵活而有效的调控，从而顺利实现教育目标。

实践性知识，即教师在实际教学过程中所具有的课堂情境知识及与之相关的知识，这类知识大多数来自于实践，是教师经验的积累。

1)本体性知识

教师的学科知识结构因人而异，但根据当前化学教师的工作任务，化学教师的学科知识结构应该是如图 12-1 所示的"鸡蛋式"结构，包括核心知识、紧密知识和外围知识。核心知识是指中学化学教材中的化学基础知识、基本理论、基本实验技能及教材的结构安排等内容。紧密知识是指与教材内容相关的较高层次的化学理论、化学学科的体系框架、化学学科发展史、探究化学学科知识的标准与思考方式、对化学学科及其发展的基本认识和价值判断等内容。外围知识是指与社会、生产、生活密切相关的知识，化学与其他学科的交叉融合，化学学科最新成就等内容。核心知识反映教师教学工作的基本内容。紧密知识反映教师学科知识的纵深度，这部分内容不仅有助于教师讲清"是什么"，更有助于教师讲清"为什么"，使教学做到深入浅出，得

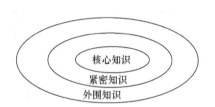

图 12-1　教师的学科知识结构

心应手。外围知识反映教师学科知识的宽度，这部分内容可帮助教师灵活多样地处理教材，

缩小教学内容与新知识、应用之间的差距，培养学生解决实际问题的能力。

教师的学科知识结构是影响乃至制约教师创造力的一个重要因素，教师所内化的知识的性质、数量、类型和程度不同，其创造力的强度和方向也就不同。因此，教师应该建立合理的学科知识结构。自学、参加继续教育、阅读报刊、查阅网络资料等可使教师的知识结构不断得到更新。

2) 条件性知识

良师必为学者，学者未必为良师。化学教师除经过学科专业的训练外，还要掌握教育学科知识，掌握教育技能技巧，了解学生心理，学习现代教育理论及教改的最新动态。杜威说："为什么教师要熟悉心理学、教育史和各科教学法？这主要有两个原因：一个理由是，他是凭借这类知识观察学生的反应，迅速而准确地解释学生的言行，否则，学生的反应可能察觉不出来；另一个理由是，这些知识是别人用过而且有成效的方法，在需要的时候，它就能够凭借这些知识给学生以适当的指导。"教育学科知识包括教育学、心理学、生理学、教学法及教育科学研究等方面的知识，这是教师专业发展的必然要求，是解决教师学生观、教育观的专业知识，它可以确保教师有效地履行自己的专业工作。掌握教育学科知识的目的在于树立起系统的、现代的、科学的教育理念。

条件性知识是动态的，可以通过系统的学习来掌握，但更多的是在教学实施过程中逐渐了解和习得，需要动态地把握领会，并在实践中加以发展和加深。可通过请进来(专家引领)、送出去(在职培训)等方式使教师的条件性知识得到充实，但关键还需要广大化学教师在教育教学实践中积极主动地内化，只有把外部的知识纳入个体的知识体系中，才能把理论自觉地落实到行动中，从而解决理论与实践脱节的问题。

3) 实践性知识

具有丰富的实践性知识可以使化学教师在课时计划、课堂规则的制订与执行、吸引学生的注意力、教材呈现、课堂练习、家庭作业的检查及课后评价等方面游刃有余。专家型的化学教师能够根据过去的教学经验有效地勾勒出对待优等生和后进生的方案，为了有效地组织教学，能够补充很多课外的东西。

实践性知识得以提高的基础是教育教学实践，核心是反思。化学教师开展研究是提高化学实践性知识的有效途径，所以要积极开展课改实践，并要按照新课标的要求经常对自己或他人的教学实践进行反思和总结，由感性上升为理性。同时还要积极开展教育研究，要善于运用科学的理论和方法，有目的有意识地对教学领域中的现象进行研究，对自己的教学行为进行反思，总结经验教训，探索和认识教学规律，形成适合自己的教学方式和教学风格，提高自身的教学水平和研究能力。教师通过在自己的教学实践中的"反思研究"，专业知识及技能可以得到扩展和提高，从"教书匠"走向"学者型"教师和教育家。不仅要自己重视研究，还要使学生在思想、能力、个性等方面都有长远的发展，充分开发学生的潜能，鼓励学生思辨，注重他们对知识的探究和研究能力的培养，能以类似科研的方式主动地获取知识、解决问题。

2. 化学教师的专业能力

专业能力(专业技能)主要是指专业化教师的能力素养。专业化的教师必须具备从事教育教学工作的基本技能和能力。叶澜教授提出，未来教师应该具备三方面的能力：第一，要有理解他人和善于与人交往的能力，即与学生、与学生家长实现有效的双向沟通的能力，这是教师有效地实现与他人合作交往的基本能力，也是教师群体形成教育合力、教师与社会各界合作搞好学校教育所必需的。第二，组织管理能力。许多教育工作要在班级等组织中进行，教师要发挥学生群体对个体的教育作用，使每一个学生在群体生活中得到施展才能、培养意志及适应群体生活等方面的锻炼，就需要具有管理班级的能力和组织能力。第三，教师应具有科研意识和科研能力，这是教师专业能力不断得到发展的重要保证，也是使教师工作富有创造精神和活力的必然要求。编者认为，在化学教学中，教师应具备以下几种能力。

（1）教材分析重组的能力。教师要对中学化学教材上通下达，熟悉小学自然课中的化学知识，了解与中学化学有关的新知识、新技术。对中学化学的课程标准、教材内容的理解要准确，熟练，能融会贯通，运用自如。在课堂上密切注视学生的反应，努力调动学生的学习积极性，随时准备有效地处理课堂上出现的偶发事件。

（2）教学设计和实施的能力。例如，教学设计、课内外教学活动的组织管理、开设选修课、举办讲座、指导课外活动、教学机制、对教学效果的测量与评估、组织运用和设计实验等。

（3）教育教学示范能力。化学教师应运用教育理论指导化学教学，并善于总结形成自己的风格及解决实际问题。

（4）教学手段、教学方法的运用能力。能选择和运用黑板画、挂图、模型、器材、电教设备等教学工具和手段，做到信息技术和化学学科的有机整合。

（5）承担一定程度、一定层次科研课题的能力。化学教师应积极探索化学教学的普遍规律，充分感触一些教育理论和实践问题，吸收新的教育思想和教改信息。具有科研的意识、知识和能力，是所有专业人员的共同特征。教育科研能力的强弱及科研素质的高低是衡量教师专业化水平的一个重要标志，也是实现教师"专业自主"的前提条件。

（6）具有改革意识，富有创造精神。教学是一种创造性活动，一个高素质的化学教师能自觉把先进的化学思想和科学的化学方法渗透融合到化学教学中。

（7）动手实验能力。化学教师应能熟练完成教材中的所有演示实验，并能保证成功，能研究创造性实验的教学。

（8）语言文字表达能力。化学教师应具有科学的语言表达能力和较强的文字表达能力。教师与学生之间的言语和非言语的沟通是很重要的，教师应努力以自己积极的态度感染学生，以多种形式鼓励学生，并保持对自己和学生之间交流的敏感性和批判性，一旦发现沟通中的问题，应立即想办法纠正。

（9）信息处理能力。化学教师应具有收集、归纳、加工处理信息的能力。

3. 化学教师的专业情意

专业化教师的素养不仅包括教师专业所需的知识、技能等方面的智能因素，而且包括以专业道德和专业精神为核心的情意因素。教师的道德、精神等情意素养主要包括职业态度、职业道德、职业情感、职业信念与职业自信等。它们对教师专业发展有直接影响。目前高师院校学生缺乏良好的从教态度与感情，而教师职业态度问题、教师职业情感与信念问题及教师所应具有的职业意志品质问题都是决定教师专业化的关键。正如洛克所言："一个没有德行，没有礼仪，却有成就的人是找不到的。"化学教师的专业情意包括以下内容。

（1）专业道德与专业精神。专业道德是教师言行的道德规范和伦理要求及教师在信念、追求上充分表现出的风范与活力。作为专业化的教师，不仅要达到一般教师职业道德的规范和要求，而且要从一般的道德要求向教师专业精神发展。教育是百年树人的大计，教师对学生、社会、国家、民族都具有神圣庄严的责任。古德森曾说："教学首先是一种道德的和伦理的专业，新的专业精神需要重申以此作为指导原则。"教师的这种专业精神突出地表现为强烈的职业意识。它指教师对自己所从事职业的社会价值有清醒的认识，有荣誉感、事业心；对服务对象(学生)有理解、尊重、合作的态度；有关心、爱护、严格要求的责任感；热心教育改革和发展，对教育新思维、新观念、新信息有高度的职业敏感性，并有创新意识；对教师伦理及其规范有认同感，并有执行的自觉性。教师职业意识的形成是教师热心从教的基本条件，也是教师提高专业素质的动力基础。

专业精神还突出表现为教师要具有高尚的师德。师德是教师的灵魂，对于学校教育的成败具有举足轻重的作用。高尚的师德包括对教育事业的热爱，强烈的事业心和奉献精神，科学的世界观和积极向上的人生态度，强烈的责任感和对学生的尊重、关心和爱护，处处为人师表，以身作则。师爱是师德的核心，师爱是一种强大的力量，它不仅能够提高教育质量，也会促进学生的成人和成才，影响学生的身心发展、人格形成、职业和人生道路的选择。师德是教师个体的人格魅力的反映。在学生心目中，教师是社会的规范、道德的规范、人们的楷模、父母的替身。教师的人格是师德的有形表现，高尚而富有魅力的教师人格能产生身教重于言教的良好效果。教师的人格对年轻心灵的影响，是任何教科书、道德篇言，任何奖励和惩罚制度都不能替代的一种教育力量。

(2)高度负责的参与精神。教师的角色职能决定了教师必须有高度负责的参与精神。负责精神的内涵：一是教师要有高度的教育责任感，对每个工作环节一丝不苟，对每个学生的健康成长认真负责，尤其是对后进生，更要倍加爱护，不可随意淘汰放弃；二是教师要有高度的社会责任感，关心国家发展，捍卫民族文化，伸张社会正义，力辟歪论邪说。这种负责精神又必然要求教师具有积极的参与精神参与学生生活和社会生活。

另外，强健的体魄、强健的体质和充沛的精力是教师胜任工作的资本；是教师发挥主体智慧和才能，在屡遭困厄时保持强烈自信和进取势头的生理根基；也是顺应时代发展的必备前提。

二、化学教师的专业化要求

20世纪80年代以来，教师专业发展作为教师专业化的方向和主题，已成为国际教师教育改革的趋势，并受到越来越多的关注。随着我国教育事业的不断发展，特别是新课程标准的颁布，原有的师资已不能满足基础教育的基本要求，教师队伍的重心从注重数量向提高质量(教师素质)转变，教师专业发展也引起了我国教育学术界和各级政府教育主管部门及中小学校的重视。

1. 知识的结构和储备由局部知识向网络知识发展

新课程标准"重视科学、技术与社会的相互联系"，强化"化学与日常生活的联系"，"关注学生在情感态度与价值观方面的发展"，注意与相关学科的联系及渗透，强调学生"逐步形成终身学习的意识和能力"。网络知识要求：一是知识广博，二是各类知识融会贯通。中学化学教师的网络知识结构主要包括以下几点。

1)坚实的化学专业知识

精通中学化学教材是中学化学教师掌握专业知识最基本的要求。第一，对中学化学教材要能"上通下达"，也就是要熟悉中学有直接或间接联系的大学教材内容；熟悉小学自然课中的化学知识；了解与中学化学有关的新知识、新技术。只有这样，才能准确地掌握课程标准所规定的内容，恰当地处理好教材。第二，对中学化学的课程标准、教材内容的理解要准确、熟练，能融会贯通、运用自如。中学化学教师还要熟悉和掌握化学专业的知识体系，并要有化学实验理论知识、化学史知识和化学方法论等方面的知识。

2)广博的相关学科知识

未来社会的发展要求自然科学、社会科学和科学技术不断融合，这种要求必然会在中学化学的教学内容上体现出来。这就要求化学教师有广博的相关学科知识，宽广的知识面。在物理、数学、生物、地理等理科知识方面，化学教师要有比较广泛的了解。事实上，很多化学知识乃至化学理论都直接或间接地与物理、生物等学科相互联系，相互渗透。化学教师还要有较高的语文水平，这不仅表现在语言表达、文学修养等方面，甚至在书法、板书质量等方面也应达到一定水准。这样才能达到口头表达准确、简洁、通俗、生动、富有逻辑性和感染力；文字表达概括、严谨、流畅，并善于将文字与必要的绘画、图示、表格融为一体。

3)宽厚的教育学与心理学理论知识

只有在教育科学理论方面具有较高的造诣，才能深入理解和熟练运用教育科学理论，根据教育规律知识的内在规律及学生的年龄特征和心理发展规律，深入钻研教材，居高临下，综合、吸收多方面的知识与信息，及时研究、改进教学方法，积极参与课程改革，提高化学学科的教育教学质量。

4)一定的哲学知识和逻辑学知识

化学教师要善于运用辩证唯物主义的观点和方法对教材进行深入的分析和理解，在教学中要引导学生运用辩证唯物主义的观点和方法探求客观化学现象的本质及其与化学知识间的相互联系，自觉地运用哲学思想对自身的教学思想、教学过程、教学效果等一系列问题进行思考，不断提高自身学习和应用辩证唯物主义的自觉性和水平。

5)进行化学学科知识与信息技术的整合

在世界教育改革风浪中，信息技术与课程整合已经成为最重要的议题。我国高度重视信息技术与课程的整合，在新课程标准中明确了信息技术与课程整合的目标与内容。教育部在《基础教育课程改革纲要(试行)》中提出："大力推进信息技术在教学过程中的普遍应用，促进信息技术与学科课程的整合，逐步实现教学内容的呈现方式、学生的学习方式、教师的教学方式和师生互动方式的变革，充分发挥信息技术的优势，为学生的学习和发展提供丰富多彩的教育环境和有力的学习工具。"信息技术与课程整合后，将有效地改善学习，革新传统的学习观念，改善学生的学习方式，改善学习资源和学习环境，构筑面向未来社会的学习文化。信息技术与课程整合可以提高教学质量，也可以在一定程度上提高学生的信息素养。计算机辅助教学则主要是为了提高教学效率，从而有限度地提高教学质量。

2. 教师角色应向指导研究性学习转换

古往今来，人们一直视教师为知识的传播者、灵魂的塑造者、学生的领导者、人才的发现者和纪律的监督者，这种传统的教师角色已经取得了广泛一致的认同。时至今日，教师的传递知识的职责已经越来越少，而越来越多地是激励思考……他将逐渐成为一位顾问，一位交换意见的参与者，一位帮助发现矛盾论点而不是拿出现成真理的人。教师必须集中更多的时间和精力从事那些有效果的和有创造性的活动：互相影响、讨论、激励、了解、鼓励。时代的进步，"要求人们不再把教师视为已经定型了的东西的传声筒、既定思想与既定材料的供应商、照章行事而毫无创见的盲从者，而应把教师视为先知、导师、课程的创造者、学科设计者和文化诠释者"。因而，在研究性学习的过程中，教师的角色主要包括以下内容。

(1)由学习的指导者转为学习的合作者。传统课程的课堂教学以讲解式的教和接受式的学为主导。而研究性学习以小组为课堂学习组织，是一种合作学习的情境。合作学习是以学习小组形式为基本组织形式，系统利用教学动态因素之间的互动来促进学习，以团体成绩为评价标准，共同达成教学目标的活动。合作学习在改善课堂内学生的社会心理气氛、大面积提高学生的学习成绩、促进学生形成良好的非认知心理品质等方面实效显著，在教育领域被誉为是"近十年来最重要和最成功的教学改革"。合作学习模式为研究性学习中师生合作、生生合作、师师合作提供了契机。在研究性学习中，教师已不能单独地胜任对学生在知识、方法、技术方面的所有指导工作。因此，教师要保持其张力和竞争力，就必须与同事合作，与学生合作，还要促进学生之间的合作。

(2)教师应由既定课程的阐释者和传递者转变为课程的开发者、探究者和创造者。研究性课程不是现成的由专家学者编制好、组织好的知识体系，而是在研究过程中不断揭示、展开、形成的产物。它是一种以经验为本位的生成性课程。这就决定了研究性学习环境下，教师不是既定课程的阐释者，而是课程教材的开发者、探究者、变革者和创造者。

(3)教师应当注重培养学生的个性。在传统工业社会中，学校教育以班级授课制为主要形式，学生接受的教育是整齐划一的教育。研究性学习是一种个性化学习，教师必须根据学生不同的个性特征、学习类型、学习风格等"对症下药"，以促进每个学生都得到适合自己的特点、类型、风格的最大化和最优化发展。

(4)教师应由书本知识的复制者转变为学生创造能力的培养者。传统课程把课程当作是某种预定的、现成性的知识及其进程。教学活动中，教师所要教的、学生所要学的对象是事先编制好的固定的东西。而在研究性学习中，学生围绕自己确定的课题，创造性地解决学科领域或现实生活中的实际问题，从而获取直接知识和态度经验，学生的创新意识、创造性思维、创造能力与实践能力因此受到激发和锻炼。那种离开教科书、教学参考书就不能从事教学的"教书匠"将被淘汰，单纯的课程"传声筒"式的教师将会落伍。因此，教师必须由书本知识的复制者转变为学生能力的培养者。

3. 教学技术由传统型向现代信息型发展

1)树立新的教育理念

树立适应信息时代的教育理念，使教师认识到社会已经进入信息时代，从根本上认识到提高自身信息能力的迫切性，认识到信息的重要性，树立全新的时空观；学会利用信息媒介认识世界，使教师走出传统的教学思维和习惯。树立教育在本质上是信息传递的活动观；教育在目标上面向的是未来而不是过去，加强对学习资源进行开发、利用的意识，形成牢固的终身教育、终身学习的观念。

2)传统的教学技术的作用不可低估

化学实验是化学学科的基础，也是化学教学的基础。新课程标准指出："化学实验是进行科学探究的主要方式，它的功能是其他教学手段无法替代的"。化学教师可以利用演示实验，激发学生的感知兴趣，从而使学生感到学习化学的乐趣。高中学生已不仅仅满足于教师演示实验的观察上，更需要的是亲自动手一试，所以可通过上实验课或把一些演示实验改成边讲边做实验，给学生创造动手机会，满足学生操作兴趣。在化学教学中，必须进一步加强化学实验在其中的地位，充分发挥化学实验教学的功能。这样才可能使化学教育真正有特色、有魅力。

3）由传统的教学手段向以多媒体和网络技术为核心的现代信息技术发展

化学教学的生动性、直观性往往借助实物、模型进行教学，帮助学生认识化学物质的微观本质；对那些现象不够清晰的化学实验可以利用投影进行放大，以启迪学生的思维。然而，对环境有污染的实验，由于现象不够明显而不能使学生很好接受信息的实验，由于较大的危险性而无法演示的实验，利用多媒体可以帮助学生更好地观察和分析化学实验。还可以利用多媒体模拟物质的空间结构、化学反应过程、微观粒子的运动变化及化工生产过程。多媒体技术与传统的化学教学有机、合理的结合，互相补充，相得益彰，必能使课堂教学取得最佳的教学效果。

第二节　化学教师专业化发展的主要阶段和途径

一、化学教师专业化发展的主要阶段

1. 关于教师专业发展阶段的论述

从美国学者富勒第一个开始研究教师专业发展阶段理论起，到目前为止，国内外学者对教师专业发展阶段已经做了大量的研究。具有代表性的是以下几位。

（1）"关注"阶段论——代表人物：富勒和鲍恩（表 12-1）。

表 12-1　富勒和鲍恩的"关注"阶段论

阶段名称	主要特征
从教前关注阶段	职前阶段的学生只是想象中的教师，师范生仍扮演学生角色，没有教学经验，只关注自己
早期求生阶段	所关注的是作为教师自己的生存问题，他们关注对课堂的控制、是否被学生喜欢和他人对自己的评价
关注教学情境阶段	此阶段关注的是教学和在教学情境下如何完成教学任务，比较重视自己的教学，关注自己的教学表现，而不是学生的学习
关注学生阶段	开始把学生作为关心核心，关注学生的学习、社会和情感需要，以及如何通过教学更好地影响他们的教学成绩和表现

（2）从新手到专家五阶段论——代表人物：Dreyfus（图 12-2）。

（3）"自我更新"阶段论——代表人物：叶澜（表 12-2）。

表 12-2　叶澜等的"自我更新"阶段论

阶段名称	时限	主要特征
"非关注"阶段	正式教师教育之前	无意识中以非教师职业定向的形式形成了较稳固的教育信念，具备了一些"直觉式"的前科学知识，以及一些与教师专业能力密切相关的一般能力
"虚拟关注"阶段	师范学习阶段（包括实习期）	对合格教师的要求开始思考，在虚拟的教学环境中获得某些经验，对教育理论及教师技能进行学习和训练，有了对自我专业发展反思的萌芽
"生存关注"阶段	新任教师阶段	在"现实的冲击"下，产生了强烈的自我专业发展的忧患意识，特别关注专业活动中的"生存"技能，专业发展集中在专业态度和动机方面
"任务关注"阶段	—	随着教学基本"生存"知识、技能的掌握、自信心的日益增强，由关注自我的生存转到更多地关注教学，由关注"我能行吗"转到关注"我怎样才能行"
"自我更新关注"阶段	—	不再受外部评价或职业升迁的牵制，自觉依照教师发展的一般路线和自己目前的发展条件，有意识地自我规划，以谋求最大程度的自我发展，关注学生的整体发展，积累了比较科学的个人实践知识

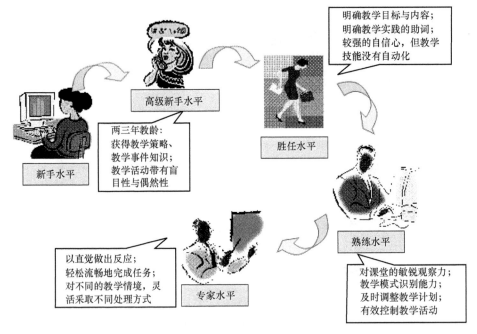

图 12-2　从新手到专家的过程

2. 化学教师专业发展阶段

1) 调整磨合期

新教师刚走上工作岗位，有很多的理想和冲动，有让人羡慕的激情。但是，他们从学校到学校的过程中，缺乏对教师岗位和职业的更深层次的了解和认同，因此在工作中会常因为缺乏经验，或不善于与人交流沟通产生一些困难，更为主要的是对教育对象和教学过程缺乏完整的了解，因此可能出现暂时的困难。这是一个正常的阶段，需要其他教师的扶持和善意的指导。在他人的帮助下，反思自己的问题所在，尽快找到解决问题的方法。

调整磨合期教师特征：基本适应班主任工作的要求；初步了解课程标准内容；基本熟悉教学过程的基本环节，基本掌握现代教育技术辅助教学；能独立指导活动小组活动；能主动接受高水平教师的指导，并有固定的指导教师。

2) 适应发展期

通过一两个循环的教学磨炼，教师对教材的整个知识体系有了比较全面的了解，同时对化学教学的全过程有了一个清晰的认识，教师比较适应教学岗位的要求，由此进入一个顺利的发展时期。

适应发展期教师特征：能胜任班主任工作要求，比较全面地了解课程标准内容，比较熟悉教学过程的基本环节，能独立开展教学工作；熟练掌握信息技术辅助教学，能独立指导学科活动，有一定的效果；能利用业余时间比较自觉地学习和提高业务能力。

3) 成熟提高期

在适应发展期的基础上，教师会因为个人职业的理想和发展需求，产生进一步提高和发展的欲望，这个阶段教师可能开始进行更高层次的职业培训和进修，进一步提高自己的专业技能。

成熟提高期教师特征：能有计划、有目的地开展班级管理工作，班级管理有一定的层次，班风有特色。熟练掌握学科课程标准，熟悉中学阶段教学的全过程要求，能有意识、有目的地开展教学工作，积极开展教育研究工作，并有初步的成果。恰当地对信息技术与课程进行整合，能建立体系完整符合个人教学需求的学科资源库；能够根据自己的专业发展需要，有选择性地进行业务进修与培训，成为学校的学科骨干，切实成为学生学习的组织者、促进者和引导者，努力使课堂中充满生命的活力。

4）反思创新期

在近十年的教学生涯中，教师职业的经验和能力得到充分的发展。现实中，教师也属于学校的骨干教师，甚至是把关教师，教师也从此走入了自我反思阶段。反思自己的教学历程，同时积极尝试教学创新，不断追寻符合个人特色的教学风格，实现从经验型向学者型教师的转变。

反思创新期教师特征：能创建有特色、符合现代班集体特征的班级，班级学生主体意识强，班级管理科学化、民主化。能全面、深刻理解课程标准，系统把握学科内容，能结合本学科发展的需要不断更新、充实教学内容；熟练掌握信息技术与学科整合的策略，教学态度认真严谨，教学风格鲜明，教学成效明显，能注意学生创新精神和实践能力的培养；具有较强的创新意识和教育研究能力，掌握教学改革和发展的最新动态；积极参与专业建设、学科建设、课程改革和实验室建设，取得显著成绩。能独立指导青年教师专业成长并有成效。

从化学教师专业成长的阶段可以看到：化学教师在由不成熟到成熟的发展过程中，其教育态度、价值观、教学策略、能力等都在不断地发生变化，在不同的发展阶段，化学教师成长的速度和侧重点不同。因此，期望化学教师在较短的时间内达到专业成熟的水平是不可能的，但我们可以期待一个现实的目标就是让所有化学教师都能在原有的基础上有所提高，并有意识地朝专业成熟的方向持续前进。

二、化学教师专业化发展的主要途径

1. 积极学习教师专业发展的一般理论

教师应尽可能多地学习、了解教师专业发展的理论，对自己的专业发展保持一种自觉状态，建立专业责任感，及时调整自己的专业发展行为方式和活动安排，努力达到理想的专业发展。

2. 积极参加在职学习与培训

在职学习与培训是更新、补充知识、技巧和能力的有效途径，可以为教师的专业发展提供机会。尤其是近年来兴起的"校本培训模式"是一种效率高、操作性强的在职培训方式。它基于教师个体成长和学校整体发展的需要，由专家协作指导，教师主动参与，以问题为导向，以反思为中介，把培训与教育教学实践和教师研究活动紧密结合起来，以学校实际问题的解决来直接推动教师专业的自主发展。在职学习与培训应让教师养成一种持续学习的习惯，成为自己专业发展的主人。

3. 制订自我专业发展规划

教师应制订自我专业发展规划，对影响专业发展的错综复杂的因素有效地加以整合，使职业发展的道路更为顺畅，成功的机会更大。

1)制订个人发展规划的三个基本要求

(1)深入分析自我，明确个人发展长短目标，目标切忌空泛。

(2)定位准确，符合个人特点。

(3)措施具体，易于实施。

2)制订自我专业发展规划的步骤

(1)自我合理定位：我想成为一个怎样的教师？例如，我想成为有思想、有理想、有作为的科研型教师；我希望成为基本功扎实、教学能力强、有个人风格的创新型教师。

(2)分析发展现状：我现在是个怎样的教师？例如，内部因素：专业素质状况、兴趣、成就、价值观、学历等；外部因素：在现有团队中的位置、可运用的相关发展资源、人际关系等。

(3)明确发展目标：我可以成为怎样的教师？例如，上好 1～3 节教学研究课，组织一次学生活动，对一个或几个学生进行个案研究，赛课名次，职级晋升，学历进修。

(4)制订和采取具体措施：我可以怎么做？例如，每周一页博客，联系一名学生或家长，体育锻炼一次，做一篇读书笔记，写一篇教学随笔；每月读一本教育专著，写一篇教学反思；每学期精品教案一篇，精彩课例和反思一篇。

4. 积极开展教育研究

通过教育研究既可以对已有教学实践进行总结和提炼，又可以对未来教育教学进行预测和把握；既可以对教育现象进行分析和提升，又可以对教学规律进行探索和概括；还可以使自己的见解和教育理论与同仁的见解和现实发生碰撞，从而不断地提高自己的教学水平。

目前，在中学教育研究中最为盛行的是校本研究。校本研究实际上是教育行动研究在我国新时期教改一线的代名词。其具体方法主要包括教育叙事、课堂观察、教学案例、教学日记、教学后记等。

校 本 研 究

一、校本的基本内涵：为了学校、在学校中、基于学校

(1)为了学校：一切为了学校的发展，任何教育改革都应有这样的自觉——促进学校的发展，为了学校归根到底是为了学生。

(2)在学校中：任何一所学校都是具体的、独特的、不可替代的，它所具有的复杂性是其他学校的经验所不能完全说明的。学校发展只能是在学校中进行的，只有植根于学校的生活。

(3)基于学校：学校发展的主体力量是校长和教师，他们是学校的主人，对学校发展负有最直接的责任，要把校长和教师自身的发展与学校的命运有机联系起来，引导他们从学校实际出发，规划学校、发展学校。

二、校本研究中促进教师专业成长的三种基本力量

1. 教师个体的实践反思(教师与自我对话)

实践反思是开展校本研究的基础和前提。它隐含着三个基本信念：教师是专业人员；教师是发展中的个体，需要持续成长；教师是学习者与研究者。反思是教师以自己的职业活动为思考对象，对自己在职业中所做出的行为以及由此所产生的结果进行审视和分析的过程。经验是教师教学专业知识和能力的最重要的来源；反思是教师教学专业知识和能力发展的最根本的机制。

2. 教师集体的同伴互助(教师与同行对话)

同伴互助的实质是教师作为专业人员之间的交往、互动与合作,其基本形式有:①对话:信息交流,经验共享,深度会谈(课改沙龙),专题讨论(辩论);②协作:集体的力量>个人的力量。在缺乏互助的环境中,最多只有个别教师的发展,而不可能有群体教师的发展。特别推荐:同事互助观课(以专业发展为目的)。既不含有自上而下的考核成分,又不含有自上而下的权威指导成分,而是教师同事之间的互助指导式的听课。由于观课者与被观课者都是抱着一颗相互学习、相互促进、解决共同教学难题的心理来进行观课活动的,不涉及褒贬奖罚和评价,授课者重视成长与学习,而不是表现或成绩,课堂上能够真正表现自我,同时展现自己的长处和不足,课堂能够保持自然性。观课者不是以评价者的身份观课,而是以学习者、研究者和指导者的多重身份进行观课,他会有针对性地进行观课,更多地指向提高课堂教学和其他课堂行为的有效性上。授课者也会勇于尝试困难的课题和具有挑战性的活动,并且乐意向观课者请教怎样解决自己正在面对的困难,教学上的进步正是来自这种尝试和切磋讨论。观课后的研讨分析活动中,双方都可以诚恳相待,针对所观课题进行深入讨论,观课者与授课者都能从中受益。

3. 专业研究者的专业引领(实践与理论对话)

专业引领就其实质而言,是理论对实践的指导,是理论与实践的对话,是理论与实践关系的重建。专业引领的形式主要有:学术专题报告;理论学习辅导讲座;教学现场指导;教学专业咨询(座谈)。没有理论指导的实践:盲目、被动;没有专业引领的教学:同水平的重复。

校本教研的思路与方法

在实践领域,一些教育工作者总结了自己开展校本研究的思路与方法,如"读书—实践—展示—提升"的思路与方法。

(1)读书——开展读教育名著及新课改理论文章活动。开展读书活动,一是校长要坚持"教师发展第一"的理念;二是学校要改变对教案与作业的评价办法,把教师从繁重、低效的劳动中解放出来;三是学校要广泛开通信息来源渠道,办好"三室"——阅览室、图书室、微机室等。

(2)实践——开展专项及综合调研活动。教育科研必须触及课堂教学,从这一低层次目标抓起,才会出现"人人有课题,校校有项目,个个会研究"的局面。各校要积极推广"先学后教,当堂训练,拓展创新"的教学模式,至少尝试1~3种先进的教学方法,每位教师每学期必须上两次示范课(或案例教学),写出详细的教案设计。

(3)展示——"举办新课程教学改革论坛"。学校要把它定为工作制度,教师轮流主讲,讲解必须事先准备并作现场评价。

(4)提升——设客座讲师。把外校的优秀教师或理论专家请进来,搞专题讲座;把自己学校的优秀人才推荐出去,结帮扶师徒对子,为本校科研活动注入活力。

——张明新,王海峰.2003. 开展校本科研活动的思路与方法. 中小学教师培训,(11):31-32

5. 积极进行教学反思

教学反思是教师以自己的职业活动为思考对象,对自己在职业中所做出的行为,以及由此产生的结果进行审视和分析的过程。教学反思被认为是教师专业发展和自我成长的核心因素。反思的过程就是化学教师在自己的实际教学中发现问题，然后对教学过程进行分析，明确问题所在，进而结合自身的经验和理论探索，力求改进教学的过程。

波斯纳的教师成长公式：教学经验+教学反思=教师成长。美国著名的反思性实践运动的倡导者肖恩在他的《反思性实践者》(1983)一书中指出教学反思可分为两个时段：第一个时段是在"行动"前和"行动"后(reflection-on-action)；第二个时段是发生在"行动"之中(reflection-in-action)。根据我国教师常规教学活动的内容及教学程序，反思性教学实践一般有以下三种基本类型。

(1)教学实践活动前的反思：主要是在课前准备的备课阶段，它有助于发展教师的智慧技能。教师的智慧技能主要体现在两个方面：一是看能否预测学生在学习某一教学内容时可能遇到哪些问题；二是看能否寻找到解决这些问题的策略和方法。

(2)教学实践活动中的反思：主要指向课堂教学，主要解决教师在课堂教学活动中出现的问题。教师在反思中必须具备驾驭课堂教学的调控能力，因为这一阶段的反思强调解决发生在课堂教学现场的问题。

(3)教学实践活动后的反思：主要是课后教师对整个课堂教学行为过程进行思考性回忆，它包括对教师的教学观念、教学行为、学生的表现，以及教学的成功与失败进行理性的分析等。

新的教育理念表明，反思是连接教师自身经验与教学行为的桥梁，没有反思的经验毫无价值，如果一名教师仅仅满足于获得经验而不对经验进行深入的思考，那么即便他有20年的教学经验，也许只是20次工作的重复。学会反思，有助于教师把自己的经验升华成理论，由经验型教师发展为反思型教师；有助于教师获得专业自主；有助于教师形成优良的职业品质；能大大缩短经验型教师成长为学者型教师的周期。

教学反思的主要方法

(1)撰写教学日记。教学日记没有固定的格式和要求，教师可以自由撰写。教学日记的内容可以包括：教学中的成功或不足、教学中的灵感闪光点、教学中学生的感受、教学中的改革创新等。由于我国大多数中小学教师普遍存在教学工作量大的问题，因此介绍一种进行教学反思的简单做法：填写教学反思表格。教师可在教学告一段落之后填写此表格，见表12-3。

表12-3　教学反思表格

班次		姓名		日期	
主题					
主要教学过程					
我的反思与心得					

(2)利用教学录像进行反思。教师可浏览自己的或其他教师的教学录像带，在播放中找出一些自己觉得很特别的画面，将其静止，思考反省为什么当时会这样教，是否妥当，下次应如何改进等内容；还可以在观看全部的课堂结构和教学流程后，思考"如果让自己重新设计这一课(或假如让自己上这节课将如何设计教学)"等问题：这时，最好找一位(或几位)同事和自己一起观看教学录像带，共同进行教学交流和探讨，对教学现象或问题进行比较深入的分析和思考。当然，如果有专家从旁帮助进行分析和评价，这一反思方法的作用将发挥得更好。

（3）教师间的交流讨论。上述两种方法比较侧重教师个体单独进行，教师在时间和条件允许的情况下，还应该加强与同事间的交流对话，因为反思活动不仅仅是一种个体行为，它更需要群体的支持。和同事进行对话，不仅可以使自己的思维更加清晰，而且来自交流对象的反馈往往也会激起自己更深入的思考，激发自己更多的创意和思路。

6. 善于分享经验，善于合作与交流

教师要实现专业的深入发展，必须突破目前普遍存在的教师彼此孤立与封闭的现象，主动、积极地追求专业发展，保持信息的双向开放，随时准备接受好的、新的教育理念，更新自己的教育信念和专业知识。学会与他人进行合作，新课程标准倡导学生合作学习，而作为教学活动主导者的教师应积极主动地进行合作，这会对学生起到示范作用，引导学生也积极地进行合作。新课程标准综合性的特点也要求教师必须走出"封闭"环境，与其他化学教师、其他专业的教师进行合作、交流。化学教师还要积极主动地与教学专家、学生、教育管理者等进行各种类型的专业合作，使自己的专业视野更加宽广，充分发掘、利用各种可利用的资源，进而扩充个人的专业实践理论的内涵，实现自己的专业发展。

案例展示

专家型化学教师专业发展的个案研究

专家型化学教师专业发展的研究

4.1 教学理念、教学能力的发展分析

在课前，教师除了要拟定本学期的教学计划外，对于一个单元或一课的教学活动，也要计划一下。这种以一个单元或一课为范围的教学计划，通常称为"教案"（lesson plan）。它是教师根据教材内容精心设计的教学蓝图，是教师备课成果的提炼和升华。它不仅可以使教师有目的、有计划、有步骤地在规定的课时内组织教学活动，也能反映出教师的教学理念、知识水平等专业素质。因此，教案在整个教学设计中的重要地位不容忽视。

以严老师在课改初期和近期的关于沪教版九年级化学下册"酸、碱、盐的应用"一节的两份教案为例（分别简称为旧教案和新教案），我们将两份教案的内容按表9编排，分别从以下几个方面进行对比从而进行比较分析。

表9　严老师新旧教案设计的比较

类目		旧教案	新教案
教学目标		知识与技能： (1)食盐、硫酸、烧碱、纯碱、氨水的主要用途和一些常见化肥的作用 (2)掌握铵态氮肥的检验 (3)掌握稀释浓硫酸的正确操作方法	知识与技能： 认识酸、碱、盐对人类生活与社会经济的重要性；了解食盐、硫酸、烧碱、纯碱、氨水的主要用途；知道一些常用化肥的名称和作用
		过程与方法： 用科学探究的方法认识铵态氮肥的检验	过程与方法： 通过观察的方法获取信息；采取对比、分类的方法对获取的信息进行加工；用变化与联系的观点分析化学现象，解决一些简单的化学问题
		情感态度与价值观： 正确利用酸、碱、盐的一些知识，初步树立合理使用物质的科学意识	情感态度与价值观： 感受并赞赏化学对改善个人生活和促进社会发展的积极作用；关注与酸、碱、盐有关的社会问题，初步形成主动参与社会决策的意识

续表

类目	旧教案	新教案
教学过程	【学生交流】根据生活经验，谈谈有关酸、碱、盐的应用 【教师讲述】酸、碱、盐是重要的化工原料，也是重要的化工产品。化学工业上常说的"三酸两碱"就是指硫酸、盐酸、硝酸和烧碱、纯碱 【学生阅读】课本199~200页了解我国酸、碱、盐的产量 【学生阅读】课本199页表7-6某些酸、碱、盐的用途 【学生交流】侯德榜及其联合制碱法 【教师讲述】酸、碱、盐用途广泛，但多数酸、碱有强腐蚀性，许多盐有毒性，所以要注意使用方法 【演示实验】稀释浓硫酸 【学生观察思考】为什么要这样操作？把水加到浓硫酸中会出现什么结果？为什么？ 【学生讨论】万一强酸强碱溅到皮肤、眼睛、衣服、桌面上时应采取什么措施？ 【教师讲述】溶液使用的注意事项 【学生交流讨论】亚硝酸钠及重金属盐的毒害	【引入】利用网络流行的开心农场设置教学情境 【情境一】运送浓硫酸槽罐车泄漏如何处理？ 【情境二】如何解决胃痛、泛酸 【情境三】果树上的蓝色农药 【情境四】根据植物长势而选购化肥 【情境五】常见铵态氮肥的检验 【情境六】农家肥与化肥的对比
方法	讲授法	情境教学法
手段	教材，黑板、粉笔，教师演示实验	教材，黑板、粉笔，教师演示实验，学生演示实验，多媒体动画
习题	课后完成	在每一个情境下，课上完成

从上述的教案对比表中可以看出，虽然都是针对"酸、碱、盐的应用"一节编写的教案，但是二者之间存在着差别，而这些差别也显示出严老师在新课程改革的背景下教师专业素质的变化。

4.1.1 教学目标发生转变，体现教学理念的变化

歌德曾说："我尊敬那些清楚地知道他们目的的人。世上所有的不幸，大部分是由于这样的原因发生的，人们并不知道他们的目标。他们肩负建设一座塔的使命，但在打基础时并不比搭一个窝棚花更多的力气。"目标可以作为前进时强有力的动力，而教学目标之于日常的教学工作也是如此。新课程改革的实施给教师教学带来的最大影响是引起教师教学理念的转变。教学目标作为课程目标在教学中的具体体现，是化学教学的出发点和归宿，是教师教学理念在教学中的反映。……

4.1.2 教学方法更灵活，体现教学选择能力在提高

赖格卢特认为教学设计也可称为教学科学，并指出："教学设计是一门涉及理解与改进教学过程的学科，任何设计活动的宗旨都是提出达到预期目的的最优途径(means)，因此，教学设计主要是关于提出最优教学方法的处方的一门学科，这些最优的教学方法能使学生的知识和技能发生预期的变化。"……

4.1.3 教学过程更合理，体现教学设计能力的提升

教学过程源于教学目标并最终回归于教学目标，教学过程设计是使教学目标从静态文字转换为动态的教学过程的桥梁。教学目标贯穿于整个教学过程的设计的每个步骤。所以，教学过程设计是否得当，不仅要看教学结果，更要看该教学结果是否与教学目标相吻合。……

4.1.4 教学内容更丰富，体现教学资源整合能力在提高

教学资源也可以称为课程资源。课程资源是指形成课程的要素来源和必要而直接的实施条件。课程资源是我国新一轮基础教育课程改革的一个新亮点。过去我们在对课程资源的认识上存在一些误区，如简单地将教材及少量的挂图、实验等直观教材理解成课程资源

的全部。……

4.1.5　教学反馈更及时，体现教学评价能力在提高

严老师通过在课堂上展示问题情境，提问学生进行口答，可以及时发现学生的思维盲点；提问学生板书方程式，可以及时评定学生对已学知识的掌握情况及易错点；提问学生演示实验操作，可以观察得到学生操作的规范程度。只有及时发现才能及时纠正、及时反馈、及时巩固。……

4.2　教学研究能力的发展分析

教学研究能力是指教师把教学与教研结合起来，善于总结自己的教学经验，对教学中遇到的问题进行理论研究，提出自己的见解，进而探索和发现新的教学规律、教学方法和模式的能力，是教师专业发展的原动力，也是专家型教师的重要素质。

教育科研论文是体现教师教学研究能力的重要的文字材料，下文将对严老师教学研究论文的情况进行解读，认识其专业发展进程中教育研究能力的发展变化。

1) 发表论文的统计

严老师迄今为止已在期刊、报纸、杂志等发表论文 50 多篇，为方便研究，本文通过中国知网对严老师的论文进行了检索，共获得 18 篇文献，其中一篇为优秀硕士论文(注：根据期刊实证，还有 7 篇论文未进入中国知网统计，分别是 1996~2001 年在《铁道师范学院》上发表的 3 篇和 2000~2008 年在《化学教与学》上发表的 4 篇)。对已检索到的 18 篇文献，按照期刊名称、是否核心、刊登时间和研究范围几个维度整理如下表(省略)。

2) 发表论文的统计分析

从论文的"量"上来看，……，初为大学教师的严老师在工作初期并无具体的论文刊出，在经历过 7 年的教学实践和科学研究后开始陆续有科研成果并整理刊出。但是，进入初中任教后，在较长的时间内都没有高质量的论文发表。因此，可以了解到严老师在这一时期的教学过程中还没有能力运用理论对自身的教学反思和教学方式方法的探索改进等教学实践经验进行归纳整理。……而从上表可以看到 2007 年对于严老师是专业发展至关重要的一年。

从论文的"质"上来看，严老师在大学教学期间所撰写的三篇文章均发表在当时所任教大学的学报——《铁道师范学院学报》上，不属于核心期刊。这一阶段，严老师还是教师岗位的新人，自身的大学教学经验还存在很多不足，同时受到所在学校科研条件的限制，所以此时严老师的科研还只能算是起步阶段。2007 年严老师完成硕士论文《初中化学价值观教育的研究》，在这篇论文中严老师以已有的化学价值观教育目标理论为基础，结合初中化学教学提出了进行价值观教育的目标要求及目标层次；提出"三维一体"的"挑扁担式"教学设计模式；并结合初中化学进行教学改革实践，分别从落实价值观教育的化学教学设计策略、初中化学教材中蕴含价值观教育的内容分析和落实价值观教育的化学教学设计模式等三个方面论述并总结出一些有效的价值观的培养策略。

3) 发表论文的内容分析

从论文写作的关注重点分析：严老师在大学任教期间的专业发展重点应该是进行科学研究，因为从论文的研究范围可以看到严老师当时的研究主要内容是集中在自己所教授的分析化学学科内的相关内容，包括相关测试方法的使用及分析仪器在具体操作中的应用。从上述对比表格及已有分析内容中我们已经知道，严老师的科研写作在 2007 年重新开始，而且 2007 年其撰写的毕业论文《初中化学价值观教育的研究》是其科研的重要转折点。因为自此以后，严老师逐渐从关注具体的知识传授、探索层面的问题向关注学生思想层面、关注理念传递的

高度发展。……对严老师专业发展历程中所发表的主要期刊的分析结果我们不难看出，严老师在教育科研方面，经过在职进修后从"量"到"质"发生了巨大的飞跃性进步，并一直保证他的专业发展能够稳定高质地进行。……

综上所述，通过对严老师的专业发展过程的分析，可以初步得出，化学专家型教师不仅应在课堂教学中表现突出，而且在专业发展过程中，能够及时更新自己的教学理念，提升自身的专业素养，积极进行专业自我反思、自我监督和自我调节，具有较强的专业发展自主性。同时，还应不断地完善自己的教育教学理论，具有较强的教学研究能力。除此之外，作为一名化学教师在实验设计、实施、改进和研究方面也应具有突出表现。因此，化学专家型教师在专业发展过程中，其自身的专业素养应是不断变化的。

专家型化学教师专业发展影响因素的研究

严老师从事中学教学工作十六年，在从一名普通化学教师成长为专家型化学教师的专业发展历程中，教育理念、科研能力等都发生了质的转变，究竟是哪些因素促进了这些转变，下面将通过访谈法揭示严老师专业发展的整个过程，并从中归纳出影响其专业发展的因素。

5.1 教师专业发展历程的访谈

问题1：大学时代为什么选择了化学师范专业呢？

故事1：进入师范很偶然。

1977年冬天，中国570万考生走进了曾被关闭了10余年的高考考场，自此开始每年都有大批的优秀学子步入大学校园，严老师就是这其中的一分子。1981年严老师参加全国高考并以优异的成绩被北京师范大学录取，但是回顾当初，选择师范学校却并非严老师兴趣使然。

"我选择师范其实是被动和偶然的，当时师范教育是免费的，由于家庭经济条件不是太好，哥哥也在上大学，读大学以后家里负担两个大学生很困难，父母都是工薪阶层。所以当我的物理老师对我说"读师范吧，看你这个条件，为家里减轻点儿负担，而且你日后也可能会做一个好老师"。就是这样一个原因，我决定报考师范学校。在选择科系的时候，由于我文科好一些，觉得化学和文科挺像的，就报考了化学系。"

问题2：本科阶段您对教师角色的认识是否清楚？具体体现在哪些方面？

故事2：学科知识第一的教师观。

虽然成功考入大学，但是对于"师范"、"教师"概念理解的偏差也让当初的严老师对于学科知识和教育教学理论相关知识之间关系的理解存在着一定的偏差。

"当时对于我来说，大学的学习从大的框架上看是师范教育，主要还是以化学学科知识为主，虽然也学了教育学、心理学等，但都是放在第二位甚至第三位的。也就是说当时对于教育理论方面的知识也学了，但没有特别重视，当时对老师的角色定位以及成为一名教师的条件也没有像现在这么明确和细化，只是认为只要成绩好，教学就一定会好。觉得做化学老师，只要学科知识掌握扎实了，自然而然就知道怎么教了。那时并没有自觉地去夯实教育理论知识。"

问题3：在大学期间接受过哪些与教学技能有关的培训吗？

故事3："照虎画猫"地学习当老师。

人类的发展很大程度上依赖于对前辈经验的模仿和继承，所以当严老师回忆自身专业发展的整个进程，他认为他最初的教学模式也同样来自于对优秀前辈的模仿，虽然这种模仿很难在短时间内内化为自身的教学风格，但是却可以让其在短时间内套用一定的教学模式完成一定的教学要求。

"那个时候对教学理论知识也不太懂，所以上课就是对其他老师的模仿。老师会在课上放一些名师的课堂录音，我们就听一听，然后自己揣摩领悟。不像现在这么正规，还有一些上岗培训。总体来说，当时主要是依靠自己的一种悟性，靠自己的发挥，也就是依靠教师的一种职业天性。"

问题4：在校期间是否有对以后的职业发展影响较大的人或事件？如有，介绍一下具体情况？

故事4：懵懂的实习生活。

在北师大的学习生活是简单而充实的，但是作为师范生，严老师在此期间将大部分的时间都用于化学专业课的学习，教育实习活动应该算是大学学习生活中最接近讲台的一次活动了。

"教育实习是我在大学期间最接近教育实践的一次活动了。我们是大四的时候开始教育实习。第一次上课前要先熟悉一个礼拜，听听老教师的课，熟悉后就先给老教师讲一遍，他们认可了，实习生就可以正式给学生上课了。"

"我当时讲的是氯气的性质。那时候除了一本教材外就没什么其他资料了，所以基本上就是以教材为主，按照知识的逻辑顺序教。印象比较深的是，当时希望自己的课能引起学生的兴趣，考虑怎么从一个知识点发散出去，所以给学生讲氯气的性质时，也讲了它的一些作用，包括可以做毒气弹，在医学上的一些应用。我记得当时学生对这些话题还是比较感兴趣的。可能就是因为他们的这种兴趣促使我意识到化学课并不只是化学知识的载体，在这个载体之上可能还需要体现一些其他的东西，这样对学生来说可能会更好。"

问题5：大学毕业后您的第一份工作在哪里？在那里的教学生活是怎样的？

问题6：刚刚工作时您的专业期望是什么呢？对教学有什么想法？

故事5：成为了一名大学老师。

1985年，严老师毕业后进入苏州科技学院成为了一名大学老师。由于教育对象的年龄和高等教育本身的教育侧重点的特殊性，刚刚入职的严老师在这一时期基本是教学、科研两侧着手，但是相对来说更侧重教学，也开始在不知不觉中思考一些教学的方法，但是这种思考的程度还是比较浅显的，实践的层次也是比较基础的。

"大学的教学更强调学科性，这对我最大的好处就是涉猎的学科比较多。当时我们作为青年助教，需要有一段互换学科的经历，就是各个学科都要教一遍，所以我无机、分析、有机、结构化学等都教过，即使有时候不上理论课也需要带相关科目的实验。这段经历之后最后确定教分析化学。那个时候我更注重科研，希望能在科研方面有所成绩，但由于学校科研条件不是特别好，这也使我有更多的时间和精力去关注课堂教学。因为所教授的学生都是成年人，所以我上课尽量风趣一点，吸引住他们的注意力。我当时就想不管教什么，上课都应该有吸引力，不应该只是自己对黑板讲而忽视学生。"

问题7：您的第二份工作在哪里？您在新环境中的教学适应吗？

问题8：您认为新工作和之前的教学工作有哪些差别？

故事6：初入初中很迷茫。

在经历了十几年的大学教学工作后，在1997年，严老师调入了苏州市第十六中学任教，虽然依然从事教师工作，但是这种从大学教师到初中教师的身份的改变，工作环境的改变，教学内容的改变以及受教群体的改变等都使得这一时期的严老师陷入了教学迷茫状态，虽然自身很努力，但是由于没有摆脱大学教学的方法和习惯，不了解初中生的学习特点和规律，使得最后的努力也是事倍功半。

"那个时候的两个反差给我带来的心理落差比较大：第一个是从大学到中学，甚至到了一个初级中学；第二个是教授的学生的变化，原来是对成年人进行的教育，现在变成了未成年人。记得刚到初中的第一年，因为不了解初中教学状态，我付出了很大的心血和代价。初中和大学不同，在大学分数压力大部分由学生承担，但是在初中分数压力很大一部分是由老师承担的。因为学生都还是懵懂的小孩儿，需要老师引导着学。而大学的教学主要是以点拨和思路梳理的方式教，教师的教学需要较强的逻辑性，知识讲解清晰就可以了，如何消化理解知识是学生自己的事情。我当时在教法方面还没有转变过来，还用大学的方法来教，遇到了很大的阻力。"

……

问题 9：您采取了哪些方式度过了这段不适应的时期？

问题 10：这一时期对您的教育思想有哪些影响？您做出了哪些改变？

故事 7：积极调整。

问题 11：回忆一下此阶段记忆深刻或对自身影响较大的一次事件。

故事 8：第一次开公开课。

问题 12：这次公开课的经历对您、对您自身的专业成长产生了哪些影响？举例说明。

故事 9：第二次公开课。

故事 10：第三次公开课。

问题 13：有哪些时机或事件让您觉得为您在行业内初具影响奠定了基础？

故事 11：去省里参加比赛。

问题 14：什么时候到现在这个学校工作的？同样是中学教学，在这里和在之前的学校在教学工作上有什么不同？

故事 12：新环境新挑战——进入立达中学。

问题 15：在新环境中，有哪些对提升您自身的专业水平产生重要影响的事件？

具体回忆。

故事 13：再次进入大学深造——攻读教育硕士。

问题 16：评为特级教师后，对您的专业发展有哪些影响？

故事 14：被评为"特级教师"。

5.2 教师专业发展的历程分析

通过访谈及分析，我们再一次看到，教师专业发展其实本质上就是教师素养不断发展的一个过程。在专业发展的各个阶段其所具有的专业素质也是不同的。

表 12　专业发展阶段与专业素养发展

专业发展阶段		专业素养	特点
职前准备期	大学学习 1981~1985 年	专业知识	学科知识累积、理论不足、教学经验仅限于实习
		专业技能	对优秀教师的模仿
		专业情意	教学理念尚未形成，职业动机属于外驱力
	大学任教 1985~1997 年	专业知识	丰富的学科专业知识
		专业技能	自我摸索、重视学生的兴趣
		专业情意	教学理念初步萌芽，职业动机属于外驱力

续表

专业发展阶段	专业素养		特点
职业迷茫期 1997~1998 年	初入中学	专业知识	学科知识扎实，理论欠缺
		专业技能	技能调整，但教学模仿
		专业情意	延续大学任教期间的教学理念，力图改变现有不利状况的内驱力
职业突破期 1998~2003 年	四次公开课	专业知识	学科知识扎实，理论欠缺
		专业技能	重视实验引领教学
		专业情意	逐步调整的教学理念，力图成功的内驱力
职业成熟期 2003~2007 年	进入立达中学后	专业知识	重新夯实学科知识，在实践基础上思考理论指导但较浅显
		专业技能	形成自己的教学风格，因材施教，熟练运用探究
		专业情意	实践中逐渐形成学生为本的教学理念，追求自我完善的内驱力
专业升华期 2007 至今	深造后	专业知识	扎实的专业知识，丰富的教育理论、教学独具一格
		专业技能	具有反思能力、科研能力、现代技术的运用能力
		专业情意	系统而清晰的教师主导，学生主体，教学相长，促进学生全面发展的教学理念，自我价值实现的内驱力

注：在上表中，将大学的工作经历放在整个专业发展过程中，实际上起到了职前的科研基础和专业知识夯实的作用。而经历了从大学到中学的职业迷茫之后，通过三次重大的公开课，成功由一个大学老师向一个优秀的中学老师进行调整，在之后进行的省级公开课的比赛这一关键事件，也促使严老师更加自觉地思考，更加积极主动地改变，专业发展快速进行。在进入立达中学以后，由于环境的变化，学生的影响，继续教育的进行使得严老师的教学日臻成熟。

资料导读1

我所关心的教育研究方法

一是教育研究究竟有哪些方法？二是中小学教师如何做研究？三是教育学专业的研究生如何写学位论文？

第一个问题，教育研究究竟有哪些研究方法？

教育研究领域积累了种种研究方法，如调查法、观察研究、访谈法、实验研究、历史研究法、内容分析法、案例研究法、叙事研究法、传记法、行动研究法、思辨研究、实证研究、比较研究、人种志研究、教育统计、教育测量、教育现象学研究、教育解释学研究等。

其实，经典的教育研究的"大方法"只有两个：一是哲学研究（主要包括思辨研究和价值研究）；二是科学研究（也称为实证研究、经验研究）。两者的研究过程都显示为"问题与假设——资料与证据——结论与讨论"。二者都从"问题与假设"开始，以"结论与讨论"结束。差别只是：思辨研究以"逻辑思辨"的方式提供"资料与证据"，强调"逻辑推理"。而实证研究以"调查"的方式提供"资料与证据"，强调"没有调查就没有发言权"、"拿证据来"、"说话要有证据"。

在思辨研究与实证研究之间，哪个方法更有实力、更有地位？这很难说。一般而言，有理性主义传统的国家，如德国的研究者更倾向于哲学研究。而有经验主义传统的国家，如英国、美国的研究者更愿意采用科学研究。

但是，学术研究发展到今天，已经出现一些共同的趋向：无论德国还是美国的研究者，都以哲学研究的方法确认"价值"和"假设"，再以"实证研究"的方式提供"资料与证据"。至少在教育研究领域，实证研究已经成为主流，而哲学研究（主要是价值研究）只是实证研究发辅助方法。

当哲学研究显示"价值研究"时，它的使命就是为科学的实证研究提示什么是"值得"关心的问题什么是不"值得"关心的问题。它帮助科学研究者和实践者建立"什么事情有价值什么事情无价值"的是非标准和"什么是好什么是坏"的善恶观念。这些是非标准和善恶观念成为科学研究者和实践者做事和选择的"方向"。

哲学研究的话语方式是价值判断，其研究报告的标题往往显示为"论……的价值"、"应该……"、"必须……"等。而实证研究的核心精神是只做"事实判断"，不做"价值判断"；只做"实然判断"或"或然判断"，不做"应然判断"。研究者即便在心中悄悄地暗含"价值关怀"，但在文字中总是保持"价值中立"。实证研究者从来不写类似"论……的价值"或"论……的意义"的文章；研究报告的标题不会出现"应该……"、"必须……"、"大力弘扬……"等情态动词。实证研究只负责"分类"和寻找"因果关系"。如果说哲学研究(教育哲学)的典型话语方式是"论……的价值"，那么，实证研究(教育科学)的典型话语方式是"……对……的影响"。它的重点是探察事物之间的因果关系或相关关系。

由此看来，如果把研究做一个分类，那么，教育研究就可以分为实证研究和哲学研究。而在实证研究和哲学研究两者之间，最好以实证研究为主，以哲学研究为辅。作为中小学教师，最好不写或小写类似"论……的价值"或"论……的意义"的文章；研究报告的标题也尽量避免"应该……"、"必须……"、"大力弘扬……"等。

不是说"论……的价值"或"论……的意义"的写作和研究没有意义，恰恰相反，价值研究(哲学研究)是做实证研究的前提，它为实证研究提供什么值得做什么不值得做的方向。

可是，一旦确认了哪些主题值得研究之后，最好迅速转向实证研究。

所谓实证研究，它的具体方法主要包括历史研究、调查研究和实验研究。三者又可以合并为两种：一是调查研究(含历史的调查研究和现场的调查研究)；二是实验研究。由于中小学教师做调查研究的目的是为了改善自己的课堂教学或班级管理的工作实践，所以，适合中小学教师做的实证研究主要是实验研究，而调查研究往往成为实验研究的辅助方法——先调查哪些因素对学生的学生成绩或学习兴趣构成了因果关系(或相关关系)，然后用实验研究的方法去验证这些因果关系。

典型的实验研究的话语方式是"……对……的影响的实验研究"或"……对……的影响的调查研究"，如"思维导图对学生语文学业成就的影响的实验研究"。这样的话语也可以浓缩为"……对……的影响"，如"思维导图对学生语文学业成就的影响"，还可以进一步压缩为"……的实验研究"，如"思维导图实验研究"。反过来说，如果某研究报告的主题显示为"思维导图实验研究"，那么，这份研究报告的完整标题乃是"思维导图对学生语文学业成就的影响的实验研究"。

也就是说，经典的教育研究只有两个"大方法"(可称为研究类型)：哲学研究和实证研究；这两个经典的"大方法"各自包括了具体的经典的"小方法"。

就实证研究而言，经典的"小方法"包括三个：历史研究、调查研究(含问卷、观察和访谈)和实验研究。一般所谓的"课例研究"、"案例研究"、"自我反思"、"叙事研究"、"行动研究"等，也不过是历史研究、调查研究和实验研究这三个经典的研究方法的变形、补充或额外的解释。例如：

"课例研究"、"案例研究"主要属于调查研究，"课例研究"是对某节课的调查(观察)，"案例研究"既包括一般意义上的课例研究，也包括面对某个或某几个学生、教师、校长或班级、学校的个案研究。

"自我反思"也是调查研究(观察研究)，它是教师对自己经验的自我调查、自我观察。

"行动研究"其实是实验研究，由于教育实验研不可能做到严格控制和测量，几乎所有的教育实验研究都只是"准实验"。西方人把这种"准实验"称为"行动研究"。

"质的研究"和"量的研究"并不是具体的研究方法，它们都属于实证研究，它们只是实证研究的收集资料和分析资料的两种方式。质的研究以事实、故事的形态收集资料和分析资料；量的研究以数字(统计、测量)的方式收集和分析资料。实证研究属下的三种经典的研究方法(历史研究、调查研究、实验研究)都既可显示为质的研究，也可以显示为量的研究。

而其他所谓人种志研究、现象学研究，也不过是调查研究，主要显示为参与式观察和深度访谈。所谓解释学研究，主要只是历史研究，主要是对历史文本(经典名著)的深度理解与阐释，尤其重视文本表面背后的"微言大义"。

这样看来，研究者在选择具体的研究方法的时候，完全可以简单而自信地宣布："我的研究方法是调查研究"，或者"我的研究方法是调查研究"、"我的研究方法是实验研究(或行动研究)"。

第二个问题，中小学教师如何做研究？

对中小学教师而言，调查研究和实验研究是两个核心方法。而且，最好以实验研究为主，辅之以调查研究。除此之外，实在没必要追求研究方法的花样和新奇。

如果认可教育实验研究的经典标题是"……对……的影响的实验研究"，那么，这个经典标题就隐含了实验研究的操作策略和选题范围。

对中小学教师而言，所谓实验研究，就是在自己的课堂或班级发起一场个人化的教育改革。如果教育实验被理解为"准实验"而不是在实验室操办的严格控制与测量比较的科学实验，那么，教育实验与教育改革几乎是可以互换的名词。将教育实验与教育改革连接思考的效益在于：以教育改革作为教育实验的核心精神。教育实验和核心精神就是面对真实的教育问题，引发真实的教育变革。没有教育变革就没有教育实验。唯一不同的地方在于：教育实验不仅引起某种教育变革，同时它也关注这种教育变革引发的"影响"或"后果"、"效果"。

为了说明教育实验或教育变革的影响或效果，实验研究不仅强调教育改革(教育变革)，而且强调这种教育改革所引发的教育效果必须是"可测量"的。研究者可以通过某种"问卷"(或考试试卷)的方式寻找实验前的成绩和实验后的成绩的变化。将实验前的成绩(前测)与实验后的成绩(后测)进行比较，就可以发现实验研究的影响或效果。

如果这种教育变革的影响不可以测量，那么，它至少是可以言说的(听其言)。研究者可以通过"访谈"的方式收集实验前和实验后的变化。如果这种教育影响不是可以言说的，至少是可以观察的，研究者可以通过观察(观其行)。

教育这样看来，如果说教育实验研究的经典标题是"……对……的影响的实验研究"，那么，前一个省略号的关键要求是"可操作性"，它代表某种具体的"可操作"的某个教育变革行为、措施。这个变革行为相当于"动名词"。后一个省略号的关键要求是"可测量性"。它代表某种教育变革所引起的教育效果，而且这种效果最好是可测量或者可言说、可观察的。由此也可以认为，如果填充第一个省略号的变革措施过于宏大、庞大以至于不可操作，这个实验就是失败的。同样，如果填充第二个省略号的影响或变化过于抽象、模糊以至于不可测量或不可言说、不可观察，这个实验也是失败的。就此而言，如"素质教育对学生价值观的影响的实验研究"就是失败的实验研究，因为"素质教育"不具体，很难操作。"学生价值观"也很难测量。按照这个思路，可以将"素质教育对学生价值观的影响的实验研究"做一个转换，比较合适的选题是："动手做对学生数学成绩的影响的实验研究"或"亲自探究对学生语文成绩的影响的实验研究"。

与之类似，"班主任的性格对学生的影响的实验研究"也是败坏的实验研究。虽然这个标题在大众语法上没有错误，但它在实验研究的语法上却是一个错误。因为填充第一个省略号的"班主任的性格"不是一个具体的"变革行为"，它是纯粹的名词而不是可操作的"动名词"。尽管人们都承认"班主任的性格"会对学生构成影响，但研究有研究的规范和套路，"班主任的性格"无法成为实验研究的"实验因子"。而且，填充第二个省略号的"学生"也不是一个可测量的因素。它需要进一步转换：要么是学生的某个学科的学习兴趣，要么是学生的学习成绩。可测量的不是"学生"，而是学生的学习兴趣或学习成绩。按照这个标准，可以将"班主任的性格对学生的影响的实验研究"做一个转换，比较合适的选题是"班级日志对学生行为规范的影响的实验研究"或者"班干部的竞选对学生成绩的影响的实验研究"。

出色的实验研究不仅重视"……对……的影响的实验研究"这个经典标题中两个省略号的填充技巧，还需要进一步考虑两个省略号的填充内容和主题范围。

教师如果打算做教育实验研究，那么，可选择的研究内容至少包括三类：一是教材变革的实验研究；二是教学方法的实验研究；三是教育管理问题（人的问题）的实验研究。

第一，教师可以做有关教材变革的实验研究，如"调查研究报告"对学生写作水平的影响；"数学试验"对学生数学学习兴趣的影响；"听领先"对学生英语成绩的影响。

第二，教师可以做有关教学方法的实验研究，如"自学辅导"对学生数学学业成绩的影响；"新经典诵读"对学生语文学业成绩的影响；"模仿·表演"对学生英语学业成绩的影响。

第三，教师可以做有关教育管理问题的实验研究，如"学生自治"对学生学习成绩的影响；家庭生活习惯对学生成绩的影响；学生社团对学生学习成绩的影响。

既有了好的选题，又了真实的研究过程，接下来就需要撰写等待公开发表的研究报告。任何研究都分为两个必要的阶段，一是不公开的私下的研究。这是研究的前期。二是撰写研究报告并公开自己的研究结果。这是研究的后期。

在教育研究领域，有人做得多而说得少，他们不愿意或不善于公开发表研究报告。另有人却做得少而说得多，他们少做研究或不做真实的研究却频繁杜撰大量的研究报告。二者之间，杜撰的研究报告固然令人厌恶，但只做研究而不写研究报告也并非什么谦逊的美德或高尚行为。恰恰相反，就科学规则而言，只做研究而不撰写研究报告不仅与谦逊和高尚无关，而且是不负责任的、失败的行为。研究者如果不公开发表自己的研究报告，他不仅不能让他人分享自己的研究成果并由此推动人类生活的进步，而且他可能私下得意、自命清高而失去接受公众的批评和评估的机会。严格来说，任何私下的研究都不能算是真正的研究，真正的研究必须公开自己的研究结果。

就中小学教师而言，部分教师之所以愿意做研究而不愿意撰写研究报告，主要是因为他们没有掌握撰写研究报告的基本规范和基本套路，以至于他们感到为难、躲避、退缩。对于这些教师而言，他们需要掌握的不仅是有关教育研究方法的分类和教育实验研究的操作策略与选题技巧，他们需要专门的关于如何撰写教育实验研究报告的训练。掌握撰写教育实验研究报告的技术并不困难，对某些教师来说，也许只需要花费几个小时或半天的时间，就可以掌握撰写教育实验研究报告的技巧。教师可以阅读和听取有关如何撰写教育实验研究报告的建议，可以阅读并模仿几份规范的教育实验研究报告。

实验研究报告虽然有多种风格和风度，但经典的实验研究报告只有三个要素。一是"问题与假设"；二是"过程与方法"；三是"结果与讨论"。

教师研究最好先严格练习实验研究报告的经典格式，等到熟练掌握了实验研究报告的经典格式之后，再逐步自由写作、自由发挥。好的实验研究报告始于模仿而终于自由发挥。否则，教师很可能因为不知道如何撰写实验研究报告而丧失实验研究的信心，也可能因不知道如何撰写实验研究报告而败坏实验研究的名声。

实验研究报告可以采用量的方式，收集必要的数据并做必要的统计分析。但一般而言，中小学教师最好采用简单的"百分比"做简单的统计分析，然后大量采用"教育事件"、"教育故事"来描述实验研究之前和实验研究之后的变化。以质的研究报告为主，以量的研究为辅。

经典的实验研究报告始于"问题和假设"。例如，我遇到一个问题——学生不喜欢学英语、英语成绩低下。接下来，我有一个假设——从传统的"听说领先"英语教学变为"听领先"的英语教学。于是，我的实验研究的主题就显示为："听领先对学生英语成绩和英语学习兴趣的影响的实验研究"。

可是，在问题与假设之间，最好安插一个特别的程序：研究者要向自己提问，也向读者交代："已有的研究对这个问题解决到了什么程度"。

于是，第一个部分的"问题与假设"往往显示为三个要点：一是"我遇到了什么困难"（问题的提出）；二是"别人是怎样解决这个问题的"（文献综述）；三是"我打算这样解决我的问题"（研究的假设）。

这样看来，上述的"问题与假设"就发生变形：①问题的提出：学生不喜欢学英语、英语成绩低下怎么办？②文献综述（旧办法）：传统的英语教学要么显示为"许国璋英语"式的语法教学，要么显示为"听说领先"的交际教学；③研究的假设（我的新办法）：将交际教学的"听说领先"进一步改造为"听领先"，让学生大量地"听英语"，不仅给学生提供大量的听力教材，而且教师采用"全英语"教学，并允许学生最初少量地说英语或不说英语，允许初学英语的学生像学母语那样有一个"沉默期"（silence period）。

在提交了"问题与假设"之后，接下来需要报告"过程与方法"。

在报告研究的"过程"时，研究者需要交代在哪个年级哪个班做的实验，那个班级有多少男生，有多少女生，做了多长时间的实验研究。之所以需要详细地报告"研究的过程"，是因为，研究过程让公众觉得该实验研究是在某个地方所发生的真实的研究，而不是虚拟的研究，不是捏造的实验数据。

在报告研究的"方法"时，需要交代研究者是怎样展开实验研究的，例如，如何实施"听领先"这个新外语教学方法，需要在英语教材上做哪些调整和更新。研究者在实验研究的过程中遇到了哪些新问题，研究者是怎样克服新问题的（经过了几个阶段）。

在提交了"问题与假设"、"过程与方法"之后，接下来是"结果与讨论"。所谓研究的"结果"，主要通过前测和后测的比较而显示相关的变化，最好有简单的数据上的变化。所谓"对结果的讨论"，主要交代为什么发生那样的因果关系，尤其重视在研究过程中出现的"意外的结果"，并对那些"意外的结果"提供解释。

由于教育实验一般为"准实验"，任何教育实验研究都只是教育行动研究。因此，教育实验研究报告也可以写成教育行动研究报告。行动研究报告不仅突显教育实验的"准实验"特征，而且在研究报告的撰写上更倾向于"质的研究"的风格。这种质化的研究报告更重视以"教育事件"而不是以"数据统计"的方式分析实验前和实验后的影响和变化，也因此，人们直接称之为"叙事研究"报告。

严格说来，叙事研究并非研究方法，它是一种写作方式。在思辨研究和实证研究之间，叙事研究站在实证研究这边。在质的研究和量的研究之间，叙事研究站在质的研究这边。也就是说，叙事研究是质的实证研究的一种写作方式。如果将实证研究进一步分化为历史研究、调查研究、实验研究，那么，叙事研究既可能显示为叙事的历史研究(也可称为历史的叙事研究)，也可能显示为叙事的调查研究(也可称为调查的叙事研究)，还可能显示为叙事的实验研究(也可称为行动的叙事研究或叙事的行动研究)。

问题在于，当中国教育界热衷于行动研究并将行动研究视为新奇的教育研究方法时，行动研究也一度被自我降格为低级的、随意的问题解决而不丧失研究的资格。殊不知，所谓的行动研究，它不过是实验研究的变式和变形。它的前身是实验研究，它的身份乃是准实验研究。也因此，中小学教师如果真愿意做行动研究，就需要先做实验研究，然后以叙事的方式提交行动研究报告。由此可以得出一个结论：出色的行动研究报告总是接近或类似实验研究报告。维护和拯救行动研究地位的唯一途径是：把行动研究做成准实验研究。如果不拿出做实验研究的精神，就不会发生真实的行动研究。

同样，当中国教育界热衷于叙事研究并将叙事研究视为新奇的教育研究方法时，叙事研究就容易被泛化为"四不像"的研究。殊不知，所谓的叙事研究只是一种撰写"质化的实证研究"报告的写作方法。中小学教师如果真愿意做叙事研究，就需要先有实证研究尤其是实验研究(行动研究)的"做法"，然后才以叙事的方式提交实验研究的"说法"(报告)。如果既不做调查，又不做实验，如何叙事？维护叙事研究的地位的唯一途径是做调查研究或实验研究，然后以叙述研究过程中发生的关键事件的方式提交研究报告。

当然，叙事研究除了开发出一种新的调查研究或实验研究的写作方式之外，叙事研究本身也给调查研究或实验研究带来一些新的元素：第一，它使调查研究报告看起来像一份"教育传记"，它是讲述他人如何遭遇专业生活的危机并化解危机的故事。第二，它使叙事的实验研究报告(叙事的行动研究报告)看起来像一份"教育自传"，它是讲述研究者自己如何遭遇专业生活的危机并化解危机的故事。典型的教育叙事研究是教育自传和教育传记。与之相应，科学化的叙事研究是叙事的行动研究报告和叙事的调查研究报告。

除了为实证研究增加新的元素之外，叙事研究还凭借它对人的情感"体验"的"描述"而获得某种"现象学的效应"。实证研究一直乐观地以调查或实验的方式对事物进行"分类"并乐观地在事物之间的"寻找关系"，但是，教育领域中的人(学生、教师)的情感"体验"很难被调查被实验，于是，叙事研究凭借其"描述"(尤其是诗化的语言)而直抵人性的深处并因此而给读者带来人性的共鸣与感动。

也就是说，如果舍弃了叙事研究与实证研究(尤其与调查研究、实验研究)及"体验的描述"的内在缘分，叙事研究就容易被沉降为琐碎的私人生活的碎片或者乐观的教育喜剧。遗憾的是，总是有那么多的研究者以"叙事研究"的名义讲述一些琐碎的、幽怨的"个人生活史"。在这些琐碎的、幽怨的个人生活史的背后看不出任何人性的美好或人性的悲壮。另外的研究者则以"叙事研究"的名义讲述一些乐观的"教育喜剧"：教师如何遇到某个"问题学生"，经过一阵子的努力之后，这个"问题学生"如何成功地被改造成为新人。这个学生性格变好了，成绩变好了，丑小鸭变成白天鹅了。其实，这只是愚人的教育童话，如何算得上教育研究？

如果教育叙事既不借助实证研究给人带来科学的信任，也不凭借"体验描述"而给人带来人性的美好与感动，这样的教育叙事就不止令人遗憾，很可能令人厌恶。

第三个问题，教育学专业的研究生如何写学位论文？

教育学专业的研究生既可做思辨研究，也可以做实证研究。但是，最好做实证研究。

在实证研究内部，研究者既可以做调查研究或实验研究，也可以做历史研究。但是，最好做历史研究。相比之下，调查研究和实验研究最有实证的精神和威信。但长期满足于调查研究或实验研究，容易使人显示出浅薄的乐观。人文社会科学的核心方法既不是调查研究，也并非实验研究，真正能够显示人文社会科学的学术研究精神的是历史研究。甚至可以认为，历史研究是人文社会科学唯一流行的方法。

历史研究作为实证研究阵营中的一个主要方法，它需要遵循实证研究的价值中立的基本精神。但是，任何历史研究，总是隐含了研究者的某种价值追求。就此而言，历史研究总是既"价值中立"又"价值关涉"。历史研究总是既无立场又有立场。出色的历史研究者总是把自己的价值关怀悄悄地收藏起来，凭借自己所研究的历史中的某个人或某个学派的思想来表达自己的价值追求。由此也可以将历史研究的这种既"价值中立"又"价值关涉"的追求称为"借尸还魂"、"借刀杀人"。研究者之所以研究杜威的教育思想，往往因为该研究者对杜威教育思想持喜爱、肯定或赞赏的态度，当然，也有可能是为了批判和攻击。

历史研究者所秉持的"借尸还魂"、"价值关涉"的内在追求使历史研究往往显示为"有视角的历史研究"。如果说人文社会科学的核心方法是历史研究，那么，可以再往前迈进一步：历史研究的核心方法乃是"视角研究"或"有视角的历史研究"。好的历史不是简单地复述某个历史故事，而是从某个"视角"来重新改写某个历史故事。

所谓"有视角的历史研究"？比较通俗的说法是"从……看……"。

例如，"从布雷钦卡的分类框架看中国的《教育研究》和《哈佛教育评论》的研究方法"（这是我指导的研究生所写的学位论文）。该研究先参照布雷钦卡对教育研究方法的分类，确立"哲学研究"、"科学研究"、"实践研究"三个类型，然后，以这三个类型去统计和分析《教育研究》和《哈佛教育评论》上发表的文章所使用的研究方法。该研究的假设是：中国的《教育研究》上的文章所使用的研究方法主要显示为"哲学研究"（思辨研究）和实践研究，美国的《哈佛教育评论》上发表的文章所使用的研究方法主要为"科学研究"（实证研究）。

"从……看……"也可以转换为另外几种形式：一是"……与……的比较"；二是"……的几种类型"；三是"……的几个阶段"。

所谓"……与……的比较"，实际上还是"从……看……"。这样的"比较研究"乃是被比较的双方互为对方的研究视角。例如，邓晓芒的"苏格拉底与孔子的言说方式的比较"（相关研究可参见邓晓芒先生的原文）。例如，"列奥·施特劳斯与赫钦斯的自由教育的比较"（这是我指导的研究生所写的学位论文）。该研究首先讨论"古典的自由教育的核心精神"，然后讨论"赫钦斯对古典自由教育的改造"，最后讨论"列奥·施特劳斯对古典自由教育的恢复"。

所谓"……的几种类型"，就是将某个研究对象划分为几个类别，然后使各类对象之间相互比较、互为视角。例如，"全球伦理的可能性——金规则的三个模式"（这个主题实际上是"全球伦理的三个金规则的比较"，相关研究可参见邓晓芒先生的原文）。例如，施良方先生的《西方课程探究范式的探析》。

所谓"……的几个阶段"，它与"……的几个类型"是类似的思路。如果说"……的几个类型"主要显示为"空间分类"、"横向分类"，那么，"……的几个阶段"主要显示为"时间分类"、"纵向分类",而时间分类、纵向分类的理想状态是从原点出发又返回原点。这是否定之否定的理想状态。例如,《杜威教育思想的三次转变》(这是我指导的研究生所写的学位论文)。该研究首先认定杜威教育思想的第一次转变的摆脱整体主义而赞赏"儿童中心"式的个人主义。标志性的事件是发表"从绝对主义到经验主义"。杜威教育思想的第二次转变是批判"旧个人主义"而赞赏"集体主义",甚至赞赏苏联式的"集体主义"。其标志性的事件是发表"新旧个人主义"。杜威教育思想的第三次转变是批判"极权主义"而重新赞赏"个人主义",其标志性的事件是杜威赴墨西哥主持调查了莫斯科当局对托洛茨基的指控,并发表了题为《无罪》的调查报告。

也就是说,中小学老师常用的研究方法主要是实验研究,而大学的教育学专业的研究生所使用的研究方法主要是历史研究。

资料导读 2

教师教育课程标准(试行)

(节选:中学职前教师教育与在职教师教育课程标准)

为落实教育规划纲要,深化教师教育改革,规范和引导教师教育课程与教学,培养造就高素质专业化教师队伍,特制定《教师教育课程标准(试行)》。

教师教育课程广义上包括教师教育机构为培养和培训幼儿园、小学和中学教师所开设的公共基础课程、学科专业课程和教育类课程。本课程标准专指教育类课程。

教师教育课程标准体现国家对教师教育机构设置教师教育课程的基本要求,是制订教师教育课程方案、开发教材与课程资源、开展教学与评价,以及认定教师资格的重要依据。

一、基本理念

(一)育人为本

教师是幼儿、中小学学生发展的促进者,在研究和帮助学生健康成长的过程中实现专业发展。教师教育课程应反映社会主义核心价值观,吸收研究新成果,体现社会进步对幼儿、中小学学生发展的新要求。教师教育课程应引导未来教师树立正确的儿童观、学生观、教师观与教育观,掌握必备的教育知识与能力,参与教育实践,丰富专业体验;引导未来教师因材施教,关心和帮助每个幼儿、中小学学生逐步树立正确的世界观、人生观、价值观,培养社会责任感、创新精神和实践能力。

(二)实践取向

教师是反思性实践者,在研究自身经验和改进教育教学行为的过程中实现专业发展。教师教育课程应强化实践意识,关注现实问题,体现教育改革与发展对教师的新要求。教师教育课程应引导未来教师参与和研究基础教育改革,主动建构教育知识,发展实践能力;引导未来教师发现和解决实际问题,创新教育教学模式,形成个人的教学风格和实践智慧。

(三)终身学习

教师是终身学习者,在持续学习和不断完善自身素质的过程中实现专业发展。教师教育课程应实现职前教育与在职教育的一体化,增强适应性和开放性,体现学习型社会对个体的新要求。教师教育课程应引导未来教师树立正确的专业理想,掌握必备的知识与技能,养成独立思考和自主学习的习惯;引导教师加深专业理解,更新知识结构,形成终身学习和应对挑战的能力。

二、教师教育课程目标与课程设置

（略）

（三）中学职前教师教育课程目标与课程设置

中学职前教师教育课程要引导未来教师理解青春期的特点及其对中学生生活的影响，学习指导他们安全度过青春期；理解中学生的认知特点与学习方式，学会创建学习环境，鼓励独立思考，指导他们用多种方式探究学科知识；理解中学生的人格与文化特点，学会尊重他们的自我意识，指导他们规划自己的人生，在多样化的活动中发展社会实践能力。

1. 课程目标

目标领域	目标	基本要求
1 教育信念与责任	1.1 具有正确的学生观和相应的行为	1.1.1 理解中学阶段在人生发展中的独特地位和价值，认识积极主动的中学生活对中学生发展的意义 1.1.2 尊重学生的学习和发展的权利，保护学生的学习自主性、独立性与选择性 1.1.3 尊重学生的个体差异，相信学生具有发展的潜力，乐于为学生创造发展的条件和机会
	1.2 具有正确的教师观和相应的行为	1.2.1 理解教师是学生学习的促进者，相信教师工作的意义在于创造条件帮助学生自主发展 1.2.2 了解中学教师的职业特点和专业要求，自觉提高自身的科学与人文素养，形成终身学习的意愿 1.2.3 了解教师的权利与责任，遵守教师职业道德
	1.3 具有正确的教育观和相应的行为	1.3.1 理解教育对学生成长、教师自身发展和社会进步的重要意义，相信教育充满了创造的乐趣，愿意从事中学教育事业 1.3.2 了解人类教育的历史、现状和发展趋势，认同素质教育理念，理解并参与教育改革 1.3.3 形成正确的教育质量观，对与学校教育相关的现象进行专业思考与判断
2 教育知识与能力	2.1 具有理解学生的知识与技能	2.1.1 了解儿童发展的主要理论和最新研究成果 2.1.2 了解儿童身心发展的一般规律和影响因素，熟悉中学生年龄特征和个体发展的差异性 2.1.3 了解中学生的认知发展、学习方式的特点及影响因素，熟悉中学生建构知识和获得技能的过程 2.1.4 了解中学生品德和行为习惯形成的过程，了解中学生交往的特点，理解同伴交往对中学生发展的影响 2.1.5 掌握观察、谈话、倾听、作品分析等方法，理解中学生学习和发展的需要 2.1.6 了解我国教育的政策法规，熟悉关于儿童权利的内容及维护儿童合法权益的途径
	2.2 具有教育学生的知识和能力	2.2.1 了解中学教育的培养目标，熟悉任教学科的课程标准，学会依据课程标准制订教学目标或活动目标 2.2.2 熟悉任教学科的教学内容和方法，学会联系并运用中学生生活经验和相关课程资源，设计教育活动，创设促进中学生学习的课堂环境 2.2.3 了解课堂评价的理论与技术，学会通过评价改进教学与促进学生学习 2.2.4 了解活动课程开发的知识，学会开发校本课程，设计与指导课外、校外活动 2.2.5 了解班级管理的基本方法，学会引导中学生进行自我管理和形成集体观念 2.2.6 了解中学生心理健康教育的基本知识，学会处理中学生特别是青春期常见的心理和行为问题 2.2.7 掌握教师所必需的语言技能、沟通与合作技能、运用现代教育技术的技能
	2.3 具有发展自我的知识与能力	2.3.1 了解教师专业素养的核心内容，明确自身专业发展的重点 2.3.2 了解教师专业发展的阶段与途径，熟悉教师专业发展规划的一般方法，学会理解和分享优秀教师的成长经验 2.3.3 了解教师专业发展的影响因素，学会利用以课程学习为主的各种机会积累发展的经验
3 教育实践与体验	3.1 具有观摩教育实践的经历与体验	3.1.1 观摩中学课堂教学，了解中学课堂教学的规范与过程，感受不同的教学风格 3.1.2 深入班级或其他学生组织，了解中学班级管理的内容和要求，获得与学生直接交往的体验 3.1.3 深入中学，了解中学的组织结构与运作机制

续表

目标领域	目标	基本要求
3 教育实践与体验	3.2 具有参与教育实践的经历与体验	3.2.1 在有指导的情况下，根据学生的特点，设计与实施教学方案，获得对学科教学的真实感受和初步经验 3.2.2 在有指导的情况下，参与指导学习、管理班级和组织活动，获得与家庭、社区联系的经历 3.2.3 参与各种教研活动，获得与其他教师直接对话或交流的机会
	3.3 具有研究教育实践的经历与体验	3.3.1 在日常学习和实践过程中积累所学所思所想，形成问题意识和一定的解决问题的能力 3.3.2 了解研究教育实践的一般方法，经历和体验制订计划、开展活动、完成报告、分享结果的过程 3.3.3 参与各种类型的科研活动，获得科学地研究学生的经历与体验

2. 课程设置

学习领域	建议模块	学分要求	
		三年制专科	四年制本科
1. 儿童发展与学习	儿童发展；中学生认知与学习等。	最低必修学分 8 学分	最低必修学分 10 学分
2. 中学教育基础	教育哲学；课程设计与评价；有效教学；学校教育发展；班级管理等。		
3. 中学学科教育与活动指导	中学学科课程标准与教材研究；中学学科教学设计；中学综合实践活动等。		
4. 心理健康与道德教育	中学生心理辅导；中学生品德发展与道德教育等。		
5. 职业道德与专业发展	教师职业道德；教师专业发展；教育研究方法；教师语言；现代教育技术应用等		
6. 教育实践	教育见习；教育实习	18 周	18 周
教师教育课程最低总学分数（含选修课程）		12 学分+18 周	14 学分+18 周

说明：(1)1 学分相当于学生在教师指导下进行课程学习 18 课时，并经考核合格。(2)学习领域是每个学习者都必修的；建议模块供教师教育机构或学习者选择或组合，可以是必修也可以是选修；每个学习领域或模块的学分数由教师教育机构按相关规定自主确定

(四)在职教师教育课程设置框架建议

在职教师教育课程分为学历教育课程与非学历教育课程。学历教育课程方案的制订要以本标准为依据，考虑教师教育机构自身的培养目标、学习者的性质和特点，并参照在职教师教育课程设置框架；非学历教育课程方案的制订要针对教师在不同发展阶段的特殊需求，参照在职教师教育课程设置框架，提供灵活多样、新颖实用、针对性强的课程，确保教师持续而有效的专业学习。

在职教师教育课程要满足教师专业发展的多样化需求，充分利用教师自身的经验与优势，进一步深化和发展职前教师教育的课程目标，引导教师加深专业理解、解决实际问题、提升自身经验，促进教师专业发展。

课程功能指向	主题/模块举例
加深专业理解	当代教育思潮、教师专业伦理、学科教育新进展、儿童研究新进展、学习科学新进展等；也可以选择哲学、人文、科技等研究领域的一些相关专题
解决实际问题	学科教学专题研究、特殊儿童教育、青少年发展问题研究、学校课程领导、校(园)本课程开发、综合实践活动设计与指导、档案袋评价、学生综合素质评定、教学诊断、课堂评价、课堂观察、学业成就评价、信息技术与课程的整合、校(园)本教学研究制度建设等
提升自身经验	教师专业发展专题研究、教育经验研究、反思性教学、教育行动研究、教育案例研究、教育叙事等

三、实施建议

(1)各级教育行政部门要根据基础教育改革发展的需要，加强对教师教育课程的领导和管理，提供相应的政策支持和制度保障，充分调动各方面的积极性，做好教师教育课程标准实施工作。依据课程标准，加强教师教育质量的评估和监管，确保中小学和幼儿园教师培养质量。

(2)教师教育机构要依据课程标准，制订幼儿园、小学、中学教师教育课程方案，科学安排公共基础课程、学科专业课程和教师教育课程的结构比例。根据学习领域、建议模块及学分要求，确立相应的课程结构，提出课程实施办法，制订配套的保障措施。建立课程自我评估制度，及时发现问题，总结经验，不断完善课程方案。

强化教育实践环节，完善教育实践课程管理，确保教育实践课程的时间和质量。大力推进课程改革，创新教师培养模式，探索建立高校、地方政府、中小学合作培养师范生的新机制。

(3)教师教育机构要研究在职教师学习的特殊性，提供有针对性的在职教师教育课程，满足不同学习者的发展需求。在职教师教育课程要反映相关研究领域的新进展，联系教育实际，尊重和吸纳学习者自身的实践经验，解决实际问题，增强在职教师教育课程的针对性和实效性。

参 考 文 献

毕华林. 2001. 化学教育科研方法. 济南: 山东教育出版社

陈向明. 1999. 什么是"行动研究". 教育研究与实验, (2): 60-67

陈向明. 2000. 质的研究方法与社会科学研究. 北京: 教育科学出版社

陈向明. 2001. 教师如何做质的研究. 北京: 教育科学出版社

杜晓新, 宋永宁. 2011. 特殊教育研究方法. 北京: 北京大学出版社

郭志刚. 1999. 社会统计分析方法. 北京: 中国人民大学出版社

黄秀兰, 黄循伟. 2002. 学校教育研究方法. 海口: 海南出版社

兰觉明. 2000. 化学教育研究方法. 成都: 四川大学出版社

李秉德. 2001. 教育科学研究方法. 北京: 人民教育出版社

李方. 2004. 现代教育研究方法. 广州: 广东高等教育出版社

李广洲. 1998. 化学教育统计与测量. 南京: 南京师范大学出版社

李迎新, 秦娟. 2011. 大学教学中的教育叙事研究. 当代教育科学, (9): 57-58

梁永平. 2013. 职前教师学科教学知识发展的理论与实践路径. 课程·教材·教法, (1): 106-112

林崇德. 1999. 教育科研: 教师提高自身素质的重要途径. 中国教育学刊, (1): 52-55

刘电芝. 1987. 教育与心理研究方法. 重庆: 西南师范大学出版社

苗深花. 2009. 现代化学教育研究方法. 北京: 科学出版社

裴娣娜. 2000. 教育研究方法导论. 合肥: 安徽教育出版社

乔金锁. 2009. 化学教育科研探究. 太原: 山西人民出版社

瞿葆奎, 叶澜, 施良方. 1988. 教育研究方法. 北京: 人民教育出版社

沈敏, 刘力. 2002. 教育实验方法论的个案分析. 教育研究与实验, (3): 66-71

孙振东, 陈荟. 2009. 对我国教育叙事研究的审思. 教育学报, (3): 3-8

王坦, 张志勇. 1998. 现代教育科研. 青岛: 青岛海洋大学出版社

王祖浩. 2007. 化学教育心理学. 南宁: 广西教育出版社

谢春风, 时俊卿. 2004. 新课程下的教育研究方法与策略. 北京: 首都师范大学出版社

闫蒙钢. 2008. 化学教育科学研究方法. 安徽: 安徽人民出版社

叶澜. 1990. 教育研究及其方法. 北京: 中国科学技术出版社

叶澜. 2002. 教师角色与教师发展新探. 北京: 教育科学出版社

袁振国. 2000. 教育研究方法. 北京: 高等教育出版社

张大均. 2004. 教育心理学. 2版. 北京: 人民教育出版社

张熙. 1996. 对教育实验研究方法的思考. 中国教育学刊, (6): 49-51

郑金洲. 2004. 行动研究指导. 北京: 教育科学出版社

衷明华. 2009. 化学教育科研法. 广州: 华南理工大学出版社

周家骥. 1999. 教育科研方法. 上海: 上海教育出版社